气象观测设备测试方法
（第三册）

张雪芬　胡树贞　赵培涛　李　欣等　著

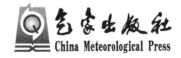

气象出版社

China Meteorological Press

内 容 简 介

本书是在《气象观测设备测试方法(第一册)》基础上,按照气象行业标准《气象观测专用技术设备测试规范 通用要求》的规定,针对地基遥感、探空和雷达气象观测设备编写的测试方法。为方便读者使用,本书将每种设备的测试方法单独成章,全书共分为9章。本书主要给出了每种气象观测设备测试的目的和基本要求,编写了外观及结构检查、功能检测、测量性能测试、环境试验、动态比对试验和结果评定的方法。

本书简明、易懂、可操作性强,可作为从事气象观测设备测试技术人员的工具书,特别是可作为国家综合气象观测试验基地从事气象观测设备测试试验的技术支撑和工具书,也可为气象观测设备研发、生产和气象业务管理人员提供参考。

图书在版编目（CIP）数据

气象观测设备测试方法. 第三册 / 张雪芬等著.
北京 ： 气象出版社，2024. 6. -- ISBN 978-7-5029
-8225-6

Ⅰ. P414

中国国家版本馆 CIP 数据核字第 2024CD0049 号

气象观测设备测试方法(第三册)

Qixiang Guance Shebei Ceshi Fangfa(Di-san Ce)

出版发行:气象出版社	
地 址:北京市海淀区中关村南大街 46 号	**邮政编码**:100081
电 话:010-68407112(总编室)　010-68408042(发行部)	
网 址:http://www.qxcbs.com	**E-mail**： qxcbs@cma.gov.cn
责任编辑:隋珂珂	**终 审**:张 斌
责任校对:张硕杰	**责任技编**:赵相宁
封面设计:地大彩印设计中心	
印 刷:北京中石油彩色印刷有限责任公司	
开 本:787 mm×1092 mm　1/16	**印 张**:17.5
字 数:451 千字	
版 次:2024 年 6 月第 1 版	**印 次**:2024 年 6 月第 1 次印刷
定 价:98.00 元	

本书如存在文字不清、漏印以及缺页、倒页、脱页等,请与本社发行部联系调换。

前　　言

气象专用技术装备在进入业务应用之前,必须经过严格的试验、测试、考核和评定,达到相应的国家标准、气象行业标准和国务院气象主管机构规定的技术要求,才能进行业务列装和应用。由于没有行业规范统一的测试评估方法,在测试过程中往往不能做到统一流程、统一方法和统一评价,有时甚至会出现分歧。

因此,本书在试验考核和测试评估工作经验基础上,通过调研、试验和总结凝练,有针对性地编写了地基遥感、探空和雷达气象专用技术装备测试方法。通过该测试方法系列规范的实施,使得测试评估有章可循、标准统一,更具有科学性和公平公正性。

为便于阅读,提高本书可用性,将测试的记录表作为附表统一放在每章的最后。

本书由张雪芬、胡树贞、赵培涛、李欣、莫月琴等设计,莫月琴组织全书编著并负责审定。各章的主要编写人员见每章的页下注。具体为:第1章 温强、陶法、胡树贞、安涛,第2章 茆佳佳、焦志敏、王志诚、张雪芬、杨荣康、陶法、刘达新、马强、周铁桩,第3章 步志超、季承荔、崔明、代雅茹、陈玉宝,第4章 涂满红、刘佳、吕景天、周丹、刘艺朦、郭丰赫、王雅萍、缪明榕、杨森,第5章 齐涛、高玉春、何平、潘新民、周红根,第6章 古庆同、莫月琴、许晓平、刘达新、齐涛、陶法,第7章 古庆同、陈志彬、许晓平、刘达新、齐涛,第8章 赵世颖、吴蕾、李瑞义,第9章 李欣、罗皓文、范行东。

由于编者水平有限,如有疏漏和不妥之处,敬请读者批评指正。

作　者

2023 年 9 月

目　　录

第 1 章　全固态 Ka 波段毫米波测云仪(基本型)[①]

1.1　目的

规范全固态 Ka 波段毫米波测云仪(基本型)(简称测云仪)测试的内容和方法,通过测试与试验,检验其是否满足《全固态 Ka 波段毫米波测云仪(基本型)功能规格需求书(修订版)》(气测函〔2019〕141 号)(简称《需求书》)的要求。

1.2　基本要求

1.2.1　被试样品

提供 2 套或以上同一型号的全固态 Ka 波段毫米波测云仪(简称测云仪)及配套软件作为被试样品。

1.2.2　交接检查

除按照《气象观测专用技术设备测试规范　通用要求》(QX/T 526—2019)中 4.3 进行交接检查外,还应进行测云仪开机检查,以确定其能够正常工作。

1.2.3　试验场地

①选择 2 个或以上试验场地,至少包含 2 个不同的气候区;

②天顶角 5°内不应有遮挡物;

③试验场地应选择在具有业务探空的气象观测站,以便进行云高数据可比较性分析。

1.2.4　测试要求

①检查与测试的技术性能参数须达到《需求书》的要求;

②检查与测试的技术性能参数不符合要求时暂停测试,被试单位在 24 h 内查明原因、采取措施并恢复正常,可继续进行测试;

③对于难以测试的项目,被试单位可提供相关测试报告,认可后可列入测试报告;

④测试仪表需满足测云仪的测试要求,且检定/校准证书均有效,测试仪表的信息记录在附表 B。

⑤本测试方法未提及的内容,应符合《需求书》、QX/T 526—2019 等的相关要求。

---

① 本章作者:温强、陶法、胡树贞、安涛。

1.3 静态测试

1.3.1 天线和馈线

检查或测试内容包括:①天线体制(含工作频率、天线口径和极化方式);②方向图及波束参数(波束宽度、第一副瓣高度);③天线增益;④驻波比、收发馈线损耗;⑤天线罩双程损耗与指向误差。检查或测试结果记录在本章附表1.1,并作图,即天线方向图(E面)和天线方向图(H面)。

检查或测试要求:被试单位须提供参试测云仪的天线远场(或紧缩场)测试报告,测试报告由具有资质的承制方或第三方出具,测试报告内容须包括表1.1所列项目并满足其技术指标要求。

表1.1　天线和馈线技术指标要求

参数	指标	参数	指标	参数	指标
天线体制	卡塞格伦	工作频率	35 GHz±500 MHz	极化方式	水平极化发射
天线口径	≤2.5 m	波束宽度	≤0.6°		水平极化接收
天线增益	≥50 dB	驻波比	≤1.5	第一副瓣	≤−20 dB
天线罩双程损耗	≤2 dB	天线罩指向误差	≤0.4°	收发馈线损耗	≤3 dB

1.3.1.1 天线体制

检查并记录测云仪天线体制、工作频率、天线口径和极化方式。

1.3.1.2 方向图及波束参数

测试框图见图1.1。

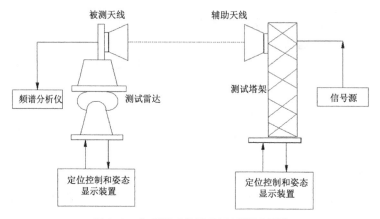

图1.1　典型测云仪天线远场测试框图

天线测试按照框图安置测量支架、仪器和设备,辅助天线的极化状态与被测天线匹配,将信号源的频率设置为被测天线工作的中心频率;步进调整被测天线阵面,依次记录频谱分析仪接收电平,经测试软件得到方向图;波束宽度、最大副瓣高度与位置、远区副瓣等参数均可由方向图导出。

测试步骤:

①使辅助天线最大辐射方向与被测天线最大辐射方向对准,记录频谱分析仪接收电平;

②步进调整被测天线阵面,依次记录频谱分析仪接收电平,得到方向图;

③有不同极化方式时,重复①、②测试步骤,测出不同极化方式的方向图。

1.3.1.3　天线增益

测试步骤:

①天线测试按照图 1.1 安置测量支架、仪器和设备,辅助天线的极化状态与被测天线匹配,将信号源的频率设置为被测天线工作的中心频率;

②选择一个中等增益的点源辐射天线作为标准增益天线,将相同的发射机和馈电线路分别接到被测天线和标准增益天线,并使它们与辅助天线对准;

③在被测天线处用标准增益天线替代,注入一功率,在辅助天线处测量接收功率,记为 P_1;换用被测天线,注入相同的功率,调整被测天线的方位角和仰角,使辅助天线处测量的接收功率最大,记为 P_2;

④计算天线增益 G:$G = 10\lg(P_2/P_1)$;

⑤有不同极化方式时,重复①~④的测试步骤,得到不同极化方式的天线增益。

1.3.1.4　电压驻波比、天线和馈线系统损耗

(1)电压驻波比

测试天线馈线系统工作频带内的最大电压驻波比。测试框图见图 1.2。

图 1.2　电压驻波比测试框图

测试步骤:

①根据天馈系统工作频带设置矢量网络分析仪的测试频带,参数形式设置为电压驻波比;

②将开路器、短路器、负载分别接入矢量网络分析仪的端口 1,按仪器提示进行校准操作;

③将被测天馈系统接入矢量网络分析仪的端口 1 进行电压驻波比测试,找出频带范围内的最大值即为被测天馈系统的电压驻波比。

(2)天线和馈线系统损耗

测量天线和馈线系统工作频带范围内发射通道、接收通道损耗。测试框图见图 1.3。

图 1.3　天馈线系统损耗测试框图

测试步骤:

①根据天馈系统工作频带设置矢量网络分析仪的测试频带;

②将开路器、短路器、负载分别接入矢量网络分析仪的端口 1,按仪器提示进行校准操作;

③将被测天馈分系统的发射机输入端接入矢量网络分析仪的端口 1,天线输入端接入矢量网络分析仪的端口 2,找出频带范围内的最小值即为被测天馈分系统的发射通道损耗。

1.3.1.5　天线罩双程损耗与指向误差

天线罩损耗是指加装天线罩后辐射功率的减少,天线罩指向误差是指加装天线罩前后的波束中心指向之差。

测试方案:

在1.3.1.2和1.3.1.3测量的基础上,将被测天线加装天线罩,重复1.3.1.2和1.3.1.3的测试,比较加装天线罩前后辐射功率和波束指向的变化,得到天线罩双程损耗与指向误差。

1.3.2　发射系统

测试内容包括:①发射峰值功率、脉冲宽度、发射频率与频谱;②发射功率稳定度;③极限改善因子。检查或测试结果记录在本章附表1.2,并作脉冲包络图和脉冲频谱图。

表 1.2　发射系统技术指标要求

参数	指标	参数	指标
发射峰值功率	≥10 W	极限改善因子	≥25 dB
最窄脉冲宽度	≤1 μs	发射功率稳定度	≤0.3 dB
频谱宽度	≤20 MHz(低于中心频率20 dBc的频率间隔小于等于20 MHz)		

测试要求:①有多个不同的工作波形时,需要逐一测量;②测试方案需要考虑工作波形不同的差异;③脉冲包络、频谱需要附图;④记录并扣除测量仪表连接损耗。

发射系统测试应将大功率衰减器接在发射机输出端,用功率计、频谱分析仪、示波器等仪表,分别对不同工作波形逐一进行测量。测试框图见图1.4。

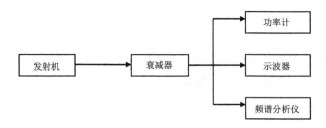

图 1.4　发射机性能测试框图

1.3.2.1　发射峰值功率、脉冲宽度、发射频率与频谱

(1)发射峰值功率

测试方案:

①如图1.4测试连接,将发射机输出端口经衰减器、测试电缆后,接至功率计探头;

②测云仪加电,控制发射机工作在不同的工作波形,在测试软件上读取并记录发射脉冲峰值功率。

(2)脉冲宽度

测试方案:

①如图1.4测试连接,将发射机输出端口经衰减器、测试电缆后,接至示波器;

②测云仪加电,控制发射机工作在不同的工作波形,得到脉冲宽度、脉冲上升时间及下降时间等脉冲参数,并附脉冲包络图,见图1.5。

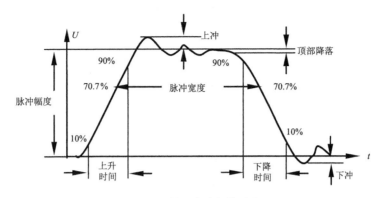

图 1.5 射频脉冲包络示意

(3)发射频率与频谱

测试方案:

如图 1.4 测试连接,频谱分析仪设置适当的中心频率、扫频范围、扫频带宽、分辨带宽、视频带宽和扫描时间,分别测量不同脉冲宽度下的发射脉冲频谱。找出中心频率,在低于中心频率峰值－10 dBc、－20 dBc、－30 dBc、－35 dBc、－40 dBc 处记录频率值,并计算出发射信号的频谱宽度,并附射频脉冲频谱示意图,见图 1.6。

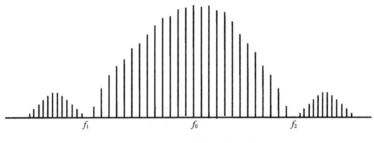

图 1.6 射频脉冲频谱示意

1.3.2.2 发射功率稳定度

测试方案:

发射机至少连续工作 1 h,每隔 5 min 通过机内发射机峰值功率监测模块或外接功率计,记录发射系统主波功率数据,得到发射系统的机内功率检测波动指标。机内功率检测波动计算公式为:

$$\Delta P = \left| 10\lg\left(\frac{P_{t\max}}{P_{t\min}}\right) \right| \tag{1.1}$$

式中,$P_{t\max}$ 为测试结果中发射系统主波功率最大值;$P_{t\min}$ 为测试结果中发射系统主波功率最小值;ΔP 为发射系统主波功率稳定度。

1.3.2.3 极限改善因子

测试方案:

使用频谱分析仪读取线性调频信号脉冲,在发射机输出端或环形器天线接口接频谱分析仪,设置重复频率 PRF,脉冲宽度 τ,测试杂噪比、信噪比(注:读取信噪比时将频谱分析仪的

RBW 设置为合理值,VBW 的设置以最终噪底为一条线为准,便于准确读取底噪声值),最后通过计算得出发射极限改善因子。极限改善因子计算公式为:

$$I = \frac{S}{N} + 10\lg B - 10\lg PRF \tag{1.2}$$

式中,I 为极限改善因子(dB);S/N 为信号信噪比(dB);B 为频谱分析仪分析带宽(Hz);PRF 为发射脉冲重复频率(Hz)。

1.3.3 接收系统

测试内容包括:①接收机增益;②接收机噪声系数;③系统线性动态范围。检查或测试结果记录在本章附表 1.3,并作动态范围曲线图。

测试要求:

有多个接收通道时,需要逐一测量,接收系统具体指标见表 1.3。

表 1.3 接收系统技术指标

参数	指标
接收机增益	≥30 dB(不含 AGC)
接收机噪声系数	≤6.0 dB
系统线性动态范围	≥80 dB

1.3.3.1 接收机增益

测定自接收机前端至中频检波器输出,对信号可呈现的最大增益,通常用信号源和频谱分析仪直接进行测量。测试框图 1.7。

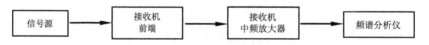

图 1.7 接收机增益测试框图

测试方案:

①将信号源频率设置在被测接收机的工作频带内,调节信号源输出功率,确保被测接收机工作在线性区,记录为 G_1;

②使用频谱分析仪测量接收机中频输出,读出此时频谱分析仪功率,记录为 G_2;

③按公式 $G = G_2 - G_1$ 计算接收机增益 G。

1.3.3.2 接收机噪声系数

噪声系数是接收机输入端信号噪声比与输出端信号噪声比的比值,表征测量接收机内部噪声的大小,通常用分贝表示,采用噪声系数测试仪表直接进行测试。测试框图见图 1.8。

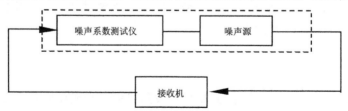

图 1.8 噪声系数测试框图

测试方案:

①按图 1.8 连接设备,对噪声系数仪表进行初始设置;

②将噪声系数仪的噪声源直接接入仪表的输入输出端,进行校准;

③将被测接收机接入,进行噪声系数测量。

1.3.3.3 系统线性动态范围

接收机动态范围是接收机不饱和时的最大输入信号功率与最小可检测信号功率之比,通常以 dB 表示。测试框图见图 1.9。

图 1.9 接收机动态范围测试框图

测试方案:

①采用机外信号源,在接收机输入端连接信号源,在接收机终端连接频谱分析仪,设置信号源频率为测云仪工作频率,设置频谱分析仪频率为接收机中频频率;

②设置信号源功率小于最小可检测信号功率,逐渐增大输入端的信号功率,直至接收机饱和,并在系统终端的频谱分析仪依次记录功率值;

③根据记录的输入—输出功率,绘制动态范围曲线,并对动态范围曲线进行最小二乘法进行拟合;

④由实测曲线与拟合直线对应点的数据差值≤1.0 dB 来确定低端下拐点和高端上拐点,下拐点对应的功率值记为 $P_{r\min}$,上拐点对应的功率值记为 $P_{r\max}$,系统线性动态范围为:$D = P_{r\max} - P_{r\min}$。

测试要求:

①有不同接收通道时,用上述同样的方法测得不同通道的动态范围数据;

②需要附动态范围曲线图。

1.3.4 整机系统

测试内容包括:①系统最小可测功率;②系统相干性;③机内强度定标。参数和技术指标如表 1.4 所示,检查或测试结果记录在本章附表 1.4。

表 1.4 整机系统技术指标

参数	指标
系统最小可测功率	≤−110 dBm ≤−30 dBz(10 km 高度,不计大气衰减)
系统相干性	≤0.4°
机内强度自标定精度	≤1 dBz

1.3.4.1 系统最小可测信号功率

测试框图见图 1.10。

测试方案:

用外接信号源进行测量,仪器连接如图 1.10 所示。将信号源设置为连续波输出状态,用

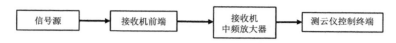

图 1.10　系统灵敏度测试框图

测云仪控制终端测量输出中频频谱图,增大或降低信号源输出幅度,直到接收机中频信号输出的电压幅度为 1.4 倍噪声电压时,或终端输出的信号功率值为噪声电平增加 3 dB 时,记录此时信号源的输出功率值和衰减量。按公式 $P_{r\min}=P_0-L$ 计算,其中 $P_{r\min}$ 是接收机灵敏度,P_0是信号源的输出功率,L 是线缆损耗和衰减器的衰减量。

测试要求:

(1)测量过程中,需要记录信号处理参数。

(2)对测试环境和仪表的要求

①信号源的频率测量误差应在自频控剩余误差以内,信号源输出信号幅度和衰减器的误差应不大于 0.5 dB,信号源的漏能功率应低于从正规通道进入接收机的信号功率;

②信号源的输出信号应按产品具体规范要求调整,一般有连续波信号、脉冲调制信号等;

③测试场地应是干净的电磁环境,除被测接收机和信号源以外,没有其他频率相近或与接收机中频相近的能量源,最好在屏蔽房或微波暗室内进行测试。

1.3.4.2　系统相干性

测试框图见图 1.11。

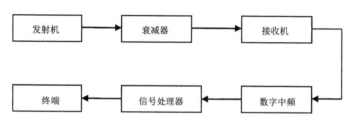

图 1.11　系统相干性测试框图

测试方案:

测试连接如图 1.11 所示,将发射机输出信号经定向耦合器、衰减器后送入接收机,经下变频变为中频信号,送至数字中频接收机;经 A/D 变换,数字下变频和数字正交变换,得到 I、Q 两路正交信号,计算出相角。取不少于 10 组的相角计算均值(相位噪声)作为系统相干性的度量。

1.3.4.3　强度定标

测试方案:

①分别用机外信号源和机内信号源输入(输入信号保证在接收系统线性动态范围内),在测云仪终端读取其回波强度的测量值,并统计差值;机外信号从接收机前端输入,输入功率值换算到机内信号输入点的功率值。

②按照雷达气象方程计算 10 km 处最小可测信号功率(回波功率取上述测量得到的系统最小可测信号功率,相态参数取 $|K|^2=0.197$,填充因子 $\varphi=1$,忽略大气衰减 L_{at})。10 km 处

最小可测信号功率值要求达到≤−30 dBz。

注:相态参数,水云 $|K|^2=0.93$,冰云 $|K|^2=0.197$。

雷达气象方程:

$$10\lg Z = 10\lg[(2.69\times10^{16}\lambda^2)/(P_t\tau G^2\theta\varphi)] + P_r + 20\lg R + L_{\sum} + RL_{at}$$
$$= C + P_r + 20\lg R + RL_{at}$$
$$C = 10\lg[(2.69\times\lambda^2)/(P_t\tau\theta\varphi)] - 2G + 160 + L_{\sum} \tag{1.3}$$

式中,Z 为反射率因子,单位:dBz;λ 为波长,单位:cm;P_t 为发射功率,单位:W;τ 为脉冲宽度,单位:μs;G 为天线增益,单位:dB;θ 和 φ 为水平和垂直波束宽度,单位:°;P_r 为接收功率,单位:dBm;R 为探测距离,单位:km;$L_{\sum}$ 是系统总损耗,单位:dB;L_{at} 大气衰减(双程),单位:dB。

1.3.5　信号处理

测试内容包括:测试内容与检查内容两部分。检查或测试结果记录在本章附表 1.5。

1.3.5.1　测试内容

用测云仪终端波形分析软件,测试不同脉冲压缩比下脉冲压缩后的主副瓣比。

测试要求:

①有不同脉冲压缩比时分别测试;

②若窄脉冲的带宽增益积太小,脉冲压缩后的主副瓣不易区分,可以只测试宽脉冲压缩的主副瓣比。

1.3.5.2　检查内容

①处理方法,包括脉冲压缩、快速傅立叶变换(FFT);

②处理参数,包括相干积累次数、FFT 点数、非相干积累次数等;

③距离库数;

④库长。

检查方法:

在信号处理软件中检查 FFT 点数、相干积累、非相干积累、库数和库长等参数;设置 FFT 点数、相干积累、非相干积累等参数,查看信号处理能力;使测云仪工作在脉冲压缩测试波形模式,查看脉压前后的波形。

1.3.6　数据处理和产品输出

测试内容包括:通信和处理能力测试与功能检查两部分。检查或测试结果记录在本章附表 1.6。

1.3.6.1　通信和处理能力测试

测试要求:

①通信接口测试,检查接口是否包含 VGA、串口、USB、光口和网口;

②处理能力测试,CPU 处理能力。

测试方法:

①通信命令测试:使用电脑模拟数据源,连接串口、网口等通信端口,与数据处理和产品输出单元通信,检测对应端口是否正常通信;

②满负荷运行数据采集处理软件和终端显示软件，测试 CPU 利用率或者采用第三方测试软件测试 CUP 处理能力。

1.3.6.2 功能检查

功能检查包括：数据与格式、产品显示、质量控制、业务过程、状态监控、远程控制、自动定标、数据传输和系统配置等功能。

（1）数据与格式

检查要求：

按照《需求书》要求检查，检查内容包括：文件名称、数据类型、数据格式、数据产品。

检查方法：

①文件名称：检查文件命名规则是否符合《需求书》要求；

②数据类型：检查观测数据是否分为基数据、谱数据、观测要素数据、图形图像数据、定标数据和状态数据；

③数据格式：检查基数据、功率谱数据、定标文件、状态文件、观测要素和网络通信命令文件是否符合《需求书》要求。

（2）产品显示

检查要求：

检查测云仪数据产品是否可正确显示，数据产品种类是否符合要求。

检查内容：

①基本数据产品：反射率因子、速度、谱宽、信噪比、功率谱；

②二次数据产品：云底高、云顶高、云厚、云量、云中水含量、零度层亮带、液态水含量和粒子有效半径等；

③产品视图显示：单视图、双视图、四视图、六视图显示及视图切换是否正常；

④数据查询：支持时间查询、数据类型查询。

（3）质量控制

检查要求：

检查质量控制方法是否包括基数据质量控制和产品数据质量控制等，质量控制流程是否合理。

检查方法：

①被试单位应提供详细的质量控制流程，检查质量控制流程是否合理；

②基数据质量控制应包含异常回波处理（同频干扰、径向干扰、时间不连续、空间不连续等）、孤立回波处理及晴空回波处理等；

③产品数据质量控制应包含云底高、云顶高等气象极值检查。

（4）业务过程

检查要求：

业务过程应包括日常维护、系统维修、故障管理和测试定标等业务过程，具有人机交互界面，方便用户和厂家维护人员使用。

检查方法：

①日常维护：维护记录、每月的维护情况和历史查询功能；

②系统维修：系统维修、更换器件记录、月更换器件统计和年更换器件统计和查询功能；

③测云仪标定:月定标情况显示和定标提示以及部分关键指标如发射功率、发射波形、动态范围等统计显示,包括极值、均值、方差等,用于对定标状态和定标结果进行分析;

④故障管理:对系统出现的故障和报警时间、报警内容、报警结束时间和故障等级等内容进行记录,并对故障进行统计,方便分析设备各分系统的故障情况。

(5)状态监控

检查要求:

应具有主要部件(收发系统、信号处理系统、数据处理和产品输出单元、显示终端等)状态监控、报警、故障定位和统计等功能。

检查方法:

①监控功能:在实时控制终端界面改变测云仪工作参数,包括工作模式、工作频点、发射激励开关等,检查测云仪是否具有监控功能;

②报警功能:对报警功能进行实际操作检查,检查各分机性能监控、故障报警等功能;

③故障定位:人为设置故障点,检查是否可准确定位到现场可更换单元;

④具有故障统计查询功能。

(6)远程控制

检查用户是否能够通过远程对测云仪进行控制,包括运行和停止观测等功能。

(7)自动定标

检查要求:

应具备机内在线检测定标,能够定期对发射机脉冲功率、反射率因子等参数进行自标定功能。

检查方法:

通过改变发射机功率、接收机增益等参数的办法,检查测云仪是否具备自动定标功能。

(8)数据传输

检查数据传输是否包括数据传输监控、上传情况统计、上传文件查询,下载等功能。

(9)系统配置

检查系统配置是否包括用户权限管理、系统日志管理、系统风格配置等。

1.3.7　随机材料及外观

①随机材料检查:测云仪随机资料必须齐备,主要包括技术说明书、使用维护说明书等,以上随机材料应同时提供纸质和电子版文档;

②外观检查:测云仪整机系统及各分机外观应整洁,无损伤和形变,表面涂层无气泡、开裂、脱落等现象;

③机械结构要求:测云仪机械结构应利于装配、调试、检验、包装、运输、安装、维护等工作,更换部件时简便易行,应具有水平调整装置,应具有天线罩装置,防止雨雪天气时,天线积水、积雪等;

④机械强度要求:测云仪各种部件,应有足够的机械强度和防腐蚀能力,确保在产品寿命期内,不因外界环境的影响和材料本身原因而导致机械强度下降而引起危险和不安全;

⑤材料要求:测云仪应选用耐老化材料、抗腐蚀材料、良好的电气绝缘材料等,禁止使用不符合有关国家标准或行业标准的劣质材料;

⑥涂复要求:测云仪各零部件,除用耐腐蚀材料制造的外,其表面应有涂、敷、镀等工艺措

施,以保证其耐潮、防霉、防盐雾的性能;

⑦安全标识:测云仪应具有产品标记(制造厂商名或商标、产品型号和名称)、电源标记(电源铭牌)等。

以上检查或测试结果记录在本章附表1.7。

1.4 环境试验

1.4.1 气候环境

1.4.1.1 要求

产品在以下环境中应正常工作:

①工作温度:$-40\sim50$ ℃;

②相对湿度:5%~95%;

③大气压力:550~1050 hPa;

④最大抗阵风能力:30 m/s;

⑤降水强度:0~6 mm/min;

⑥抗盐雾腐蚀:零件镀层耐48 h盐雾沉降试验。

1.4.1.2 试验方法

试验项目建议采用以下方法:

(1)低温

-40 ℃工作2 h,-45 ℃贮藏2 h。采用GB/T 2423.1进行试验、检测和评定。

(2)高温

50 ℃工作2 h,50 ℃贮藏2 h。采用GB/T 2423.2进行试验、检测和评定。

(3)恒定湿热

40 ℃,93%RH,放置12 h,通电后正常工作。采用GB/T 2423.3进行试验、检测和评定。

(4)低气压

550 hPa放置0.5 h。采用GB/T 2423.21进行试验、检测和评定。

(5)抗风能力

在动态比对试验中检验。

(6)外壳防护等级

应符合GB/T 4208外壳防护等级(IP代码)中IP65的规定。

(7)盐雾试验

48 h盐雾沉降试验。采用GB/T 2423.17进行试验、检测和评定。

1.4.2 电磁兼容

1.4.2.1 要求

电磁抗扰度应满足表1.5试验内容和严酷度等级要求。

表 1.5　电磁抗扰度试验内容和严酷度等级

内容	试验条件		
	交流电源端口	直流电源端口	控制和信号端口
浪涌(冲击)抗扰度	线—线:±1 kV	线—线:±1 kV	线—地:±2 kV
	线—地:±2 kV	线—地:±2 kV	
电快速瞬变脉冲群抗扰度	±2 kV　5 kHz	±1 kV　5 kHz	±1kV　5 kHz
射频电磁场辐射抗扰度	80~1000 MHz,3 V/m,80%AM(1 kHz)		
静电放电抗扰度	接触放电:±4 kV,空气放电:±8 kV		

1.4.2.2　试验方法

(1)浪涌(冲击)抗扰度

施加在通信线和室外互连线上的浪涌脉冲次数应为正、负极性各 5 次;对直流电源端口,施加浪涌脉冲次数应为正、负极性各 5 次;对交流电源端口,应分别在 0°、90°、180°、270°相位施加正、负极性各 5 次的浪涌脉冲。试验速率为每分钟 1 次。

(2)电快速瞬变脉冲群抗扰度

电快速瞬变脉冲群抗扰度试验将由许多快速瞬变脉冲组成的脉冲群耦合到被试样品的电源端口、控制端口、信号端口和接地端口。试验按照规定布置被试样品和辅助设备,被试样品应处于正常工作状态,干扰强度按照严酷等级,依次对被试产品的试验端口进行正负两极试验,试验持续时间不短于 1 min。

(3)射频电磁场辐射抗扰度

被试产品应按现场安装姿态放置在试验台上,发射天线应对其四个侧面逐一进行试验。在预定的频率范围内进行扫描。每一频率点上,幅度调制载波的扫描驻留时间不短于 0.5 s。观察在整个试验过程中,产品的示值是否保持在技术要求限值内性能正常。

(4)静电放电抗扰度

确定被试样品放电点,对于放电点一般只选择正常使用时人员可接触到的点和面。试验时静电放电发生器的电极头通常应垂直于被试产品的表面,采用单次放电的方式,每个放电点进行至少 10 次放电。如被试样品涂膜未说明是绝缘层,则发生器电极头应穿入漆膜与导电层接触;若涂膜为绝缘层,则只进行空气放电。

上述试验结束后,均应进行最后检测,检查其是否保持在技术要求限值内性能正常。

1.4.3　电气安全

1.4.3.1　要求

(1)绝缘电阻

使用市电供电时,在电源的初级电路和机壳绝缘电阻不小于 2 MΩ。使用 12 V 直流电源供电时,电源初级电路和机壳间绝缘电阻,不应小于 1 MΩ。

(2)泄漏电流

使用市电供电时,被试样品泄漏电流值不得超过 3.5 mA。

(3)抗电强度

使用市电供电的被试样品,电源的初级电路和机壳间应能承受幅值 1500 V,电流 5 mA 的冲击耐压试验,历时 1 min,试验中不应出现飞弧和击穿。试验结束后仪器能正常工作。

使用低压直流电源供电的被试样品,电源的初级电路和机壳间应能承受幅值 500 V,电流 5 mA 的冲击耐压试验,历时 1 min,试验中不应出现飞弧和击穿。试验结束后仪器能正常工作。

1.4.3.2 试验方法

(1)绝缘电阻

被试样品处于非工作状态,开关接通,用绝缘电阻测量仪进行测量。

绝缘电阻检测前,应断开整台设备的外部供电电路,应断开被测电路与保护接地电路之间的连接。

若无特殊要求,绝缘电阻的检测范围应包括整台设备的电源开关的电源输入端子和输出端子,以及所有动力电路导线。

(2)泄漏电流

用泄漏电流测试仪测量被试样品外壳与地之间的泄漏电流值,泄漏电流值应符合电流限值的规定。

(3)抗电强度

对电源的初级电路和外壳间施加规定的试验电压值。施加方式为在被试部位上的试验电压从零升至规定试验电压值的一半,然后迅速将电压升高到规定值并持续 1 min。当由于施加的试验电压而引起的电流以失控的方式迅速增大,即绝缘无法限制电流时.则认为绝缘已被击穿。电晕放电或单次瞬间闪络不认为是绝缘击穿。

1.5 动态比对试验

按照可靠性试验方案确定试验时间,且不少于 3 个月;若动态比对试验的时间超过了可靠性试验的截止时间,应按照动态比对试验的时间结束试验。动态比对试验主要评定数据完整性、数据可比较性及设备可靠性等指标。试验期间填写动态比对试验值班日志,见附表 C,如果测云仪出现故障,还应填写设备故障维修登记表,见附表 A。

1.5.1 数据完整性

去除由于外界干扰(非设备原因)造成的数据缺测,对测云仪数据缺测率进行评估。

1.5.1.1 评定方法

缺测率(%)=(试验期内累计缺测次数/试验期内应观测总次数)×100%。

1.5.1.2 评定指标

缺测率(%)≤2%。

1.5.2 数据可比较性

以业务探空仪观测大气廓线资料识别出的云底和云顶高度作为参考标准云高,评定测云仪观测的云底高、云顶高与其的可比较性。

1.5.2.1 标准云高计算

依托探空廓线计算标准云高需满足以下条件:

①不同温度下相对湿度的合理计算,当气温低于 0 ℃时,按照冰面饱和水汽压计算相对湿度;

②云层中相对湿度大于相关阈值,阈值根据实际情况进行设定;

③相对湿度在云底和云顶有明显跳变。

标准云高样本选取需满足以下条件:

①探空廓线识别有多层云时,选取明显入云点和出云点作为单独参考标准云高样本;

②结合全天空成像仪等设备对标准云高样本进行质量控制,以去除雾、降水等无效数据。

图 1.12 为依托探空廓线识别云体的样例。

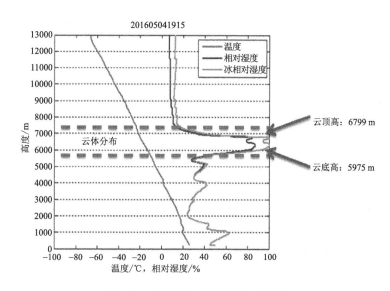

图 1.12　依托探空廓线识别云体样例

1.5.2.2　测云仪云高样本的选取

为使标准云高与测云仪观测云高具有可比较性,测云仪云高样本选取遵循以下原则:

①放球时刻前 10 min 测云仪观测云高数据取平均作为测云仪此时刻云高样本;

②若测云仪 10 min 内有部分观测为天顶无云,则计算均值时应剔除无云数据;

③若测云仪 10 min 内无云记录大于 4 次,则判定该样本为无效样本。

1.5.2.3　云高样本统计分析

用探空获取的参考标准云高与测云仪观测数据组成样本对,对测云仪进行可比较性评估,分别计算两者之间的系统偏差或相对系统偏差,用下列方法表示。

①云底高(云顶高)<1 km 时,系统偏差($\bar{x}$):

$$\bar{x} = \frac{\sum_{i=1}^{n} (x_{di} - x_{si})}{n} \tag{1.4}$$

②云底高(云顶高)≥1 km 时,相对系统偏差($\bar{x}$):

$$\bar{x} = \frac{\sum_{i=1}^{n} \dfrac{x_{di} - x_{si}}{x_{si}}}{n} \tag{1.5}$$

式中,x_{di} 为测云仪第 i 个样本观测值;x_{si} 为标准云高第 i 个样本观测值;n 为样本对个数。

1.5.2.4　评定指标

云高准确性通过绝对误差平均值/相对误差平均值进行评判,具体指标如下:

云底高:云高<1 km 时,±100 m;云高≥1 km 时,±10%;

云顶高:云高<1 km 时,±100 m;云高≥1 km 时,±10%。

1.5.3 设备可靠性

可靠性反映了被试设备在规定的情况下,在规定的时间内,完成规定功能的能力。以平均故障间隔时间(MTBF)表示设备的可靠性。要求平均故障间隔时间 MTBF 大于等于 2000 h。

1.5.3.1 试验方案

按照定时截尾试验方案,在 QX/T 526—2019 表 A.1 的方案类型中选用标准型 17 号方案或短时高风险 21 号方案两种试验方案之一,推荐选用标准型试验方案。

1.5.3.1.1 标准型试验方案

采用 17 号方案,即生产方和使用方风险各为 20%,鉴别比为 3 的定时截尾试验方案,试验的总时间为规定 MTBF 下限值(θ_1)的 4.3 倍,接受故障数为 2,拒收故障数为 3。

试验总时间(T)为:

$$T=4.3\times2000 \text{ h}=8600 \text{ h}$$

要求 2 套或以上被试样品进行动态比对试验。以 2 套和 3 套被试样品为例,每台试验的平均时间(t)为:

2 套被试样品:$t=8600 \text{ h}/2=4300 \text{ h}=179.2 \text{ d}\approx180 \text{ d}$。

若为了缩短试验时间,可增加被试样品的数量,如:

3 套被试样品:$t=8600 \text{ h}/3=2867 \text{ h}=119.4 \text{ d}\approx120 \text{ d}$。

所以 2 套被试样品需试验 180 d,3 套需试验 120 d,期间允许出现 2 次故障。

1.5.3.1.2 短时高风险试验方案

采用 21 号方案,即生产方和使用方风险各为 30%,鉴别比为 3 的定时截尾试验方案,试验的总时间为规定 MTBF 下限值(θ_1)的 1.1 倍,接受故障数为 0,拒收故障数为 1。

试验总时间(T)为:

$$T=1.1\times2000 \text{ h}=2200 \text{ h}$$

2 套被试样品进行动态比对试验,每台试验的平均时间(t)为:

$$t=2200 \text{ h}/2=1100 \text{ h}=45.8 \text{ d}\approx46 \text{ d}$$

所以 2 套被试样品需试验 46 d,期间不允许出现故障。根据 QX/T 526—2019 的 5.3 规定,至少应进行 3 个月的试验,因此,采用 2 套及以上被试样品进行试验,试验时间应为至少 3 个月。

1.5.3.2 MTBF 观测值的计算

MTBF 的观测值(点估计值)$\hat{\theta}$用公式(1.5)计算。

$$\hat{\theta}=\frac{T}{r} \tag{1.6}$$

式中,T 为试验总时间,是所有被试样品试验期间各自工作时间的总和;r 为总责任故障数。

1.5.3.3 MTBF 置信区间的估计

按照 QX/T 526—2019 中的 A.2.3 计算 MTBF 置信区间的估计值。

1.5.3.3.1 有故障的 MTBF 置信区间估计

采用 1.5.3.1.1 标准型试验方案,使用方风险 $\beta=20\%$ 时,置信度 $C=60\%$;采用

1.5.3.1.2 短时高风险试验方案,使用方风险 $\beta=30\%$ 时,置信度 $C=40\%$。

根据责任故障数 r 和置信度 C,由 QX/T 526—2019 中表 A.2 查取置信上限系数 $\theta_U(C', r)$ 和置信下限系数 $\theta_L(C', r)$,其中,$C'=(1+C)/2=1-\beta$,MTBF 的置信区间下限值 θ_L 用公式 (1.6)计算,上限值 θ_U 用公式(1.7)计算

$$\theta_L = \theta_L(C', r) \times \hat{\theta} \tag{1.7}$$

$$\theta_U = \theta_U(C', r) \times \hat{\theta} \tag{1.8}$$

MTBF 的置信区间表示为 (θ_L, θ_U)(置信度为 C)。

1.5.3.3.2　故障数为 0 的 MTBF 置信区间估计

若责任故障数 r 为 0,只给出置信下限值,用公式(1.8)计算。

$$\theta_L = T/(-\ln\beta) \tag{1.9}$$

式中,T 为试验总时间,是所有被试样品试验期间各自工作时间的总和;β 为使用方风险。采用 1.5.3.1.1 标准型试验方案,使用方风险 $\beta=20\%$;采用 1.5.3.1.2 短时高风险试验方案,使用方风险 $\beta=30\%$。

这里的置信度应为 $C=1-\beta$。

1.5.3.4　试验结论

①按照试验中可接收的故障数判断可靠性是否合格;

②可靠性试验无论是否合格,都应给出被试样品平均故障间隔时间(MTBF)的观测值 $\hat{\theta}$ 和置信区间估计的上限 θ_U 和下限 θ_L,表示为 (θ_L, θ_U)(置信度为 C)。

1.5.3.5　故障的认定和记录

按照 QX/T 526—2019 的 A.3 认定和记录故障。故障认定应区分责任故障和非责任故障,故障记录在动态比对试验的设备故障维修登记表中,见附表 A。

1.5.4　可维修性

1.5.4.1　评定方法

设备的维修性,应在功能检测中检查维修可达性、检测诊断的方便性与快速性、零部件的标准化和互换性、防差错措施与识别标记、工具操作空间和工作场所的维修安全性、故障自动报警功能的可靠性、维修工具和检测仪表的适用性、维修手册规定作业程序的正确性、测试点识别标记及其方便性。

《需求书》中还规定了平均故障修复时间(MTTR)的具体参数,应按照 GB/T 9414.3—2012 中第 6 章的规定进行。

1.5.4.2　评定指标

平均故障修复时间(MTTR)$\leqslant 0.5$ h。

1.6　结果评定

1.6.1　单项评定

以下各项均合格的,视该被试样品合格,有一项不合格的,视为不合格。

(1)功能检查、性能测试和环境试验

按照《需求书》和本测试方法进行评定,对测试结果是否符合技术指标要求做出合格与否的结论。如果功能检查、性能测试和环境试验不合格,不再进行动态比对试验。

(2)动态比对试验评定

通过对被试样品的数据完整性、数据可比较性、设备可靠性进行评定。判断标准如下:

①数据完整性

缺测率(%)≤2%为合格,否则不合格。

②数据可比较性

云高准确性通过系统偏差或相对系统偏差进行评判,若被试样品云高误差符合 1.5.2.4 要求,则判为该被试样品云高可比较性合格,否则不合格。

③设备可靠性

若选择 1.5.3.1.1 标准型试验方案,2 台被试样品在 180 d 或 3 台被试样品在 120 d 的动态比对试验期间,最多出现 2 次故障为合格,否则不合格;若选择 1.5.3.1.2 短时高风险试验方案,2 台被试样品在 46 d 内无故障,且完成了 3 个月的动态比对试验为合格,否则不合格。

1.6.2　总评定

被试样品总数的 2/3 及以上合格时,视该型号被试样品为合格,否则不合格。

本章附表

附表 1.1　天线馈线技术指标检查或测试记录表

被试样品	名称	全固态 Ka 波段毫米波测云仪	测试日期	
	型号		环境温度	℃
	编号		环境湿度	%
被试方			测试地点	
测试项目		技术要求	测试结果	结论
工作频率		35 GHz±500 MHz		
天线形式		卡塞格伦		
波束宽度		≤0.6°		
天线口径		≤2.5 m		
极化方式		水平极化发射 水平极化接收		
天线增益		≥50 dB		
第一副瓣电平		≤−20 dB		
驻波比		≤1.5		
收发馈线损耗		≤3 dB		
天线罩双程损耗		≤2 dB		
天线罩指向误差		≤0.4°		

天线方向图(E 面)

天线方向图(H 面)

测试单位＿＿＿＿＿＿＿＿＿＿＿＿＿＿＿＿　　　　测试人员＿＿＿＿＿＿＿＿＿＿＿＿＿＿＿＿＿

附表1.2 发射机技术指标测试记录表

被试样品	名称	全固态 Ka 波段毫米波测云仪		测试日期	
	型号			环境温度	℃
	编号			环境湿度	%
被试方				测试地点	

发射峰值功率、脉冲宽度、脉冲压缩比测试				
项目　　序号	脉冲宽度/μs	峰值功率/W	脉冲重复频率 PRF/Hz	脉冲压缩 主副瓣比
1				
2				
3				
4				

频谱特性	脉宽1:＿＿＿＿/μs		频谱宽度/MHz		
			左频偏/MHz	右频偏/MHz	谱宽/MHz
	距离中心频率 频谱线衰减量 /dBc	−10			
		−20			
		−30			
		−35			
		−40			
	脉宽2:＿＿＿＿/μs		频谱宽度/MHz		
			左频偏/MHz	右频偏/MHz	谱宽/MHz
	距离中心频率 频谱线衰减量 /dBc	−10			
		−20			
		−30			
		−35			
		−40			
	脉宽3:＿＿＿＿/μs		频谱宽度/MHz		
			左频偏/MHz	右频偏/MHz	谱宽/MHz
	距离中心频率 频谱线衰减量 /dBc	−10			
		−20			
		−30			
		−35			
		−40			
	脉宽4:＿＿＿＿/μs		频谱宽度/MHz		
			左频偏/MHz	右频偏/MHz	谱宽/MHz
	距离中心频率 频谱线衰减量 /dBc	−10			
		−20			
		−30			
		−35			
		−40			

注:低于中心频率20 dBc的频率间隔小于等于20 MHz

续表

被试样品	名称	全固态 Ka 波段毫米波测云仪		测试日期	
	型号			环境温度	℃
	编号			环境湿度	％
被试方				测试地点	

发射功率稳定度测试				
序号	P_t/W	$P_{t\max}/W$	$P_{t\min}/W$	$\Delta P/dB$
1				
2				
3				
4				
5				
6				
7				
8				
9				
10				
11				
12				

极限改善因子　　　　B＝PRF＝												
次数	1	2	3	4	5	6	7	8	9	10	均值	方差
测试值												

脉冲包络图（脉宽：　　　μs）

脉冲频谱图（脉宽：　　　μs）

测试单位＿＿＿＿＿＿＿＿＿＿＿＿＿＿　　　　　测试人员＿＿＿＿＿＿＿＿＿＿＿＿＿＿＿

附表 1.3 接收机技术指标测试记录表

被试样品	名称	全固态 Ka 波段毫米波测云仪	测试日期	
	型号		环境温度	℃
	编号		环境湿度	％
被试方			测试地点	

接收机测试			
测试项目	指标要求	检测结果	结论
接收机增益	≥30 dB		
接收机噪声系数	≤6 dB		
系统动态范围	≥80 dB		

动态范围测量数据记录及计算结果(机外信号源)		
序号	输入信号功率/dBm	通道输出信号强度/dBm
1		
2		
3		
4		
5		
6		
7		
8		
9		
10		
11		
12		
13		
14		
……		

动态范围上下拐点计算结果	通道曲线
拟合直线斜率	
拟合均方根误差	
上拐点： 下拐点：	
动态范围测试结果	

动态范围曲线

测试单位＿＿＿＿＿＿＿＿＿＿＿＿＿＿＿＿   测试人员＿＿＿＿＿＿＿＿＿＿＿＿＿＿＿＿＿＿＿＿

附表 1.4　整机系统技术指标测试记录表

被试样品	名称	全固态 Ka 波段毫米波测云仪					测试日期			
	型号						环境温度			℃
	编号						环境湿度			%
被试方							测试地点			

整机系统测试										

测试项目	指标要求	检测结果	结论
系统最小可测功率	−110 dBm		
系统相干性	0.4°		
强度定标精度	±1 dB		
速度定标精度	0.5 m/s		

系统相干性测量数据及计算结果　　　　　脉宽：										
测量次数	1	2	3	4	5	6	7	8	9	10	平均值
相位噪声/°											

强度定标　　　　　　　　距离：			
次数	输入信号/dBm	雷达方程计算 反射率强度(期望值)	测云仪输出 反射率强度(实测值)	差值 (实测值−期望值)
1				
2				
3				
4				
5				
6				
7				
8				
9				
10				
均值：				

根据检查、测试结果,根据雷达方程,计算 10 km 处的系统最小可测信号功率(回波功率取系统最小可测信号功率,相态参数取 $|K|^2 = 0.197$,填充因子 $\varphi = 1$,忽略大气衰减 L_{at}),指标要求达到 $\leqslant -30$ dBz。

计算公式：

$$10\lg Z = 10\lg[(2.69 \times 10^{16} \lambda^2)/(P_t \tau G^2 \theta \varphi)] + P_r + 20\lg R + L_\Sigma + RL_{at}$$
$$= C + P_r + 20\lg R + RL_{at}$$
$$C = 10\lg[(2.69 \times \lambda^2)/(P_t \tau \theta \varphi)] - 2G + 160 + L_\Sigma$$

式中：

λ：波长(cm)_____

G：天线增益(dB)_____

P_t：发射脉冲功率(W)_____

τ：脉宽(μs)_____

θ:水平波束宽度(°)_____

φ:垂直波束宽度(°)_____

L_0:匹配滤波器损耗(dB)_____

L_{at}:大气损耗(双程)_____

L_{Σ}:系统除 L_{at} 外的总损耗(dB)_____

P_r:输入信号功率(dBm)_____

R:距离(km)_____

大气损耗 L_{at}:暂时忽略

雷达常数:$C =$_____

10 km 处最小可测信号(dBz):_____

测试单位_____　　　　测试人员_____

附表 1.5　信号处理检查记录表

被试样品	名称	全固态 Ka 波段毫米波测云仪	测试日期	
	型号		环境温度	℃
	编号		环境湿度	%
被试方			测试地点	
测试项目		指标要求	检测结果	结论
处理方法		脉冲压缩、快速傅里叶变换(FFT)/PPP		
处理参数		FFT 点数、相干积累、非相干积累		
距离库数		$\geqslant 500$		
库长		$\leqslant 30$ m		
探测高度范围		150 m～15 km		

测试单位_____　　　　测试人员_____

附表1.6 数据处理和产品输出功能检查记录表

<table>
<tr><td rowspan="3">被试样品</td><td>名称</td><td colspan="3">全固态Ka波段毫米波测云仪</td><td>测试日期</td><td></td></tr>
<tr><td>型号</td><td colspan="3"></td><td>环境温度</td><td>℃</td></tr>
<tr><td>编号</td><td colspan="3"></td><td>环境湿度</td><td>%</td></tr>
<tr><td>被试方</td><td colspan="4"></td><td>测试地点</td><td></td></tr>
<tr><td colspan="2">功能模块</td><td colspan="3">检查内容</td><td>检查结果</td><td>结论</td></tr>
<tr><td rowspan="3">通信和处理功能</td><td>通信接口</td><td colspan="3">包含VGA、串口、USB、光口和网口</td><td></td><td></td></tr>
<tr><td>通信命令</td><td colspan="3">符合观测要素通信命令，符合网络通信命令</td><td></td><td></td></tr>
<tr><td>处理能力</td><td colspan="3">CPU处理能力满足要求</td><td></td><td></td></tr>
<tr><td rowspan="3">数据文件与数据产品</td><td>文件命名格式</td><td colspan="3">符合《需求书》文件命名要求</td><td></td><td></td></tr>
<tr><td>数据类型</td><td colspan="3">基数据、谱数据、观测要素数据、图形图像数据、定标数据、状态数据</td><td></td><td></td></tr>
<tr><td>数据格式</td><td colspan="3">基数据、功率谱数据、定标文件、状态文件、观测要素和网络通信命令文件应满足《需求书》要求</td><td></td><td></td></tr>
<tr><td colspan="2">基本数据产品</td><td colspan="3">包含反射率因子，速度，谱宽，信噪比，功率谱</td><td></td><td></td></tr>
<tr><td colspan="2">二次数据产品</td><td colspan="3">包含云底高、云顶高、云厚、云量、云中水含量、零度层亮带、液态水含量、粒子有效半径等</td><td></td><td></td></tr>
<tr><td rowspan="3">状态监控</td><td colspan="4">监控功能：监控对象包括收发系统、信号处理系统、数据处理和产品输出单元、显示终端等</td><td></td><td></td></tr>
<tr><td colspan="4">报警功能：包括各分机性能监控、故障报警</td><td></td><td></td></tr>
<tr><td colspan="4">具有故障定位功能和故障统计查询功能</td><td></td><td></td></tr>
<tr><td rowspan="3">质量控制</td><td colspan="4">功率谱数据：噪声处理和速度模糊处理</td><td></td><td></td></tr>
<tr><td colspan="4">基数据：异常回波处理（同频干扰、径向干扰、时间不连续、空间不连续等）、孤立回波处理、晴空回波处理</td><td></td><td></td></tr>
<tr><td colspan="4">产品数据：云底、云顶高等气象极值检查</td><td></td><td></td></tr>
<tr><td rowspan="3">产品显示和数据查询</td><td colspan="4">基本产品显示，二次产品显示，鼠标移动显示</td><td></td><td></td></tr>
<tr><td colspan="4">产品视图切换：单视图、双视图、四视图、六视图显示及视图切换应正常</td><td></td><td></td></tr>
<tr><td colspan="4">按数据类型查询，按时间选择查询</td><td></td><td></td></tr>
<tr><td rowspan="2">业务过程—测试定标</td><td colspan="4">标定完成情况提示，标定参数状态显示</td><td></td><td></td></tr>
<tr><td colspan="4">关键指标如发射功率、发射波形、动态范围等统计显示</td><td></td><td></td></tr>
<tr><td rowspan="2">业务过程—日常维护</td><td colspan="4">添加维护记录，维护记录显示，日常维护完成率月统计</td><td></td><td></td></tr>
<tr><td colspan="4">历史查询</td><td></td><td></td></tr>
<tr><td rowspan="2">业务过程—系统维修</td><td colspan="4">器件更换统计，更换详情月统计，年度更换累计次数统计</td><td></td><td></td></tr>
<tr><td colspan="4">查询，下载，添加统计信息</td><td></td><td></td></tr>
<tr><td rowspan="2">数据传输</td><td colspan="4">上传监控状态显示，上传情况月统计</td><td></td><td></td></tr>
<tr><td colspan="4">上传文件查询，下载</td><td></td><td></td></tr>
<tr><td rowspan="2">故障管理</td><td colspan="4">历史告警统计，告警信息查询</td><td></td><td></td></tr>
<tr><td colspan="4">分系统故障统计，故障告警月累计</td><td></td><td></td></tr>
<tr><td colspan="2">远程控制</td><td colspan="3">开始探测，停止探测，控制记录</td><td></td><td></td></tr>
<tr><td rowspan="2">关键参数配置</td><td colspan="4">站点信息，标定参数，雷达参数，运行参数</td><td></td><td></td></tr>
<tr><td colspan="4">关键参数变更记录</td><td></td><td></td></tr>
<tr><td colspan="2">系统设置—用户管理</td><td colspan="3">用户信息显示、查询、添加、删除、修改</td><td></td><td></td></tr>
<tr><td colspan="2">系统设置—系统配置</td><td colspan="3">系统配置信息显示、查询、添加、删除、修改</td><td></td><td></td></tr>
<tr><td rowspan="2">自动定标</td><td colspan="4">应有机内在线检测功能</td><td></td><td></td></tr>
<tr><td colspan="4">应有发射机脉冲功率自标定和反射率因子自标定</td><td></td><td></td></tr>
</table>

测试单位_____　　　测试人员_____

附表 1.7　外观检查和随机材料记录表

被试样品	名称	全固态 Ka 波段毫米波测云仪	测试日期	
	型号		环境温度	℃
	编号		环境湿度	%
被试方			测试地点	

检查项目		技术要求	检查结果	结论
外观检查	外观质量	整机系统及各分机外观应整洁,无损伤和形变,表面涂层无气泡、开裂、脱落等现象		
	机械结构要求	机械结构应利于装配、调试、检验、包装、运输、安装、维护等工作,更换部件时简便易行,应具有水平调整装置,应具有天线罩装置,防止下雨、雪天,天线积水、积雪等		
	机械强度要求	各种部件,应有足够的机械强度和防腐蚀能力,确保在产品寿命期内,不因外界环境的影响和材料本身原因而导致机械强度下降而引起危险和不安全		
	材料要求	应选用耐老化材料、抗腐蚀材料、良好的电气绝缘材料等,禁止使用不符合有关国家标准或行业标准的劣质材料		
	涂复要求	各零部件,除用耐腐蚀材料制造的外,其表面应有涂、敷、镀等工艺措施,以保证其耐潮、防霉、防盐雾的性能		
	安全标识	应具有产品标记(制造厂商名或商标、产品型号和名称)、电源标记(电源铭牌)等		
随机材料		毫米波测云仪技术说明书		
		毫米波测云仪使用维护说明书		

测试单位＿＿＿＿＿＿＿＿＿＿＿＿＿＿＿　　　　测试人员＿＿＿＿＿＿＿＿＿＿＿＿＿＿＿＿

第 2 章　地基微波辐射计[①]

2.1　目的

规范地基微波辐射计测试的内容和方法,通过测试与试验,检验地基微波辐射计是否满足《地基微波辐射计功能需求书》(气测函〔2020〕10 号)(简称《需求书》)和《地基多通道微波辐射计》(QX/T 504—2019)(简称《标准》)的要求。

2.2　基本要求

2.2.1　被试样品

提供至少 2 套相同型号的地基微波辐射计(简称辐射计)作为被试样品,在整个测试试验期间被试样品应连续工作,数据正常上传至指定的业务终端或自带终端。功能检测和环境试验可抽取 1 套被试样品。

2.2.2　试验场地

试验场地探测环境除了符合 GB 31221—2014 中 3.2 的规定,还应满足如下要求:
①在 2 个不同气候区域进行动态比对试验;
②可提供同址观测的探空数据,一般为探空站;
③试验场地避免对被试样品造成损害或性能下降的电磁干扰源;
④试验场地内不得存在烟囱、排风口等可能的干扰因素;
⑤试验期间,被试样品的天线波束范围内不可存在任何遮挡物。

2.2.3　比对标准

测试、试验数据对比标准:
①标准辐射源数据;
②探空观测数据。

2.3　静态测试

2.3.1　外观、结构和工艺

通过目测和手动的方法检查被试样品的表面整洁性,结构的完整性和牢固性(必要时可采用计量器具)。应满足《需求书》8 结构及材料、《标准》4.2 外观及工艺和 7.1 标志的要求,检查结果记录在本章附表 2.1。

---

① 本章作者:茆佳佳、焦志敏、王志诚、张雪芬、杨荣康、陶法、刘达新、马强、周铁桩。

2.3.2　功能

功能检测内容包括数据格式、定标、产品显示、质量控制、状态监控、远程升级、数据传输，以及辅助单元的功能。应满足《需求书》3 功能要求，检测结果记录在本章附表 2。

检测方法如下：

（1）数据格式

提供被试样品架设在观测场地运行的实际探测资料文件，检查基数据、产品数据、定标文件、状态文件的命名和格式，应符合《需求书》附录数据格式要求，检测结果记录在本章附表 2.2。

（2）定标

记录被试样品定标方式，应符合《需求书》3.2 定标功能要求；提供被试样品完成内部定标和外部定标后的定标文件，检查是否符合《需求书》附录数据格式要求，检测结果记录在本章附表 2.2。

（3）产品显示

检查被试样品上位机软件的数据产品是否可正确显示，应符合《需求书》3.4 产品生成要求，检测结果记录在本章附表 2.3。

（4）质量控制

被试单位提供详细的质量控制流程，检查质量控制流程是否合理；提供被试样品在观测场地运行的实际观测数据文件，检查亮温和产品数据是否具有质量控制标识，编码和格式是否符合《需求书》附录数据格式要求，检测结果记录在本章附表 2.3。

（5）状态监控

检查被试样品上位机软件的状态监控各项功能，应符合《需求书》3.5 状态监控要求，检测结果记录在本章附表 2.3。

（6）远程升级

检查用户是否能够通过远程对被试样品进行控制和升级，即远程开关机、运行和参数配置等功能，应符合《需求书》3.6 远程升级要求，检测结果记录在本章附表 2.3。

（7）数据传输

检查上位机软件的数据传输模块是否包括：数据上传监控状态显示、上传情况月统计、上传文件查询，下载等功能。

（8）辅助单元功能

天线罩干燥洁净功能。检查降水时观测场地的被试样品鼓风机的工作状态，应能自动加大风量，确保探测数据有效性。

地面气象要素探测功能。检查被试样品在观测场地运行的实时探测数据，产品文件中应具有地面温湿压要素的实时探测。

云信息探测组件。检查被试样品在观测场地运行的实时探测数据，应具有同址同向的云信息探测数据。

时间同步功能。检查被试样品的实时探测数据，时间是否与北京时间同步。

上述检测结果记录在本章附表 2.3。

2.3.3　电气性能

测试内容包括：天线、接收机、定标、电源 4 个单元。

2.3.3.1 天线单元

天线单元包括天线反射面和天线罩。辐射计天线性能的测试必须在专业的微波天线测试场所进行,天线测试框图如图2.1。具体测试条件及测试装置的架设、连接方法见GJB 3310—98第5章的方法101。应满足《需求书》4测量和机电性能要求,测试结果记录在本章附表2.4。方法如下:

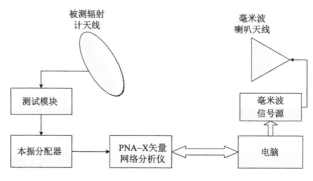

图2.1 天线测试框图

(1)方向图

通过计算机控制天线转台,在俯仰角和方位角两个方向上交替转动天线,直到接收的信号强度最大,记录相应俯仰角和方位角的度数,此位置即为天线主瓣位置。固定俯仰角(或方位角),将方位角(或俯仰角)以一定的角度间隔转动天线,并且记录指示器上的度数和相对应的天线的转动角度,即可测得这一平面的天线方向图;然后返回到最大值的位置,再以同样的过程,测得另一平面内的方向图。

(2)天线增益

将被测天线与标准增益天线比较确定被测天线增益。

(3)半功率波束宽度

在上述测得的天线方向图中,读取比主瓣峰电平低3 dB电平的角度间隔,即为天线主瓣宽度。

(4)天线旁瓣电平

在上述测得的天线方向图中,读取最大旁瓣电平值并计算与主瓣电平值的比,即为天线旁瓣电平。

2.3.3.2 接收单元

主要包括技术体制、通道数量及工作频率等测试项目。应满足《需求书》4测量和机电性能要求,检测结果记录在本章附表2.5。方法如下:

(1)接收机技术体制

检查并记录接收机所采用的技术体制及接收机结构原理图。

(2)本振频率

在射频组件中进行测试,连接如图2.2所示。本振加电工作,在频谱分析仪上读取本振频率值。

(3)噪声系数

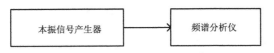

图 2.2　本振频率与精度测试方框图

噪声系数在前端射频组件中进行测试。

对于直接检波技术体制的接收机,测试框图如图 2.3 所示。噪声系数由前级的高增益低噪声放大器的噪声决定,用噪声系数测试仪测试高增益低噪声放大器得到噪声系数。

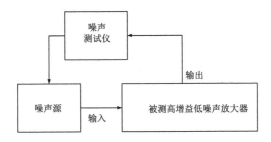

图 2.3　直接检波技术体制的接收机测试框图

对于混频检波技术体制的接收机,测试框图如图 2.4 所示。设置噪声测试仪为下变频固定本振模式,按被测前端的工作频率设置并校准噪声测试仪;在噪声测试仪上读取对应工作频率的前端噪声系数。

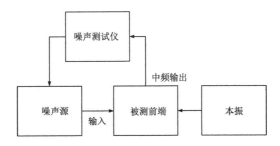

图 2.4　混频检波技术体制的接收机噪声系数测试框图

（4）检波前幅频特性

检波前幅频特性参数包括:工作频率、带宽和带外抑制。

测试连接:

混频检波接收机的工作频率通过本振频率与中频通带的中心频率相加而获得,连接如图 2.5 所示;直接检波接收机的幅频特性主要由多工器决定,通过测试多工器的通带特性得到接收机的幅频特性,连接如图 2.6 所示。各频率参数对应关系如图 2.7 所示。

测试方法:

①对于混频检波体制接收机,前端与中频处理器加电工作,中频输出通过电缆接入频谱分析仪,频谱仪频率设为对应各通道中频的中心频率,频带跨度设为各通道带宽的两倍;移动光标寻找通带上升沿与下降沿的 3 dB 带宽频点 f_1、f_2,二者之差即为中频带宽 B。

对于直接检波体制接收机,直接将多工器连接矢网分析仪,矢网分析仪频率设为对应各通

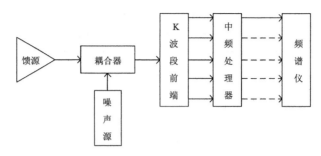

图 2.5　混频检波接收机的幅频特性测试框图

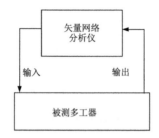

图 2.6　直接检波接收机幅频特性测试框图

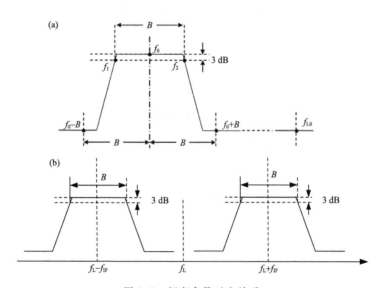

图 2.7　频率参数对应关系

(a)单边带(B 是带宽,f_0 是工作频率);(b)双边带(f_L 是本振频率,f_{IF} 是中频频率)

道中频的中心频率,频带跨度设为各通道带宽的两倍;移动光标寻找通带上升沿与下降沿的 3 dB 带宽频点 f_1、f_2,二者之差即为中频带宽 B。

②移动光标寻找 3 dB 带宽内的中心频点,即为探测通道的中心频率 f_0。

③移动光标寻找距中心频率为带宽的一倍频程处频率 f_0-B、f_0+B,其功率电平与中心频率 f_0 的电平之差即为带外抑制。

④带内中心频率 f_0 与本振频率 fL_0 之和为探测通道频率。

（5）检波器线性度

检波器输入输出关系拟合曲线的相关系数为检波器线性度。

检波器线性度在检波积分放大模块中进行测试，测试框图见图 2.8。

图 2.8　检波器测试框图

①设置信号源频率点为检波器对应工作频率点，调节信号源的输出功率，用电压表测量检波器输出电压，记录此时信号源的输出功率和电压表显示值；

②在检波器设计输入功率范围内，至少测试 10 个不同功率点，记录对应信号源的输出功率和电压表的显示值；

③对上述过程中记录的两列数据进行线性拟合计算，求相关系数作为检波器线性度。

（6）接收机灵敏度

辐射计天线对准液氮测得一定积分时间内的亮温，其标准差记为接收机灵敏度。

测试连接：接收机灵敏度测试连接如图 2.9 所示。

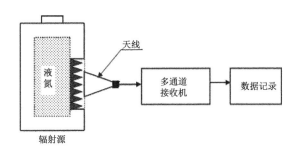

图 2.9　灵敏度测试方法

测试步骤：

按图 2.9 进行连接，辐射源灌注液氮，接收机上电预热；

将天线分别对准黑体和液氮，记录采集数据；

辐射计下电。

利用高、低温测量数据确定亮温－电压方程斜率（K），对高温和低温数据进行统计分析，得出标准差 std(V)，按照方程斜率换算为亮度温度，此结果即为接收机灵敏度。计算公式为：

$$T = \text{std}(V) \cdot K \tag{2.1}$$

式中，K 为利用常温黑体和液氮冷却定标黑体计算得到的温度与电压值的斜率；std(V)为利用低温数据计算的标准差。

（7）亮温测量范围

根据测量接收机灵敏度时确定的亮温－电压方程，以及接收机实测输出电压范围，外推估算亮温探测范围是否满足要求。

2.3.3.3　定标单元

测试定标单元内置黑体温度均匀性和黑体温度传感器误差。应满足《需求书》4 测量和机

电性能要求,检测结果记录在本章附表 2.6。方法如下:

(1)内置黑体温度均匀性

辐射计开机预热后,持续观测不少于 10 条数据,查看设备输出的状态文件,检查内置黑体各个温度读数值,计算最大值、最小值与平均值的差值是否在 0.5 K 之内。

(2)黑体内置温度传感器

以标准温度计量装置为准,计算黑体内置温度传感器误差是否在 0.2 K 之内。

2.3.3.4 供电单元

电源和功耗的性能应满足《需求书》4 测量和机电性能要求,检测结果记录在本章附表 2.1。方法如下:

(1)电源

电源电压单相 220 V、频率 50 Hz,在电源电压变化−15%~10%,频率变化±3%时,系统能够正常工作即为合格,否则判为不合格。

(2)功耗

在辐射计加电工作时,用交流电流表在辐射计主机电源线上测量,直接读出辐射计主机消耗的电流值,与主机输入电压相乘即为功耗,未开启防雾干燥系统加热模块时,整机功耗应≤600 W;最大允许功耗应≤2100 W。

2.4 环境试验

2.4.1 气候环境

2.4.1.1 要求

产品在以下环境中应正常工作:

(1)温度

①工作温度:−40~50 ℃(室外设备),0~40 ℃(室内设备);

②贮存温度:−50~55 ℃。

(2)恒定湿热(表 2.1)

表 2.1 工作和贮存湿热要求

使用场所	环境湿度/%	环境温度/℃	试验时间/h
室外装置	95	35	48
室内装置	90	30	48

(3)气压

500~1060 hPa。

(4)外壳防护

室外设备外壳防护等级应达到 IP55。

(5)抗盐雾腐蚀

外露零件镀层耐 48 h 盐雾沉降试验。

2.4.1.2 试验方法

(1)温度

低温在 −40 ℃工作 2 h，−50 ℃贮藏 2 h，采用 GB/T 2423.1 进行试验、检测和评定；高温在 50 ℃工作 2 h，55 ℃贮藏 2 h，采用 GB/T 2423.2 进行试验、检测和评定。

（2）恒定湿热：

按照 4.1.1 恒定湿热要求，采用 GB/T 2423.3 进行试验、检测和评定。

（3）低气压

500 hPa 放置 0.5 h。采用 GB/T 2423.21 进行试验、检测和评定。

（4）外壳防护

外壳防护等级 IP55。采用 GB/T 2423.37 和 GB/T 2423.38 或 GB/T 4208 进行试验、检测和评定。

（5）盐雾

48 h 盐雾沉降试验。采用 GB/T 2423.17 进行试验、检测和评定。

2.4.2　机械条件

2.4.2.1　要求

在产品规定包装条件下，宽带随机振动试验应达到流通条件等级 3 级要求。

2.4.2.2　测试方法

按照 GB/T 6587—2012 的 5.10.2.1 和 5.10.2.2 方法进行试验、检测和评定。

2.4.3　电磁兼容

2.4.3.1　要求

电磁抗扰度应满足表 2.2 试验内容和严酷度等级要求。

表 2.2　电磁兼容试验内容和严酷度等级

内容	严酷度等级		推荐标准
	交流电源端口	数据端口	
浪涌（冲击）抗扰度	线对线：2 级	线对线：2 级	GB/T 17626.5—2008
	线对地：3 级	线对地：3 级	
电快速瞬变脉冲群抗扰度	3 级	3 级	GB/T 17626.4—2008
静电放电抗扰度	2 级		GB/T 17626.2—2006

2.4.3.2　测试方法

按照 GB/T 17626.5—2008、GB/T 17626.4—2008、GB/T 17626.2—2006 进行试验、检测和评定。

2.5　动态比对试验

按照 2.5.4.1 可靠性试验方案确定试验时间，且不少于 3 个月；若动态比对试验的时间超过了可靠性试验的截止时间，应按照动态比对试验的时间结束试验。动态比对试验要求在稳定、低湿度（相对湿度≤70％）的环境条件下对辐射计系统进行标定；辐射计应处于连续对空观测的工作状态，并采用同时期的探空仪数据开展辐射计性能测试。被试样品应满足《需求书》4 测量性能要求，试验结果记录在本章附表 2.7。

2.5.1 数据完整性

去除由于外界干扰(非设备原因)造成的数据缺测,对数据缺测率进行评定。

计算方法:缺测率(%)=(试验期内累计缺测次数/试验期内应观测次数)×100%。

2.5.2 数据准确性

数据准确性反映了被试样品获取数据的质量。以对比差值(被试样品测量值与比对标准测量值的差值)统计均方根误差来进行统计。假设差值为正态分布,用公式(2.2)统计:

$$\mathrm{RMS} = \sqrt{\frac{1}{n}\sum_{i=0}^{n}(Y_i - X_i)^2} \tag{2.2}$$

式中,RMS 为对比差值的均方根误差;X_i 为第 i 次的比对标准测量值;Y_i 为第 i 次的被试样品测量值;n 为实际比对观测次数。

(1)亮温

动态比对试验开始时,以标准辐射源为比对标准,采集不少于 15 次的有效样本数据,对辐射计亮温的准确性进行分析。

动态比对试验结束后进行复测,与上述方法相同,以标准辐射源为比对标准,采集不少于 15 次的有效样本数据,对辐射计亮温的准确性和稳定性进行分析。

(2)廓线产品

以探空数据为比对标准,在晴空或有云天气条件下,采集不少于 N 次($N \geqslant 30$)的有效探空数据,对辐射计观测大气廓线(温度、湿度、水汽密度)的准确性进行分析。在比对中应将探空气球漂移较远数据剔除。

由探空温度、相对湿度的观测数据计算水汽密度的公式如下:

$$\lg E_\mathrm{w} = 10.79574\left(1 - \frac{T_0}{T}\right) - 5.028\lg\frac{T}{T_0} + 1.50475\times10^{-4}\left[1 - 10^{-8.2969\left(\frac{T}{T_0}-1\right)}\right] +$$

$$0.42873\times10^{-3}\left[10^{4.76955\left(1-\frac{T_0}{T}\right)} - 1\right] + 0.78614 \tag{2.3}$$

$$e = E_\mathrm{w}\left(\frac{U}{100}\right) \tag{2.4}$$

$$a = 216.7679\times\frac{e}{T} \tag{2.5}$$

式(2.3)~(2.5)中,T 为绝对温度;T_0 为三相点温度;E_w 为饱和水汽压;e 为实际水汽压;a 为水汽密度;U 为相对湿度。

(3)积分水汽含量

与探空观测数据二次计算得到的积分水汽含量比对,评定辐射计积分水汽含量的准确性。

探空数据计算积分水汽含量的方法是,将上式计算的水汽密度 a 根据高度累加,得到总的水汽质量 $M(\mathrm{kg/m^2})$。用水汽总量除以 $1000(\mathrm{kg/m^3})$,得积分水汽含量(mm)。

2.5.3 数据一致性

在同一试验地点同时安装 2 套被试样品,统计两者亮温差值的平均值,判断是否满足指标要求。

2.5.4 设备可靠性

可靠性反映被试样品在规定的情况下,在规定的时间内,完成规定功能的能力。以平均故障间隔时间(MTBF)表示设备的可靠性。平均故障间隔时间 MTBF(θ_1)大于等于 2500 h。

2.5.4.1　试验方案

按照定时截尾试验方案,在 QX/T 526—2019 表 A.1 的方案类型中选用标准型或短时高风险两种试验方案之一,推荐选用标准型试验方案。

2.5.4.1.1　标准型试验方案

采用 17 号方案,即生产方和使用方风险各为 20%,鉴别比为 3 的定时截尾试验方案,试验的总时间为规定 MTBF 下限值(θ_1)的 4.3 倍,接受故障数为 2,拒收故障数为 3。

试验总时间 T 为:

$$T=4.3 \times 2500 \ h=10750 \ h$$

要求 2 套或以上被试样品进行动态比对试验。以 2 套被试样品为例,每台试验的平均时间 t 为:

2 套被试样品:$t=10750 \ h/2=5375 \ h=223.9 \ d \approx 224 \ d$

若为了缩短试验时间,可增加被试样品的数量,如:

3 套被试样品:$t=10750 \ h/3=3583.3 \ h=149.3 \ d \approx 150 \ d$

所以 2 套被试样品需试验 224 d,3 套需试验 150 d,期间允许出现 2 次故障。

2.5.4.1.2　短时高风险试验方案

采用 21 号方案,即生产方和使用方风险各为 30%,鉴别比为 3 的定时截尾试验方案,试验的总时间为规定 MTBF 下限值(θ_1)的 1.1 倍,接受故障数为 0,拒收故障数为 1。

试验总时间 T 为:

$$T=1.1 \times 2500 \ h=2750 \ h$$

2 套被试样品进行动态比对试验,每台试验的平均时间 t 为:

$t=2750 \ h/2=1375 \ h=57.3 \ d \approx 58 \ d$

所以 2 套被试样品需试验 58 d,期间允许出现 0 次故障。根据 QX/T 526—2019 的 5.3 规定,至少应进行 3 个月的试验,因此,采用 2 套及以上被试样品进行试验,试验时间应至少 3 个月。

2.5.4.2　MTBF 观测值的计算

MTBF 的观测值(点估计值)$\hat{\theta}$ 用公式(2.6)计算。

$$\hat{\theta}=\frac{T}{r} \tag{2.6}$$

式中,T 为试验总时间,是所有被试样品试验期间各自工作时间的总和;r 为总责任故障数。

2.5.4.3　MTBF 置信区间的估计

按照 QX/T 526—2019 中的 A.2.3 计算 MTBF 置信区间的估计值。

2.5.4.3.1　有故障的 MTBF 置信区间估计

采用 2.5.4.1.1 标准型试验方案,使用方风险 $\beta=20\%$ 时,置信度 $C=60\%$;采用 2.5.4.1.2 短时高风险试验方案,使用方风险 $\beta=30\%$ 时,置信度 $C=40\%$。

根据责任故障数 r 和置信度 C,由 QX/T 526—2019 中表 A.2 查取置信上限系数 $\theta_U(C', r)$ 和置信下限系数 $\theta_L(C', r)$,其中,$C'=(1+C)/2=1-\beta$,MTBF 的置信区间下限值 θ_L 用公式(2.7)计算,上限值 θ_U 用公式(2.8)计算

$$\theta_L = \theta_L(C', r) \times \hat{\theta} \qquad (2.7)$$

$$\theta_U = \theta_U(C', r) \times \hat{\theta} \qquad (2.8)$$

MTBF 的置信区间表示为 (θ_L, θ_U)（置信度为 C）。

2.5.4.3.2　故障数为 0 的 MTBF 置信区间估计

若责任故障数 r 为 0，只给出置信下限值，用公式(2.9)计算。

$$\theta_L = T/(-\ln\beta) \qquad (2.9)$$

式中，T 为试验总时间，是所有被试样品试验期间各自工作时间的总和；β 为使用方风险。

采用 2.5.4.1.1 标准型试验方案，使用方风险 $\beta = 20\%$，采用 5.4.1.2 短时高风险试验方案，使用方风险 $\beta = 30\%$。

这里的置信度应为 $C = 1 - \beta$。

场地试验期间，统计故障记录时，应区别责任故障和非责任故障，只有责任故障参与统计。

2.5.4.4　试验结论

①按照试验中可接收的故障数判断可靠性是否合格。

②可靠性试验无论是否合格，都应给出被试样品平均故障间隔时间（MTBF）的观测值 $\hat{\theta}$ 和置信区间估计的上限 θ_U 和下限 θ_L，表示为 (θ_L, θ_U)（置信度为 C）。

2.5.4.5　故障的认定和记录

按照 QX/T 526—2019 的 A.3 认定和记录故障。故障认定应区分责任故障和非责任故障，故障记录在动态比对试验的设备故障维修登记表中，见附表 A。

2.6　结果评定

2.6.1　单项评定

以上各项试验均合格的，视该被试样品合格，有一项不合格的，视为不合格。

2.6.2　总评定

被试样品总数的 2/3 及以上合格的，视该型号被试样品为合格，否则不合格。

本章附表

附表 2.1　外观、结构和工艺及供电检测记录表

被试样品	名称	地基微波辐射计		测试日期		
	型号			环境温度		℃
	编号			环境湿度		％
被试方				测试地点		
检测项目	检测内容			检测结果	结论	备注
机体外观	机体底板适宜安装在支架面板上;方便搬运和安装;外表颜色避免过多太阳辐射升温影响;工艺美观,接线整齐					
机械结构	应利于装配、调试、检验、包装、运输、安装、维护等,更换部件时简便易行。应有足够的机械强度。支架应足够稳定,无需其他支撑即可实现外部液氮定标。机体结构上的棱缘或拐角应倒圆和磨光。螺钉连接件应能承受正常使用时的机械压力,防止松脱或损坏					
材料要求	整机机体应选用耐老化、抗腐蚀强的材料。天线罩应采用微波透过性能好的疏水材料					
涂覆要求	各零部件,除用耐腐蚀材料制造的外,其表面应有涂、覆、镀等工艺措施,且均匀并 100％覆盖					
安全标识	应具有产品标记(商标、产品型号和名称)、制造厂名、制造日期或生产批号等					
电源	电源电压单相 220 V、频率 50 Hz,在电源电压变化-15％~10％,频率变化±3％时,系统应能正常工作					
功耗	未开启防雾干燥系统加热模块时,整机功耗应≤600 W;最大允许功耗应≤2100 W					
测试仪器	名称			型号		编号

测试单位＿＿＿＿＿＿＿＿＿＿＿＿＿＿＿＿＿＿＿＿　　　　测试人员＿＿＿＿＿＿＿＿＿＿＿＿＿＿＿＿＿＿＿＿

附表 2.2 数据产品格式检查记录表

被试样品	名称	地基微波辐射计	测试日期	
	型号		环境温度	℃
	编号		环境湿度	%
被试方			测试地点	

检测项目	检测内容	检测结果	结论	备注
文件命名格式	符合《需求书》附录第 2 章的文件命名要求			
数据类型	符合《需求书》附录第 3.3 节的数据类型，包含基数据、产品数据、定标数据、状态数据			
数据格式	符合《需求书》附录的数据格式，包括基数据、产品数据、定标数据、状态数据等			
基本数据产品	包含亮温、地面温湿压参考要素、降雨标识			
二次数据产品	包含温度廓线，水汽密度廓线，相对湿度廓线，液态水密度廓线，积分水汽，积分云液水等			

测试单位＿＿＿＿＿＿＿＿＿＿＿＿＿＿＿＿＿＿＿   测试人员＿＿＿＿＿＿＿＿＿＿＿＿＿＿＿＿＿＿＿

附表 2.3　功能检查记录表

被试样品	名称	地基微波辐射计	测试日期	
	型号		环境温度	℃
	编号		环境湿度	%
被试方			测试地点	

检测项目	检测内容	检测结果	结论	备注
状态监控	监控对象包括接收单元、定标单元、采集与控制单元、辅助单元、数据处理和产品输出单元、显示终端等			
	报警功能包括各单元性能监控、故障报警			
	具有故障定位功能			
	具有故障统计查询功能			
质量控制	基数据质量控制,按格式要求生成质控码			
	产品数据质量控制,按格式要求生成质控码			
产品显示和数据查询	基本产品显示			
	二次产品显示			
	鼠标移动显示			
	产品视图切换(能够分类显示所有数据类型,人机交互友好、便于使用,视图切换是否正常)			
	按时间选择查询			
数据传输	上传监控状态显示			
	上传情况月统计			
	上传文件查询,下载			
故障管理	历史告警统计			
	告警信息查询			
	分系统故障统计			
	故障告警月累计			
远程控制	开始探测			
	停止探测			
	控制记录			
关键参数配置	站点信息			
	标定参数			
	设备参数			
	运行参数			
	关键参数变更记录			
辅助单元功能	天线罩干燥洁净功能			
	地面气象要素探测功能			
	云信息探测组件			
	时间同步功能			

测试单位_____　　　　　测试人员_____

附表 2.4　天线测试记录表

<table>
<tr><td rowspan="3">被试样品</td><td>名称</td><td colspan="3">地基微波辐射计</td><td>测试日期</td><td colspan="2"></td></tr>
<tr><td>型号</td><td colspan="3"></td><td>环境温度</td><td colspan="2">℃</td></tr>
<tr><td>编号</td><td colspan="3"></td><td>环境湿度</td><td colspan="2">%</td></tr>
<tr><td>被试方</td><td colspan="4"></td><td>测试地点</td><td colspan="2"></td></tr>
<tr><td colspan="2">测试项目</td><td colspan="3">指标要求</td><td>测试结果</td><td>结论</td><td>备注</td></tr>
<tr><td rowspan="4">天线</td><td colspan="2">方向图</td><td colspan="3">K 波段、V 波段</td><td></td><td></td><td></td></tr>
<tr><td colspan="2">增益</td><td colspan="3">水汽通道≥20 dB，
温度通道≥25 dB</td><td></td><td></td><td></td></tr>
<tr><td colspan="2">半功率波束宽度</td><td colspan="3">水汽通道≤5°
温度通道≤3°</td><td></td><td></td><td></td></tr>
<tr><td colspan="2">旁瓣电平</td><td colspan="3">水汽通道＜-25 dB，
温度通道＜-28 dB</td><td></td><td></td><td></td></tr>
<tr><td rowspan="5">测试仪器</td><td colspan="2">名称</td><td colspan="3">型号</td><td colspan="3">编号</td></tr>
<tr><td colspan="2"></td><td colspan="3"></td><td colspan="3"></td></tr>
<tr><td colspan="2"></td><td colspan="3"></td><td colspan="3"></td></tr>
<tr><td colspan="2"></td><td colspan="3"></td><td colspan="3"></td></tr>
<tr><td colspan="2"></td><td colspan="3"></td><td colspan="3"></td></tr>
</table>

测试单位＿＿＿＿＿＿＿＿＿＿＿＿＿＿　　　测试人员＿＿＿＿＿＿＿＿＿＿＿＿＿＿

附表 2.5　接收单元测试记录表

<table>
<tr><td rowspan="3">被试样品</td><td>名称</td><td colspan="2">地基微波辐射计</td><td>测试日期</td><td colspan="2"></td></tr>
<tr><td>型号</td><td colspan="2"></td><td>环境温度</td><td></td><td>℃</td></tr>
<tr><td>编号</td><td colspan="2"></td><td>环境湿度</td><td></td><td>%</td></tr>
<tr><td colspan="1">被试方</td><td colspan="3"></td><td>测试地点</td><td colspan="2"></td></tr>
<tr><td colspan="2">测试项目</td><td colspan="2">指标要求</td><td>测试结果</td><td>结论</td><td>备注</td></tr>
<tr><td colspan="2">技术体制</td><td colspan="2">直接检波或混频检波</td><td></td><td></td><td></td></tr>
<tr><td colspan="2">本振频率</td><td colspan="2">/</td><td></td><td></td><td></td></tr>
<tr><td>射频</td><td>噪声系数</td><td colspan="2">水汽通道≤4 dB,温度通道≤6 dB</td><td></td><td></td><td></td></tr>
<tr><td rowspan="4">检波前
幅频特性</td><td rowspan="2">通道数量
及工作频率</td><td colspan="2">温度通道≥7,工作频率在氧气吸收带间内</td><td></td><td></td><td></td></tr>
<tr><td colspan="2">水汽通道≥7,工作频率在水汽吸收带间内</td><td></td><td></td><td></td></tr>
<tr><td>带宽</td><td colspan="2">/</td><td></td><td></td><td></td></tr>
<tr><td>带外抑制</td><td colspan="2">/</td><td></td><td></td><td></td></tr>
<tr><td colspan="2">检波器线性度</td><td colspan="2">>0.9999</td><td></td><td></td><td></td></tr>
<tr><td colspan="2" rowspan="2">接收机灵敏度</td><td colspan="2">湿度通道≤0.2 K</td><td></td><td></td><td></td></tr>
<tr><td colspan="2">温度通道≤0.3 K</td><td></td><td></td><td></td></tr>
<tr><td colspan="2" rowspan="2">亮温测量范围</td><td colspan="2">水汽通道:7～320 K,</td><td></td><td></td><td></td></tr>
<tr><td colspan="2">氧气通道:30～320 K</td><td></td><td></td><td></td></tr>
<tr><td rowspan="6">测试仪器</td><td colspan="2">名称</td><td colspan="2">型号</td><td colspan="2">编号</td></tr>
<tr><td colspan="2"></td><td colspan="2"></td><td colspan="2"></td></tr>
<tr><td colspan="2"></td><td colspan="2"></td><td colspan="2"></td></tr>
<tr><td colspan="2"></td><td colspan="2"></td><td colspan="2"></td></tr>
<tr><td colspan="2"></td><td colspan="2"></td><td colspan="2"></td></tr>
<tr><td colspan="2"></td><td colspan="2"></td><td colspan="2"></td></tr>
<tr><td colspan="7">注 1:测试每个通道接收机的增益、带宽、噪声系数、本振频率。
注 2:本振频率测试仅针对混频检波技术体制的接收机,直接检波技术体制的接收机无需测量此项。</td></tr>
</table>

测试单位＿＿＿＿＿＿＿＿＿＿＿＿＿＿＿＿＿＿　　　　测试人员＿＿＿＿＿＿＿＿＿＿＿＿＿＿＿＿＿＿＿

附表 2.6　定标单元测试记录表

被试样品	名称	地基微波辐射计	测试日期		
	型号		环境温度		℃
	编号		环境湿度		%
被试方			测试地点		
测试项目	指标要求		测试结果	结论	备注
内置黑体温度均匀性	最大值－平均值≤0.5 K				
	最大值－最小值≤0.5 K				
黑体温度传感器误差	≤±0.2 K				
测试仪器	名称		型号	编号	

测试单位＿＿＿＿＿＿＿＿＿＿＿＿＿＿＿　　　测试人员＿＿＿＿＿＿＿＿＿＿＿＿＿＿＿

附表 2.7　动态比对试验记录表

<table>
<tr><td rowspan="3">被试样品</td><td>名称</td><td>地基微波辐射计</td><td>测试日期</td><td></td></tr>
<tr><td>型号</td><td></td><td>环境温度</td><td>℃</td></tr>
<tr><td>编号</td><td></td><td>环境湿度</td><td>%</td></tr>
<tr><td>被试方</td><td colspan="2"></td><td>测试地点</td><td></td></tr>
</table>

<table>
<tr><td colspan="2">测试项目</td><td>指标要求</td><td></td><td>测试结果</td><td>结论</td><td>备注</td></tr>
<tr><td>完整性</td><td>缺测率</td><td colspan="2">≤2%</td><td></td><td></td><td></td></tr>
<tr><td rowspan="6">准确性</td><td>亮温</td><td colspan="2">≤1 K RMS
稳定性:漂移≤0.1 K/月</td><td></td><td></td><td></td></tr>
<tr><td>相对湿度廓线</td><td>垂直分辨率:
≤50 m(0～500 m)
≤100 m(500 m～2 km)
≤250 m(2～10 km)</td><td>均方根误差:≤15 %RH</td><td></td><td></td><td></td></tr>
<tr><td>温度廓线</td><td>垂直分辨率:
≤25 m(0～500 m)
≤50 m(500 m～2 km)
≤250 m(2～10 km)</td><td>当高度>2 km时,
均方根误差≤1.8 K;
当高度≤2 km时,
均方根误差≤1 K</td><td></td><td></td><td></td></tr>
<tr><td>水汽密度廓线</td><td>垂直分辨率:
≤50 m(0～500 m)
≤100 m(500 m～2 km)
≤250 m(2～10 km)</td><td>均方根误差:≤0.8g/m³</td><td></td><td></td><td></td></tr>
<tr><td>积分水汽含量</td><td colspan="2">≤4 mm RMS</td><td></td><td></td><td></td></tr>
<tr><td>一致性</td><td>亮温</td><td colspan="2">同址同型号不同设备的亮温差值≤1 K</td><td></td><td></td><td></td></tr>
<tr><td>可靠性</td><td>平均故障间隔
时间(MTBF)</td><td colspan="2">≥2500 h</td><td></td><td></td><td></td></tr>
</table>

<table>
<tr><td rowspan="4">测试仪器</td><td>名称</td><td>型号</td><td>编号</td></tr>
<tr><td></td><td></td><td></td></tr>
<tr><td></td><td></td><td></td></tr>
<tr><td></td><td></td><td></td></tr>
</table>

测试单位＿＿＿＿＿＿＿＿＿＿＿＿＿＿＿＿　　　测试人员＿＿＿＿＿＿＿＿＿＿＿＿＿＿＿＿＿＿

第3章　拉曼和米散射气溶胶激光雷达[①]

3.1　目的

规范拉曼和米散射气溶胶激光雷达测试的内容和方法，用于其功能检测、技术性能测试及动态比对试验等。通过测试与试验，检验拉曼和米散射气溶胶激光雷达是否满足《拉曼和米散射气溶胶激光雷达功能需求书（第一版）》（气测函〔2019〕119号）（简称《需求书》）的要求。

3.2　基本要求

3.2.1　被试样品

提供1套或以上同一型号的拉曼和米散射气溶胶激光雷达（简称激光雷达）为被试样品。

3.2.2　试验场地

①选择1个或以上试验场地，尽量选择接近被试样品使用环境要求的气象参数极限值；
②同一试验场地安装多套被试样品时，彼此间距应不小于3 m，应避免相互影响。

3.2.3　安装要求

安装点地面平整、坚硬，周围没有阻碍激光发射的高大建筑物、树木或其他障碍物。安装设备方舱后，确保方舱四周均有2 m以上的操作维护空间；在建筑物顶部安置设备方舱时，若方舱重量经建筑设计部门核实超过屋顶承重，在安置方舱前应先对建筑物顶部进行加固。一般情况下，在建筑物顶部加重不应超过250 kg/m²；安装点具备稳定、可靠的电源；安装点附近没有强电磁干扰、远离振动源。

3.3　静态测试

3.3.1　外观及标志

3.3.1.1　要求

外表面应无凹痕、碰伤、裂痕和变形等缺陷；镀涂层不起泡、龟裂和脱落；金属零件无锈蚀、毛刺及其他机械损伤；标记代号、铭牌标识等符合《需求书》5.1和9.1的要求。

3.3.1.2　检查方法

用目测和手动操作检查，检查结果记录在本章附表3.1。

[①]　本章作者：步志超、季承荔、崔明、代雅茹、陈玉宝。

3.3.2 组成结构

3.3.2.1 要求

一套完整的激光雷达主要包括：激光发射系统、光学接收系统、光电转换及数据采集系统、信号处理系统、标准输出控制设备以及附属设备等。附属设备包括防雷、通信设施和 UPS，根据需求可选配发电机和环境控制设备等。

结构牢固，操作部分没有迟滞、卡死、松脱等；机械结构利于装配、调试、检验、包装、运输、安装、维护等，更换部件时简便易行；对产品部件结构进行正常弯曲或挤压（必要时可采用计量器具），各种部件有足够的机械强度，保证在产品寿命期内，不因外界环境的影响和材料本身原因而导致机械强度下降而引起危险和不安全。

3.3.2.2 检查方法

用目测和手动操作检查，检查结果记录在本章附表 3.2。

3.3.3 功能检测

3.3.3.1 要求

应满足《需求书》4 功能要求，检查被试样品的各项内容。包括：激光发射系统功能、光学接收系统功能、光电转换及数据采集系统功能、信号处理系统功能、标准输出控制功能、附属设备功能（供电设备、消防设备、防雷设备、通信设备、环境控制设备等）。

3.3.3.2 检测方法

目测检查和现场操作演示检查。其中，互换性功能采取在现场抽取不少于 3 个的组件或部件，进行互换测试。检测结果记录在本章附表 3.3。

3.3.4 性能测试

3.3.4.1 总体指标

3.3.4.1.1 观测模式

（1）要求

廓线探测/对射。

（2）测试方法

在雷达整机上进行观测模式演示检查。测试结果记录在本章附表 3.4。

3.3.4.1.2 距离半径（量程）

（1）要求

廓线探测≥20 km。

（2）测试方法

根据测量数据的距离分辨率 Δd 和保存数据的点数 n，计算距离半径 Range，如式（3.1）。测试结果记录在本章附表 3.4。

$$\text{Range} = \Delta d \times n \qquad (3.1)$$

3.3.4.1.3 分辨率

（1）要求

空间分辨率（距离）：7.5 m 或其倍数；时间分辨率：1～30 min 可调。

（2）测试方法

首先检查激光雷达空间分辨率和时间分辨率是否按照技术要求设置,然后检查数据是否按照设置的符合技术要求的时间和空间分辨率进行了存储,最后检查获取的数据能否按照设置的符合技术要求的时间和空间分辨率正确显示。测试结果记录在本章附表3.4。

3.3.4.1.4 数据与格式

(1)要求

按照数据格式要求检查,检查内容包括:文件名称、数据类型、数据格式、数据产品。检查结果记录在本章附表3.4。

(2)测试方法

①文件名称:检查文件命名规则是否符合《需求书》附录1中的文件命名规则;

②数据类型:检查观测数据是否分原始数据(0级数据)、数据产品(1级、2级数据)、定标数据和状态数据;

③数据格式:检查原始数据、1级数据产品和2级数据产品是否满足《需求书》附录1中数据格式要求。

3.3.4.1.5 数据产品

(1)要求

数据产品主要包括:气溶胶消光系数、气溶胶后向散射系数、气溶胶粒子退偏振比(仅对具有退偏振比探测功能的激光雷达要求)、云信息、光学厚度、污染物混合层高度、能见度、颗粒物浓度(仅适用于多波长拉曼散射气溶胶激光雷达)。

(2)测试方法

根据激光雷达的类型,检查其是否具有《需求书》中附录1规定的数据产品类型,然后检查数据产品的名称、类型和格式是否按照《需求书》中的数据字典要求进行了存储,最后检查数据产品能否进行正常的读取和显示。检查激光雷达数据产品是否可正确显示,数据产品种类是否符合要求。测试结果记录在本章附表3.4。

3.3.4.1.6 电源与功耗

(1)要求

电源:单相,AC $220 \times (1 \pm 15\%)$ V,$50 \times (1 \pm 5\%)$ Hz;整机功耗:$\leqslant 6$ kW。

(2)测试方法

电源:调整供电电压和频率,检查激光雷达是否能正常开机,开机后激光雷达各部分供电是否正常,是否能够正常工作。

整机功耗:在激光雷达正常开机工作的情况下,利用电功率表对整机的功率进行测量。测试结果记录在本章附表3.4。

3.3.4.1.7 架设、拆装与运输方式

(1)要求

架设方式:固定式或移动式;架设时间(移动式雷达):$\leqslant 2$ h;拆收时间:$\leqslant 1$ h,所需人数:$\leqslant 3$ 人;运输方式:可人力拆卸,使用小型载重汽车运输。

(2)测试方法

检查被试激光雷达是否可以通过小型载重汽车进行运输。

对于固定式激光雷达,应检测其是否能够固定架设在地基平台进行观测。

对于移动式激光雷达,应检查激光雷达是否可以在不超过3人的情况下进行人力架设和

拆卸,将激光雷达架设在小型载重汽车或其他移动平台上的时间(从激光雷达开始架设到在移动平台上固定完毕后可以进行开机观测的时间)是否≤2 h,激光雷达从移动平台上拆收的时间(从激光雷达关机开始到拆收装箱完毕的时间)是否≤1 h。测试结果记录在本章附表 3.4。

3.3.4.1.8 开机时间测试

(1)要求

正常开机≤30 min;紧急开机≤20 min。

(2)测试方法

被试激光雷达安装在指定观测地点后,进行开机观测,整个开机过程(从连接电源到获得第一组观测数据)的时间应该≤30 min。测试结果记录在本章附表 3.4。

在观测过程中,如遇到特殊情况(系统断电、系统维护等)等导致被试激光雷达工作中断的情况,在特殊情况恢复正常后,被试激光雷达再次开机时间应≤20 min。

3.3.4.2 激光发射系统

3.3.4.2.1 工作波长和发射激光脉冲线宽

(1)要求

工作波长:300～2000 nm,发射激光脉冲线宽:≤0.2 nm。

(2)测试方法

激光器发射波长主要采用光谱分析仪来进行测试。测试方法如图 3.1 所示,将激光器的输出激光通过分光镜分光后,入射到光谱分析仪的探测窗口,读取激光波长值和脉冲线宽。通过分光镜的激光能量符合光谱分析仪的检测阈值的要求。光谱分析仪的技术指标要求用于测量脉冲激光,经过标准源校准,波长范围覆盖探测激光波长,波长精度≤0.05 nm,分辨力≤0.02 nm。测试结果记录在本章附表 3.5。

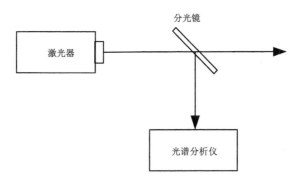

图 3.1 工作波长和发射激光脉冲线宽测试

3.3.4.2.2 脉冲宽度

(1)要求

脉冲宽度≤50 ns。

(2)测试方法

如图 3.2 所示,将激光器输出激光通过分光镜分光、衰减后,入射到快速光电探测器(例如:PIN 光电二极管)中,将光脉冲信号转换成电脉冲信号,然后再将电脉冲信号输入到示波器中,通过示波器的测量分析功能,计算得到电脉冲信号的脉冲宽度。

光电探测器响应波长覆盖激光器发射波长,具有快速响应时间,一般要求小于激光额定脉冲的上升沿和下降沿(一般要求≤500 ps)。示波器要求带宽≥500 MHz,最大采样率≥1 GSa/s。测试结果记录在本章附表3.5。

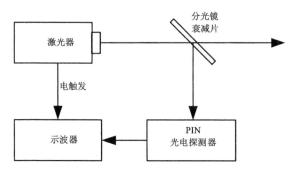

图 3.2　脉冲宽度测试

3.3.4.2.3　平均功率(单个波长)

(1)要求

米散射激光雷达≥10 mW;紫外拉曼散射气溶胶激光雷达≥300 mW;可见拉曼散射气溶胶激光雷达≥500 mW。

(2)测试方法

如图3.3所示,激光器输出的激光光束照射到能量计/功率计探头的光敏面上,通过显示器读取单脉冲能量/平均功率。

图 3.3　平均功率测试

能量计/功率计探头探测波长范围覆盖激光器的发射激光波长,探测能量/平均功率范围覆盖激光束的能量/平均功率,能承受的最大的光功率密度大于激光光束的光功率密度,探测光敏面不小于激光光斑大小,功率计探测分辨率≤200 μW,能量计探测分辨率 200 pJ～30 μJ(根据探测激光能量确定),精度≤5%。测试结果记录在本章附表3.5。

3.3.4.2.4　故障检测和保护

(1)要求

过流保护、过温保护、激光发射功率低于额定功率的80%时输出报警信号。

(2)测试方法

目测检查和现场操作演示检查。测试结果记录在本章附表3.5。

3.3.4.2.5　发散角

(1)要求

激光系统光束的光束发散角是用来衡量光束从束腰向外发散的角度,要求激光系统光束发散角≤1 mrad。

(2)测试方法

以下2种方法选择一种。测试结果记录在本章附表3.5。

①光束分析仪法

如图 3.4 所示,将激光系统输出光束输入到光束分析仪中,然后利用光束分析仪对光束发散角进行测试。光束分析仪要求波长范围覆盖探测波长,损伤阈值大于入射激光的能量,最大可测量光斑不小于 20 mm,即插即用,配套测量软件。

图 3.4　发散角测试(光束分析仪法)

②刀口法

如图 3.5 所示,在 Z1 位置处沿水平方向设置狭缝,狭缝处放置激光功率/能量计。激光光束完全通过狭缝时为激光器的满能量,然后调节狭缝,当能量下降至满能量的 86.5% 时记录此时狭缝大小 X1;然后将狭缝置于 Z2 位置重复上述操作记录狭缝大小 X2。$(X2-X1)/(Z2-Z1)$ 即为水平方向发散角。垂直方向发散角测试方法同理。

注:建议 $Z2-Z1>5$ m。

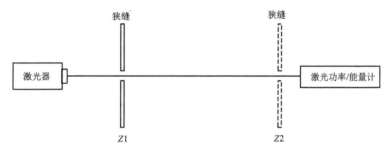

图 3.5　发散角测试(刀口法)

3.3.4.2.6　通风散热

(1)要求

有可靠的通风散热设计,保证激光发射系统正常工作。

(2)测试方法

目测检查和现场操作演示检查。检测结果记录在本章附表 3.5。

3.3.4.2.7　发射激光的偏振比

(1)要求

发射激光的偏振比≥100∶1(仅对具有退偏振比探测功能的激光雷达要求)。

(2)测试方法

以下 2 种方法选择一种。测试结果记录在本章附表 3.5。

①利用偏振测试仪

如图 3.6 所示,将激光器输出光束输入到偏振测试仪中,利用测试仪的偏振度和测量功能,可测试得到激光信号的偏振比。如果激光器发射激光的偏振度不符合技术要求,可在发射光路中加入起偏器,用偏振测试仪测量经过起偏器后的激光偏振度作为测试结果。

偏振测量仪偏振度测量精度≥1%,探测波长范围覆盖激光器发射波长,如果光敏面小于激光光斑尺寸可以多次多点测量。

图 3.6　发射激光的偏振比测试(偏振测试仪)

②利用偏振分光棱镜

如图 3.7 所示,将激光器输出光束经衰减后入射到偏振分光棱镜,利用激光功率/能量计分别测量偏振分光棱镜透射和反射后的能量,通过计算两者能量之比得到激光偏振度。

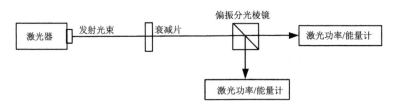

图 3.7　发射激光的偏振比测试测试(偏振分光棱镜)

3.3.4.3　光学接收系统
3.3.4.3.1　望远镜
(1)要求

望远镜类型采用透射式或反射式,望远镜口径≥75 mm。

(2)测试方法

望远镜类型采用目测方式检查;望远镜口径使用标准直尺测量望远镜两个垂直方向上的直径并求均值。测试结果记录在本章附表 3.5。

3.3.4.3.2　视场角
(1)要求

视场角≤2 mrad。

(2)测试方法

接收视场角通过望远镜后的小孔光阑孔径与望远镜焦距的比值求出或采用等效方法测量。测试结果记录在本章附表 3.5。

3.3.4.4　光电转换及数据采集系统
3.3.4.4.1　光电转换器
(1)要求

光电探测器类型:APD/PMT,光电探测器输出模式:模拟或光子计数。

(2)测试方法

通过激光雷达仪器实验得到的原始信号确定光电探测器类型及工作模式。测试结果记录在本章附表 3.6。

3.3.4.4.2　干涉滤光片
(1)要求

带宽要求:≤2 nm(紫外,可见),≤5 nm(红外);带外抑制:≥OD4。

（2）测试方法

按照 GB/T 26328—2010 的试验方法进行测试。测试结果记录在本章附表 3.6。

3.3.4.4.3　通道间串扰

（1）要求

不同波长：≤1％（仅对多波长激光雷达要求）；偏振平行到偏振垂直通道：≤1％（仅对具有退偏振比探测功能的激光雷达要求）；米散射到拉曼散射通道：≤0.01％（仅对拉曼散射气溶胶激光雷达要求）。

（2）测试方法

采用气溶胶激光雷达标准光电信号发生器进行测试，但在目前尚不具备测试条件的情况下，可采用以下①②③方法暂时替代测试。测试结果记录在本章附表 3.6。

①不同波长米散射通道间信号串扰测试

当发射波长多于一个波长时，需要检验每个米散射接收通道是否受到其他波长激光的回波信号的干扰。选择在大气状态稳定的条件下做垂直探测。

首先利用遮光板遮挡激光器的所有波长激光输出，对待测试通道和串扰源通道的数据采集 1 min 背景信号，记录为 x_0, y_0。然后只让串扰源一个波长的激光输出，再次采集待测试和串扰源两个通道的数据 1 min，数据记录为 x_1, y_1，用公式（3.2）计算串扰源通道对待测试通道光信号的串扰 T。G 为两个通道的增益比。

$$T = G \times \frac{\sum_1^Q (x_1 - x_0)}{\sum_1^Q (y_1 - y_0)} \times 100\% \tag{3.2}$$

然后利用此方法分别对其他发射波长对应的米散射通道进行测试。

②偏振平行到偏振垂直的串扰测试

选择在大气状态稳定的条件下做垂直探测。

首先利用遮光板遮挡激光器的所有波长激光输出，对偏振平行通道的数据采集 1 min 背景信号，记录为 y_0。然后只让串扰源一个波长的激光输出，在垂直偏振通道中加入高性能偏振片（消光比大于 1000∶1），调整偏振片光轴的方向，使其与垂直偏振光的偏振方向平行（与激光偏振方向垂直，信号最小），采集 1 min 的垂直偏振通道数据，记录为 x_0。第二步去除在垂直偏振通道中加入的高性能偏振片，采集偏振垂直和偏振平行两个通道的数据 1 min，数据记录为 x_1, y_1。用公式（3.2）计算光学接收系统的偏振平行到偏振垂直的串扰，G 为偏振平行与偏振垂直通道的增益比。

③米散射对拉曼散射的影响

选择在夜晚大气状态稳定的条件下做垂直探测。

首先利用遮光板遮挡激光器的所有波长激光输出，对米散射通道的数据采集 10 min 背景信号，记录为 y_0。然后只让串扰源一个波长的激光输出，在拉曼散射通道中加入高性能干涉滤光片（拉曼波长带宽 0.5 nm，在激光波长的带外抑制＞OD7），记录一组 10 min 的拉曼散射通道数据，记录为 x_0。第二步去除在拉曼散射通道中加入的高性能干涉滤光片，采集米散射与拉曼散射两个通道的数据 10 min，数据记录为 y_1, x_1。利用公式（3.2）计算米散射对拉曼散射的光串扰，G 为米散射对拉曼散射通道的增益比。

3.3.4.4.4　数据采集器

（1）要求

采样频率≥10 MHz,采样位数:模拟通道≥12 bit(有效位),光子计数通道≥200 Mc/s。

（2）测试方法

采集 1 min 的信号发生器产生的脉冲信号,取数据最大值计算每秒钟的计数率,采集 5 组求平均值,以测试光子计数卡的每秒计数率。测试结果记录在本章附表 3.6。

3.3.4.5　标准输出控制器测试

根据《需求书》5.5 标准输出控制设备技术要求逐项进行功能检查和指标测试,检查测试结果记录在本章附表 3.7。

3.4　环境试验

3.4.1　气候环境

3.4.1.1　要求

产品在以下环境中应正常工作:

①工作温度:舱外装置−40~50 ℃,舱内装置 10~30 ℃。

②储存温度:舱外装置−40~60 ℃,舱内装置 5~60 ℃。

③最大湿度:舱外装置≥95％(35 ℃),舱内装置≥90％(30 ℃)。

④沙尘和淋雨:舱外装置应达到 IP55 等级。

3.4.1.2　试验方法

试验项目建议采用以下方法,测试结果记录在本章附表 3.8。

（1）低温

−40 ℃(舱外装置),−40 ℃(舱外装置)、5 ℃(舱内装置)储存 16 h。采用 GB/T 2423.1 进行试验、检测和评定。

（2）高温

50 ℃(舱外装置),60 ℃(舱外装置)、60 ℃(舱内装置)储存 16 h。采用 GB/T 2423.2 进行试验、检测和评定。

（3）恒定湿热

(35±2) ℃,(95±3)％(舱外装置)、(30±2) ℃,(90±3)％(舱内装置),放置 48 h 后正常工作。采用 GB/T 2423.3 进行试验、检测和评定。

（4）淋雨试验

外壳防护等级 IPX5。采用 GB/T 2423.38 或 GB/T 4208 进行试验、检测和评定。

（5）沙尘试验

外壳防护等级 IP5X。采用 GB/T 2423.37 或 GB/T 4208 进行试验、检测和评定。

3.4.2　电磁兼容性

3.4.2.1　要求

电磁抗扰度应满足表 3.1 试验内容和等级要求,采用推荐的标准进行试验。

表 3.1　电磁抗扰度试验内容和严酷度等级

内容	试验条件	
	交流电源端口	控制和信号端口
浪涌(冲击)抗扰度	线—线:1 kV 线—地:2 kV	线—地:1 kV
电快速瞬变脉冲群抗扰度	2 kV　5 kHz	1 kV　5 kHz
静电放电抗扰度	接触放电:4 kV,空气放电:±4 kV	
电压暂降和短时中断抗扰度	电压暂降:2 类,短时中断:2 类	

3.4.2.2　试验方法

试验项目建议采用以下方法,试验结果记录在本章附表 3.8。

(1)浪涌(冲击)抗扰度

施加在通信线和室外互连线上的浪涌脉冲次数应为正、负极性各 5 次;对交流电源端口,应分别在 0°、90°、180°、270°相位施加正、负极性各 5 次的浪涌脉冲。试验速率为每分钟 1 次。采用 GB/T 17626.5 进行试验、检测和评定。

(2)电快速瞬变脉冲群抗扰度

电快速瞬变脉冲群抗扰度试验将由许多快速瞬变脉冲组成的脉冲群耦合到被试样品的电源端口、控制端口、信号端口和接地端口。试验按照规定布置被试样品和辅助设备,被试样品应处于正常工作状态,干扰强度按照严酷等级,依次对被试产品的试验端口进行正负两极试验,试验持续时间不短于 1 min。采用 GB/T 17626.4 依次对被试产品的试验端口进行正负极性试验、检测和评定。

(3)静电放电抗扰度

确定被试样品放电点,对于放电点一般只选择正常使用时人员可接触到的点和面。试验时静电放电发生器的电极头通常应垂直于被试产品的表面,采用单次放电的方式,每个放电点进行至少 10 次放电。如被试样品涂膜未说明是绝缘层,则发生器电极头应穿入漆膜与导电层接触;若涂膜为绝缘层,则只进行空气放电。采用 GB/T 17626.2 进行试验、检测和评定。

上述试验结束后,均应进行最后检测,检查其是否保持在技术要求限值内性能正常。

(4)电压暂降和短时中断抗扰度

按照 0%、0.5 周期,0%、1 周期,70%、30 周期,采用 GB/T17626.11 进行试验、检测和评定。

3.4.3　机械环境

3.4.3.1　要求

机械试验的目的是检验被试样品能否达到运输的要求,根据 GB/T 2423.56 附录 A 表 A.2 序号 2 项要求进行实验。

3.4.3.2　试验方法

被试样品在完整包装状态下,按照 GB/T 2423.56 方法进行试验。试验结束后,包装箱不应有较大的变形和损伤。被试样品的外观及结构应无异常,通电后应能正常工作。试验结果记录在本章附表 3.8。

3.4.4　绝缘性

3.4.4.1　要求

电源交流输入端与接地端子用 500 VDC 测试,绝缘电阻应不小于 20 MΩ。

3.4.4.2　试验方法

被试样品在断电状态下,使用绝缘电阻测试仪,测量电源交流输入端与接地端之间的绝缘电阻值。测试结果记录在本章附表 3.8。

3.5　动态比对试验

动态比对试验以标准气溶胶激光雷达作为比对标准,将被试样品的观测资料与其进行对比评定分析,评定被试样品的数据完整性、数据可比性、设备可靠性和可维护性及设备探测能力。

3.5.1　数据完整性

3.5.1.1　评定指标

去除由于外界干扰(非设备原因)造成的数据缺测,对激光雷达原始数据缺测率进行评定,缺测率(%)要求≤2%。

3.5.1.2　评定方法

缺测率(%)=(测试期内累计缺测次数/测试期内应观测总次数)×100%。结果记录在本章附表 3.9。

3.5.2　数据可比较性

3.5.2.1　要求

按照《需求书》8.4 的测量精度测试验证要求的方法开展,对比结果达到《需求书》气溶胶后向散射系数测量精度和气溶胶消光系数测量精度的技术要求,对被测设备中的米散射数据测试推荐采用 3.5.2.2 测试方法中的①,如果不具有测试条件可选择测试方法②。选择方法②时要保证每部雷达都进行了很好的标校,数据一致性好;拉曼数据测试用 3.5.2.2 测试方法中的③。

3.5.2.2　测试方法

①与标准气溶胶激光雷达的米散射数据反演的气溶胶后向散射系数和消光系数产品进行对比,分别在晴空(能见度不小于 15 km)和雾霾(能见度小于 5 km)天气条件下比对。

上述两种天气条件下,比对时间累计不小于 24 h,一次比对 30 min 的累计数据,有效次数不小于 20 次,对观测的数据进行分析。若由于天气客观问题,比对期间雾霾(能见度小于 5 km)天气条件下的数据不够,则以实际获得的有效次数为准。

②当具有同种波长通道的气溶胶激光雷达数量不少于 5 台时,可以采用同地点同时刻对比观测的方法进行误差分析,在晴空(能见度不小于 15 km)和雾霾(能见度小于 5 km)天气条件下比对。

上述两种天气条件下,比对时间累计不小于 24 h,一次比对 30 min 的累计数据,有效次数不小于 20 次,对观测的数据进行分析,并将比对中平均值记录为最终结果。若由于天气客观问题,比对期间雾霾(能见度小于 5 km)天气条件下的数据不够,则以实际获得的有效次数为准。

③与标准气溶胶激光雷达的拉曼数据反演的气溶胶后向散射系数和消光系数产品进行对比,在晴空(能见度不小于 15 km)和雾霾(能见度小于 5 km)天气条件下比对。

上述两种天气条件下,比对时间累计不小于 24 h,一次比对 30 min 的累计数据,有效次数不小于 12 次,对观测的数据进行分析,并将比对中平均值记录为最终结果。若由于天气客观问题,比对期间雾霾(能见度小于 5 km)天气条件下的数据不够,则以实际获得的有效次数为准。将比对时间及天气状况等信息记录在本章附表 3.10。

3.5.2.3　计算方法

对待测激光雷达和标准气溶胶激光雷达进行原始信号的 30 min 累加平均,分别反演得到气溶胶后向散射系数和气溶胶消光系数,计算 0.5~2 km 和 2~5 km 高度范围内每个数据点的待测激光雷达和标准激光雷达的标准偏差。结果记录在本章附表 3.9 和本章附表 3.10。

$$R_{std} = \left[\frac{\sum_{i=m}^{m+n+1} (P(z_i) - P_{ref}(z_i))^2}{n} \right]^{1/2} \tag{3.3}$$

式中,m 为比对数据的起始点;$m+n$ 为比对数据的结束点;$P(z)$ 为待测激光雷达的气溶胶后向散射系数或消光系数;$P_{ref}(z)$标准气溶胶激光雷达的气溶胶后向散射系数或消光系数。

3.5.3　设备可靠性和可维护性

3.5.3.1　技术要求

平均无故障时间(MTBF)≥1000 h;

平均故障修复时间(MTTR)≤0.5 h。

3.5.3.2　试验方法

3.5.3.2.1　可靠性

若被试样品为 2 台,按照 QX/T 526—2019 表 A.1 标准型定时截尾试验方案,被试设备可靠性试验采用生产方和使用方风险各为 20%,鉴别比为 3.0 的标准型定时试验统计方案,试验的总时间为规定 MTBF 下限值的 4.3 倍,接受故障数为 2,拒收故障数为 3。结果记录在本章附表 3.9。

试验总时间 T 为:

$$T = 4.3 \times 1000 \text{ h} = 4300 \text{ h}$$

每台平均试验时间 t 为:$t = 4300 \text{ h}/2 = 2150 \text{ h} \approx 90 \text{ d} \approx 3$ 个月。即 2 台被试样品可靠性试验需要 90 d(3 个月),期间可以出现 2 次故障。

若被试样品为 1 台,按照 QX/T 526—2019 表 A.1 的方案类型中选用标准型或短时高风险两种试验方案之一,即从下列①和②中选择其一执行,推荐使用方案②。

①采用生产方和使用方风险各为 30%,鉴别比为 3.0 的标准型定时试验统计方案,试验的总时间为规定 MTBF 下限值的 1.1 倍,拒收故障数为 1。

试验总时间 T 为:

$$T = 1.1 \times 1000 \text{ h} = 1100 \text{ h}$$

1 台试验时间 t 为:$t = 1100 \text{ h} \approx 45 \text{ d} \approx 1.5$ 个月。根据 QX/T 526—2019 的 5.3 规定,动

态比对试验时间不少于 3 个月,即试验需要 90 d(3 个月),期间前 45 d 无故障为合格。

②采用生产方和使用方风险各为 20%,鉴别比为 3.0 的标准型定时试验统计方案,试验的总时间为规定 MTBF 下限值的 4.3 倍,接受故障数为 2,拒收故障数为 3。

1 台试验时间 t 为:$t = 4300$ h≈180 d≈6 个月。即 1 台被试样品可靠性试验需要 180 d(6 个月),期间可以出现 2 次故障。

3.5.3.2.2 可维护性

激光雷达发生故障时,记录故障修复所需时间,统计平均维修时间(MTTR)。结果记录在本章附表 3.9。若没有故障,则按照 QX/T 526—2019 标准 8.10.2 的内容,对维修性进行定性检查。

3.5.3.3 故障的认定和记录

按照 QX/T 526—2019 的 A.3 认定和记录故障。故障认定应区分责任故障和非责任故障,故障记录在动态比对试验的设备故障维修登记表中,见附表 A。

3.5.4 设备探测能力

3.5.4.1 有效探测范围

(1)技术要求

晴空下廓线探测≥10 km。

(2)测试方法

在能见度≥10 km 的晴朗天气下,激光雷达避开云垂直探测。连续采集 1 min 原始数据作为 1 组数据,以距离为横坐标,信号幅值为纵坐标,对原始信号进行减背景处理后获得有效信号,根据公式(3.4)和公式(3.5)计算信噪比 SNR,当 SNR≥3 时为有效信号,相应的最大高度为有效探测距离。结果记录在本章附表 3.9。

$$N_s = \sqrt{\frac{\sum_{i=m}^{m+j}(x_i - \overline{x})^2}{j+1}} \tag{3.4}$$

$$\text{SNR} = \frac{S_n}{N_s} \tag{3.5}$$

式中,SNR 为信噪比;S_n 为减背景后的信号;m 为计算背景基线的起始点;$m+j$ 为背景基线的结束点;x_i 为数据值;x 为背景数据平均值。

3.5.4.2 距离测量精度

(1)要求

不大于其空间分辨率。

(2)测试方法

根据实际情况,选取下面 2 个方法之一,结果记录在本章附表 3.9。

①在大气条件比较稳定的晴空条件下,激光雷达保持水平放置或者通过反射镜使发射光束水平发射,在水平距离大于盲区以上的激光发射路径上选取 3 个目标物,微调激光雷达出射光的方向,在保证安全的情况下,使少量光入射到目标物上,同时保证目标物的反射峰信号不饱和。连续采集后获得原始采集数据,以距离为横坐标,信号幅值为纵坐标,用原始采集数据画出原始信号廓线,对原始信号廓线进行扣除背景信号处理,获得有效信号廓线。从有效信号廓线获得三个目标物的反射峰信号峰值所对应的距离 1、2、3。然后用测距误差不低于±1 m

的激光测距仪对三个目标物进行距离测量,分别为 $1'$、$2'$、$3'$。

根据公式(3.6)计算出探测距离偏差 ΔL。

$$\Delta L = \frac{(L_1 - L_1') + (L_2 - L_2') + (L_3 - L_3')}{3} \qquad (3.6)$$

②与标准气溶胶激光雷达的原始回波数据进行对比,选择有低云(云底高度小于 3 km)和有高云(云底高度大于 6 km)天气条件下,分别进行数据的比对,比较被测激光雷达与标准激光雷达信号的云底、云峰位置,距离误差应小于距离分辨率。

3.5.4.3 连续工作时间

(1)要求

24 h 连续工作。

(2)测试方法

激光雷达开机工作 24 h,检查工作过程中激光雷达运行是否正常,数据保存是否全面,数据显示是否正常。结果记录在本章附表 3.9。

3.6 结果评定

3.6.1 单项评定

(1)静态测试

按照《需求书》和本测试方案进行评定,对测试结果是否符合技术指标要求做出合格与否的结论。如果静态测试不合格,不再进行动态比对试验。

(2)动态比对试验评定

通过对被试样品的数据完整性、数据可比较性、设备可靠性和可维护性、设备探测能力进行评定。判断标准如下:

①数据完整性

缺测率(%)≤2%为合格,否则不合格。

②数据可比较性

米散射气溶胶后向散射系数和消光系数:Rstd≤20%(0.5~2 km),Rstd≤40%(2~5 km);拉曼气溶胶后向散射系数:Rstd≤25%(0.5~2 km),Rstd≤30%(2~5 km),拉曼气溶胶消光系数:Rstd≤30%(0.5~2 km),Rstd≤40%(2~5 km)为合格,否则不合格。

③设备可靠性和可维护性

若 2 台被试样品在 90 d 的动态比对试验期间,最多出现 2 次故障为合格,否则不合格。若 1 台被试样品选择 3.5.3.2.1 中①试验方法,在 90 d 的动态比对试验期间,前 45 d 无故障为合格,否则不合格;选择 3.5.3.2.1 中②试验方法,在 180 d 的动态比对试验期间,最多出现 2 次故障为合格,否则不合格。

平均故障修复时间(MTTR)≤0.5 h 为合格,否则不合格。

④设备探测能力

晴空下最大探测高度达到 10 km,距离误差应小于距离分辨率,可 24 h 连续工作为合格,否则不合格。

3.6.2 总评定

静态测试全部合格的被试样品才进行动态比对试验验证和评定。

　　动态比对试验验证的数据完整性、数据可比较性、设备可靠性和可维护性、设备探测能力中有一项不合格时,该被试样品为不合格。当 2 台被试样品参加测试时,2 台均合格,视为该型号设备合格,否则为不合格。

本章附表

附表 3.1　外观及标志检查记录表

被试样品	名称	拉曼和米散射气溶胶激光雷达	测试日期	
	型号		环境温度	℃
	编号		环境湿度	%
被试方			测试地点	
检测项目	技术要求		检测结果	结论
外观	激光雷达整体形象应协调一致。外表面应无凹痕、碰伤、裂痕和变形等缺陷;镀涂层不起泡、龟裂和脱落;金属零件无锈蚀、毛刺及其他机械损伤			
标记与代号	机柜、机箱、插件和线缆等应有统一的编号和标记,符合国家标准印制板、主要元器件等应在相应位置印有与电路图中项目代号相符的标记 标记的文字、字母和符号应完整、规范、清晰和牢固,且便于识读			
铭牌内容	激光雷达的名称、型号(代号);出厂编号;尺寸;重量;出厂年月;制造厂商标			
安全标识	配备有钥匙开关,具有安全联锁装置,并贴有激光警告标记、说明标记、激光窗口标志以及有关文字说明			

测试单位＿＿＿＿＿＿＿＿＿＿＿＿＿＿＿＿＿＿　　　　测试人员＿＿＿＿＿＿＿＿＿＿＿＿＿＿＿＿＿＿

附表 3.2 组成结构记录表

<table>
<tr><td rowspan="3">被试样品</td><td>名称</td><td colspan="2">拉曼和米散射气溶胶激光雷达</td><td>测试日期</td><td></td></tr>
<tr><td>型号</td><td colspan="2"></td><td>环境温度</td><td>℃</td></tr>
<tr><td>编号</td><td colspan="2"></td><td>环境湿度</td><td>%</td></tr>
<tr><td>被试方</td><td colspan="3"></td><td>测试地点</td><td></td></tr>
<tr><td colspan="4">检验项目</td><td>检验结果</td><td>结论</td></tr>
<tr><td rowspan="5">激光雷达主机</td><td colspan="3">激光发射系统</td><td></td><td></td></tr>
<tr><td colspan="3">光学接收系统</td><td></td><td></td></tr>
<tr><td colspan="3">光电转换及数据采集系统</td><td></td><td></td></tr>
<tr><td colspan="3">信号处理系统</td><td></td><td></td></tr>
<tr><td colspan="3">主机机箱(钥匙开关、铭牌、安全标识及接地端子)</td><td></td><td></td></tr>
<tr><td colspan="4">标准输出控制设备</td><td></td><td></td></tr>
<tr><td rowspan="11">附属设备</td><td colspan="3">UPS</td><td></td><td></td></tr>
<tr><td colspan="3">消防设施</td><td></td><td></td></tr>
<tr><td colspan="3">防雷设备(仅自带站房)</td><td></td><td></td></tr>
<tr><td colspan="3">通信设施</td><td></td><td></td></tr>
<tr><td colspan="3">环境控制设备(选配)</td><td></td><td></td></tr>
<tr><td colspan="3">发电机(选配)</td><td></td><td></td></tr>
<tr><td colspan="3">定位设备</td><td></td><td></td></tr>
<tr><td colspan="3">温湿度传感器</td><td></td><td></td></tr>
<tr><td colspan="3">温湿压传感器</td><td></td><td></td></tr>
<tr><td colspan="4">随机备件、仪表、工具(参试单位自拟)</td><td></td><td></td></tr>
<tr><td colspan="4">随机资料(装箱或部件清单、合格证书、
技术说明书、技术图册及测试报告)</td><td></td><td></td></tr>
<tr><td colspan="4">远程系统</td><td></td><td></td></tr>
</table>

测试单位＿＿＿＿＿＿＿＿＿＿＿＿＿＿＿＿＿＿ 测试人员＿＿＿＿＿＿＿＿＿＿＿＿＿＿＿＿＿＿＿

附表 3.3　功能检测记录表

被试样品	名称	拉曼和米散射气溶胶激光雷达		测试日期	
	型号			环境温度	℃
	编号			环境湿度	%
被试方				测试地点	
检验项目	技术要求			检验结果	结论
使用要求	寿命长、可靠性高、连续工作能力强,操作、维护简单方便,使用、运行成本低,性价比较高				
总体要求	探测大气气溶胶消光系数、后向散射系数、粒子退偏振比、颗粒物浓度、光学厚度、污染物混合层高度、能见度和云信息等参数。发射系统使用偏振度高(退偏振比探测功能激光雷达)、窄脉宽、重复频率稳定的激光器。光学接收系统使用高效率望远镜。光电转换及数据采集系统使用灵敏度高、噪声低、动态范围大的探测器和数据采集器。信号处理系统能够实时处理探测数据,监视和控制系统软件界面友好。能够连续不间断运行				
激光发射系统	产生脉冲激光,能接收激光雷达监控单元的控制指令,并向监控单元反馈其工作状态和故障报警信息				
光学接收系统	采用高效率光学望远镜接收激光大气回波。能够反演气溶胶粒子退偏振比激光雷达系统,应包括高偏振消光比偏振分光镜				
光电转换与数据采集系统	由光电转换器、干涉滤光片和数据采集器等组成。具有模拟或光子计数探测功能;数据采集系统采用模拟或光子计数采样方式				
信号处理分系统	采用专用信号处理器或 PC 主机进行信号处理,用于探测数据的处理和产品的反演				
标准输出控制	包括激光雷达及附属设备监测、维护维修痕迹管理、远程控制、性能在线分析及产品前期质控等功能				
供电设备	可使用市电供电,并配有 UPS。发电机用于移动式激光雷达供电,或固定式激光雷达市电断电后的电力供应				
消防设施	有防火警报系统(自带站房的激光雷达)和灭火器等必要消防设施				
通信设备（选配）	能够通过有线或无线通信方式,满足激光雷达数据传输与远程控制的要求				
环境控制设备（选配）	能够满足激光雷达工作和储藏时的环境条件				
激光辐射安全性	按照 GJB 7247.1—2012 激光辐射安全防护要求,对大于 3B 类或 4 类激光器使用可靠的防护围封,使用光束终止器或衰减器避免旁观者受到意外照射				
	应符合 GB 7247.1—2012 规定,配备有钥匙开关,具有安全联锁装置,并贴有激光警告标记、说明标记、激光窗口标志以及有关文字说明				
	在非垂直观测时,可参考对探测范围内的障碍情况进行测验,仅在安全无隐患的情况下,打开激光发射系统光阑开关,输出激光束;也可以配备摄像头观测探测范围内障碍物情况				

续表

被试样品	名称	拉曼和米散射气溶胶激光雷达		测试日期	
	型号			环境温度	℃
	编号			环境湿度	%
被试方				测试地点	
检验项目		技术要求		检验结果	结论
互换性		备份零件、部件、组件和功能单元均能在现场更换,调试后可正常工作			
电磁兼容性		具有市电滤波和防电磁干扰能力,设置静电屏蔽、磁屏蔽、电磁屏蔽,模拟地线、数字地线和安全地线严格分开,发电机地线和避雷地线要单独接地			
安全性		应有安全性设计,确保激光雷达按规定条件进行制造、安装、运输、贮存、使用和维护时的人身安全和设备安全			
防雷要求(自带站房)		激光雷达站避雷针接地系统应与建筑物接地系统分开,避雷针应避开激光雷达的主要探测方向,其高度应使光学接收系统处于45°保护角内,避雷针接地电阻≤4 Ω。电源线输入端应加装防雷滤波器,室外电缆一律采用屏蔽电缆或光缆			

测试单位_____　　　　测试人员_____

附表 3.4　总体性能测试记录表

被试样品	名称	拉曼和米散射气溶胶激光雷达		测试日期		
	型号			环境温度		℃
	编号			环境湿度		％
被试方				测试地点		
检验项目		技术要求			检验结果	结论
观测模式		廓线探测/对射				
距离半径(仪表量程)		≥20 km(廓线探测)				
		≥6 km(对射)				
空间分辨率	距离	7.5 m 或其倍数				
	角度	≤0.5°(激光雷达指向)(对射)				
时间分辨率		1～30 min 可调				
数据产品	廓线模式	气溶胶消光系数				
		气溶胶后向散射系数				
		气溶胶粒子退偏振比(退偏振比探测功)				
		云信息				
		光学厚度				
		污染物混合层高度				
		能见度				
		颗粒物浓度廓线(多波长拉曼气溶胶激光雷达)				
电源要求		AC 220(1±15％)V,50(1±5％)Hz				
整机功耗(峰值)		≤6 kW				
架设方式		固定架设/移动式				
架设和撤收(移动式)		架设时间≤2 h;拆收时间≤1 h;人数≤3 人				
运输方式		可人力拆卸,使用小型载重汽车运输				
开机时间		正常开机≤30 min;紧急开机≤20 min				
测试仪器		名称			型号	编号

测试单位_____　　　　测试人员_____

附表 3.5　发射与接收系统测试记录表

<table>
<tr><td rowspan="3">被试样品</td><td>名称</td><td colspan="2">拉曼和米散射气溶胶激光雷达</td><td>测试日期</td><td></td></tr>
<tr><td>型号</td><td colspan="2"></td><td>环境温度</td><td>℃</td></tr>
<tr><td>编号</td><td colspan="2"></td><td>环境湿度</td><td>%</td></tr>
<tr><td colspan="2">被试方</td><td colspan="2"></td><td>测试地点</td><td></td></tr>
<tr><td colspan="2">检验项目</td><td colspan="2">技术要求</td><td>检验结果</td><td>结论</td></tr>
<tr><td rowspan="9">发射分系统</td><td>工作波长</td><td colspan="2">300~2000 nm</td><td></td><td></td></tr>
<tr><td>脉冲宽度</td><td colspan="2">≤50 ns</td><td></td><td></td></tr>
<tr><td rowspan="3">平均功率
(单个波长)</td><td colspan="2">≥10 mW(米散射激光雷达)</td><td></td><td></td></tr>
<tr><td colspan="2">≥300 mW(紫外拉曼散射气溶胶激光雷达)</td><td></td><td></td></tr>
<tr><td colspan="2">≥500 mW(可见拉曼散射气溶胶激光雷达)</td><td></td><td></td></tr>
<tr><td>故障检测和保护</td><td colspan="2">过流保护、过温保护、激光发射功率低于
额定功率的80%时输出报警信号</td><td></td><td></td></tr>
<tr><td>发散角</td><td colspan="2">≤1 mrad</td><td></td><td></td></tr>
<tr><td>发射激光脉冲线宽</td><td colspan="2">≤0.2 nm</td><td></td><td></td></tr>
<tr><td>通风散热</td><td colspan="2">有可靠的通风散热设计,保证激光发射系统正常工作</td><td></td><td></td></tr>
<tr><td>发射激光的偏振比</td><td colspan="2">≥100:1(退偏振比探测功能的激光雷达要求)</td><td></td><td></td></tr>
<tr><td rowspan="3">接收系统</td><td>望远镜类型</td><td colspan="2">采用透射式或反射式望远镜</td><td></td><td></td></tr>
<tr><td>望远镜口径</td><td colspan="2">≥75 mm</td><td></td><td></td></tr>
<tr><td>视场角</td><td colspan="2">≤2 mrad</td><td></td><td></td></tr>
<tr><td rowspan="4">测试仪器</td><td colspan="2">名称</td><td>型号</td><td colspan="2">编号</td></tr>
<tr><td colspan="2"></td><td></td><td colspan="2"></td></tr>
<tr><td colspan="2"></td><td></td><td colspan="2"></td></tr>
<tr><td colspan="2"></td><td></td><td colspan="2"></td></tr>
</table>

测试单位＿＿＿＿＿＿＿＿＿＿＿＿＿＿＿＿　　　　测试人员＿＿＿＿＿＿＿＿＿＿＿＿＿＿＿＿＿

附表 3.6　光电转换及数据采集系统测试记录表

被试样品	名称	拉曼和米散射气溶胶激光雷达		测试日期		
	型号			环境温度		℃
	编号			环境湿度		%
被试方				测试地点		

检验项目		技术要求	检验结果	结论
光电转换器	类型	APD/PMT		
	模式	模拟或光子计数		
干涉滤光片	带宽	≤2 nm(紫外,可见)		
		≤5 nm(红外)		
	带外抑制	≥OD4		
通道间串扰	不同波长	≤1%(仅对多波长激光雷达要求)		
	偏振平行到偏振垂直	≤1%(退偏振比探测功能激光雷达)		
	米散射到拉曼通道	≤0.01%(拉曼散射气溶胶激光雷达)		
数据采集器	采样频率	≥10 MHz		
	采样位数	模拟通道:≥12 bit(有效位)		
		光子计数通道:200 M c/s		

测试仪器	名称	型号	编号

测试单位＿＿＿＿＿＿＿＿＿＿＿＿＿＿＿＿＿＿　　　测试人员＿＿＿＿＿＿＿＿＿＿＿＿＿＿＿＿＿＿＿

附表 3.7 标准输出控制设备测试记录表

被试样品	名称	拉曼和米散射气溶胶激光雷达	测试日期	
	型号		环境温度	℃
	编号		环境湿度	%
被试方			测试地点	
检验项目		技术要求	检验结果	结论
激光雷达数据	状态参数及告警信息要求	控部件温度、激光脉冲能量、脉冲重复频率、告警信息、经纬度、海拔高度等记录文件		
		几何重叠因子曲线、偏振校正常数等校正过程文件		
		激光雷达运行环境及附属设备状态参数		
	原始回波数	原始回波数据		
	数据产品及前期质控要求	后向散射系数、消光系数、粒子退偏振比(可选)		
		对激光雷达数据进行前期质控,包括分子信号检验、噪声滤除等数据质量控制,原始数据和数据产品存档		
软件	数据可视化要求	数据同屏多幅显示;鼠标移动位置显示数值及产品信息;局部放大、全屏放大。可视化显示状态参数、告警信息、性能分析结果、维护维修痕迹等信息		
	产品数据管理要求	按照产品分类建立目录结构,每类产品给定标识;有管理文件,包含目录下所有文件清单以及管理信息;读取该文件可以获取需要显示的产品文件。可设定产品文件整理时间间隔,自动压缩产品文件,保存到历史资料目录,同时清空当前的产品目录		
	激光雷达监测与控制要求	激光雷达本地/远程控制,控制激光发射系统开/关、监控光电转换系统工作状态、设置工作模式,本地监控终端控制具有最高优先权		
	维护维修痕迹管理要求	完整记录激光雷达维护维修信息、关键器件出厂测试重要参数及更换信息,其中维护维修信息包括适配参数变更、软件更迭、标定过程等		
	网络通信要求	局域网(LAN)、广域网(WAN)、手机 3G/4G 互联网和卫星通信等软件、硬件接口能力		
	软件及运行环境要求	具有升级功能,运行与维护远程支持能力,系统参数进行远程监控和修改;主流 PC 或嵌入式工控机,Windows 或 Linux 操作系统,10M/100M 自适应以太网卡,TCP/IP 或 UDP 协议,至少 1600×900 显示分辨率显示器		
附属设备	温度传感器	测量精度±0.5 ℃		

测试单位＿＿＿＿＿＿＿＿＿＿＿＿　　测试人员＿＿＿＿＿＿＿＿＿＿＿＿

附表 3.8　环境试验记录表

<table>
<tr><td rowspan="3">被试样品</td><td>名称</td><td colspan="2">拉曼和米散射气溶胶激光雷达</td><td>测试日期</td><td></td></tr>
<tr><td>型号</td><td colspan="2"></td><td>环境温度</td><td>℃</td></tr>
<tr><td>编号</td><td colspan="2"></td><td>环境湿度</td><td>%</td></tr>
<tr><td colspan="2">被试方</td><td colspan="2"></td><td>测试地点</td><td></td></tr>
<tr><td colspan="2">检验项目</td><td colspan="2">技术要求</td><td>检验结果</td><td>结论</td></tr>
<tr><td rowspan="6">气候环境</td><td>工作温度</td><td colspan="2">舱外装置：－40～50 ℃,舱内装置：10～30 ℃</td><td></td><td></td></tr>
<tr><td>贮存温度</td><td colspan="2">舱外装置：－40～60 ℃,舱内装置：5～60 ℃</td><td></td><td></td></tr>
<tr><td>最大相对湿度</td><td colspan="2">舱外装置：≥95%（35 ℃）,舱内装置：≥90%（30 ℃）</td><td></td><td></td></tr>
<tr><td>工作高度</td><td colspan="2">海拔高度：≤3000 m</td><td></td><td></td></tr>
<tr><td>沙尘和淋雨</td><td colspan="2">舱外装置应达到 IP55 等级</td><td></td><td></td></tr>
<tr><td>抗干扰</td><td colspan="2">电源干扰、电磁干扰、无线电频率干扰</td><td></td><td></td></tr>
<tr><td colspan="2">电磁兼容性</td><td colspan="2">静电放电抗扰度：接触放电±4 kV,空气放电±4 kV
电快速瞬变脉冲群抗扰度：
①电源端口,保护接地（PE）：电源峰值 2 kV,重复频率 5 kHz 或 100 kHz
②I/O（输入/输出）信号、数据和控制端口：电压峰值 1 kV,重复频率 5 kHz 或 100 kHz
浪涌（冲击）抗扰度：
①流电源端口：相线—零线　1 kV;相线、零线—保护地　2 kV
②号端口：线—地：1 kV
电压暂降和短时中断抗扰度：电压暂降：2 类;短时中断：2 类</td><td></td><td></td></tr>
<tr><td colspan="2">机械环境</td><td colspan="2">符合 GB/T 2423.56 附录 A 表 A.2 序号 2 项要求</td><td></td><td></td></tr>
<tr><td colspan="2">绝缘性</td><td colspan="2">各初级电源与大地间绝缘电阻应大于 20 MΩ</td><td></td><td></td></tr>
<tr><td rowspan="4">测试仪器</td><td colspan="2">名称</td><td>型号</td><td colspan="2">编号</td></tr>
<tr><td colspan="2"></td><td></td><td colspan="2"></td></tr>
<tr><td colspan="2"></td><td></td><td colspan="2"></td></tr>
<tr><td colspan="2"></td><td></td><td colspan="2"></td></tr>
</table>

测试单位＿＿＿＿＿＿＿＿＿＿＿＿＿＿＿＿　　　　测试人员＿＿＿＿＿＿＿＿＿＿＿＿＿＿＿＿

附表 3.9　动态比对试验记录表

<table>
<tr><td rowspan="3">被试样品</td><td>名称</td><td colspan="2">拉曼和米散射气溶胶激光雷达</td><td>测试日期</td><td></td></tr>
<tr><td>型号</td><td colspan="2"></td><td>环境温度</td><td>℃</td></tr>
<tr><td>编号</td><td colspan="2"></td><td>环境湿度</td><td>%</td></tr>
<tr><td colspan="2">被试方</td><td colspan="2"></td><td>测试地点</td><td></td></tr>
<tr><td colspan="2">检验项目</td><td colspan="2">技术要求</td><td>检验结果</td><td>结论</td></tr>
<tr><td colspan="2" rowspan="2">最大有效探测范围</td><td colspan="2">≥10 km(廓线探测)</td><td></td><td></td></tr>
<tr><td colspan="2">≥1 km(对射)</td><td></td><td></td></tr>
<tr><td colspan="2">距离测量精度(均方误差)</td><td colspan="2">不大于其空间分辨率</td><td></td><td></td></tr>
<tr><td rowspan="2">气溶胶后向散射系数测量精度</td><td>米散射</td><td colspan="2">0.5～2 km:不大于 20%;2～5 km:
不大于 40%(不计入激光雷达比误差)</td><td></td><td></td></tr>
<tr><td>拉曼</td><td colspan="2">0.5～2 km:不大于 25%;2～5 km:不大于 30%</td><td></td><td></td></tr>
<tr><td rowspan="2">气溶胶消光系数测量精度</td><td>米散射</td><td colspan="2">0.5～2 km:不大于 20%;2～5 km:
不大于 40%(不计入激光雷达比误差)</td><td></td><td></td></tr>
<tr><td>拉曼</td><td colspan="2">0.5～2 km:不大于 30%,2～5 km:不大于 40%</td><td></td><td></td></tr>
<tr><td colspan="2">防风</td><td colspan="2">八级风条件下能正常工作,十级风条件下不被破坏</td><td></td><td></td></tr>
<tr><td colspan="2">平均无故障时间(MTBF)</td><td colspan="2">≥1000 h</td><td></td><td></td></tr>
<tr><td colspan="2">平均故障修复时间
(MTTR)</td><td colspan="2">≤0.5 h</td><td></td><td></td></tr>
<tr><td colspan="2">激光器寿命</td><td colspan="2">≥3000 h(不包括灯泵激光器的闪光灯寿命)</td><td></td><td></td></tr>
<tr><td colspan="2">连续工作时间</td><td colspan="2">可 24 h 连续工作</td><td></td><td></td></tr>
<tr><td colspan="2">数据获取率</td><td colspan="2">缺测率≤2%</td><td></td><td></td></tr>
<tr><td colspan="2" rowspan="4">测试仪器</td><td>名称</td><td>型号</td><td colspan="2">编号</td></tr>
<tr><td></td><td></td><td colspan="2"></td></tr>
<tr><td></td><td></td><td colspan="2"></td></tr>
<tr><td></td><td></td><td colspan="2"></td></tr>
</table>

测试单位＿＿＿＿＿＿＿＿＿＿＿＿＿＿　　测试人员＿＿＿＿＿＿＿＿＿＿＿＿＿＿

附表 3.10 动态比对试验记录表(数据可比较性)

被试样品	名称	拉曼和米散射气溶胶激光雷达		年 月	
	型号			环境温度	℃
	编号			环境湿度	％
被试方				测试地点	

日期	天气		比较时间 (时分)	有效次数	比对结果	签名
	云	晴/少云/中高云/低云				
	霾	无/轻度/中度/严重				
	能见度	km				
	云	晴/少云/中高云/低云				
	霾	无/轻度/中度/严重				
	能见度	km				
	云	晴/少云/中高云/低云				
	霾	无/轻度/中度/严重				
	能见度	km				

测试单位＿＿＿＿＿＿＿＿＿＿＿＿＿＿＿＿   测试人员＿＿＿＿＿＿＿＿＿＿＿＿＿＿＿＿＿＿

第4章　地基导航卫星水汽电离层综合探测系统[①]

4.1　目的

规范地基导航卫星水汽电离层综合探测系统(简称水汽电离层系统)测试的内容和方法,通过测试和试验,检验其是否满足《地基导航卫星水汽电离层综合探测系统功能规格需求书》(气测函〔2023〕43号)(简称《需求书》)的要求。

4.2　基本要求

4.2.1　被试样品

提供3套或以上同一型号的水汽电离层系统作为被试样品。其功能、性能指标和环境适应性等应符合《需求书》的规定,软硬件齐备,安装及使用说明清晰。功能检测和环境试验可抽取其中1套被试样品。试验时间由可靠性指标确定,且不少于3个月。

被试样品的外观应满足下列要求:

①外观应整洁,无损伤和形变,表面涂层无开裂、脱落现象;

②各零部件应安装正确,牢固可靠,操作部分不应有迟滞、卡死、松脱等现象;

③产品的标志和字符应清晰、完整、醒目;

④电缆应具有屏蔽层,具备防水、防腐、抗拉、抗低温特性;

⑤接入端电源应有明显"＋"和"－"标示等。

被试样品的组成应符合《需求书》3.2的要求,包括:接收天线、气象测量单元以及可选配的输出控制单元、电源等部分,如具备单独组件,还应有接收处理单元。同时提供完成测试所必需的转接口、电缆线、接线图、输出格式说明资料等。

4.2.2　试验场地

试验场地探测环境除了符合GB 31221—2014中3.2的规定,还应满足如下要求:

①选择1个或2个典型台站作为试验场地,放置3套被试样品,优先选择具有探空业务的台站,以提供同址的探空数据;

②场地的大小应满足全部设备完整安装,且具有保证动态试验所需的供电与网络条件;

③场地的电磁环境应符合要求,避免对被试样品造成损害或性能下降的电磁干扰源;

④场地内不得存在烟囱、排风口等可能的干扰因素;

⑤被试样品的天线波束范围内不可存在遮挡物。

---

① 本章作者:涂满红、刘佳、吕景天、周丹、刘艺腾、郭丰赫、王雅萍、缪明榕、杨森。

4.3　静态测试

静态测试主要对被试样品进行外观和组成检查、功能检测、性能测试、数据文件检查和环境试验。

4.3.1　外观和组成检查

开箱检查被试样品的外观和组成，同时手动操作，外观和组成应满足 4.2.1 的要求，组成还应符合《需求书》3.2 的要求。检查结果记录在本章附表 4.1。

4.3.2　功能检测

功能检测结果记录在本章附表 4.1。

4.3.2.1　系统总体功能

通过目视 web 界面，应能正常获取并显示导航卫星的观测数据、导航数据、地面气象数据，应能正常输出单站对流层 ZTD 和 PWV、电离层 TEC、ROTI 和闪烁等产品以及系统状态等数据。

4.3.2.2　接收处理单元功能

4.3.2.2.1　基本功能

（1）B2b 数据接收处理

检查被试样品记录文件，应正常记录 BDS、GPS、GLONASS 和 Galileo 等导航卫星系统信号。配置被试样品，输出并记录 B2b 数据同时输出 B2b 数据处理生成的水汽产品，检查 B2b 数据和生成水汽产品的完整性，测试 B2b 数据的接收处理功能。

（2）水汽产品生成

配置被试样品输出小时级和分钟级 ZTD 和 PWV，应能稳定输出符合格式要求的产品数据。

（3）电离层产品生成

配置被试样品输出小时级和分钟级 TEC、ROTI 以及电离层闪烁数据，应能稳定输出符合格式要求的产品数据。

（4）流传输

利用辅助软件进行测试，按照设备的接口规范和输出流进行连接，对接口的输出流进行解析，测试结果应符合接口规范。

（5）DCB 自动标定

检查被试样品差分码偏差参数（DCB）应具有在线自动标定功能，确定 DCB 大小是否与出场标定结果一致。

（6）传输协议

找到被试样品 TCP/IP、NTRIP、FTP 上传配置功能，配置数据传输，测试目标 IP 地址应能正常接收数据。

（7）状态回传

通过目视 web 界面测试应能够提供被试样品的工作状态及卫星跟踪情况（包括但不限于单元型号、序列号、固件版本、天线型号、天线序列号、天线高及其测量方式、卫星健康状况、跟踪卫星数目、信号状态、电压、主机温度、剩余存储空间、连续运行时间、外部输入状态)等信息。

(8)断电自动恢复

现场直接关闭电源,被试样品自动关机后重启电源,测试非正常断电恢复供电后应能够自动重启、自动跟踪卫星、自动记录,恢复工作,并保持停电前的配置。

(9)外接气象测量单元

被试样品连接气象测量单元,并通过 web 网页配置记录数据,应能生成业务需要的气象观测要素产品。

4.3.2.2.2　软件功能

测试被试样品内部运行软件是否具有完善的控制功能和与外界终端通信的功能;通过 web 网页,测试 Web Service 是否具有监控显示卫星图、卫星接收状况、文件接收状况等功能;是否具有对流层 ZTD 和 PWV、电离层 TEC、ROTI 和闪烁等参数时间序列显示功能;是否具备数据记录、存储、自动打包及上传、日志记录及查询、设备和网络监控、设备和软件故障报警等功能;是否具有设置记录内容、记录时段、记录间隔时间和格式、记录站点名称、天线类型、通信协议、通信口传输速度等功能;是否能远程进行软件升级、参数设置和远程复位。

4.3.2.3　天线功能

(1)一体化

通过线缆连接天线,检查记录被试样品搜星情况。

(2)防护与屏蔽

检查天线结构应具备抗多路径效应的扼流圈天线和屏蔽罩。

4.3.2.4　气象测量单元功能

(1)观测要素

连接气象测量单元,配置被试样品,记录并输出气象测量单元数据,应能输出气温、气压和相对湿度等气象观测要素。

(2)数据格式

连接气象测量单元,配置被试样品,记录并输出气象测量单元数据,应能按照全球导航卫星通用气象文件的格式输出。

(3)通信接口和防辐射罩

目视检查是否具备通信接口和防辐射罩。

4.3.2.5　输出控制单元功能(如配备输出控制单元)

①查看 web 网页,应具有观测数据质量监控和转换合并分析功能,人为制造异常状态,查看预警信息与统计分析功能是否正常;

②检查应具备数据资料上传功能;测试网络中断期间生成的数据应能够完整续传;

③查看 web 网页应具备运行状态监控、环境监控、网络状态监控、异常告警等功能;

④目视检查,应具备供接收处理单元数据输入的通信串口。

4.3.2.6　电源

若配备电源,切断主电源,查看被试样品,应能够切换供电系统正常运行。

4.3.3　性能测试

性能测试结果记录在本章附表 4.2。

4.3.3.1　系统产品技术指标

（1）水汽产品与电离层产品时间分辨率

外接计算机终端，被试样品正常工作，检查指标是否符合《需求书》5.1 的要求。测试水汽产品输出时间分辨率，结果应不大于 5 min；测试电离层产品输出时间分辨率，结果应不大于 30 s。

（2）水汽产品与电离层产品时延

外接计算机终端，被试样品正常工作，检验指标是否符合《需求书》5.1 的要求。检查水汽产品与电离层产品数据处理时间，产品时延应不大于 5 min。

4.3.3.2　接收处理单元技术指标

（1）观测值

检查被试样品记录文件，应正常记录 BDS 系统 B1I、B2I、B1C、B2a、B2b、B3I，GPS 系统 L1、L2、L5，GLONASS 系统 G1、G2，Galileo 系统 E1、E5a、E5b 等信号。

（2）跟踪可用卫星数

在空旷无任何遮挡的环境下记录 24 h 数据，检查被试样品记录文件，和事后星历对比（可显示可见卫星），记录可见卫星的数量。能够多频同步跟踪地平仰角 0°以上的所有可用卫星。

（3）信号通道

被试样品连接模拟器信号，逐渐增加模拟卫星的数量，直到不能再跟踪新增卫星，根据已跟踪卫星的数量和卫星频点数，测试并行通道应不低于 128 个。

（4）冷启动首次定位时间

用信号模拟器进行测试，设置模拟器仿真速度不大于 2 m/s 的直线运动用户轨迹，输出功率电平为−128 dBm。被试样品在下述任一种状态下开机，以获得冷启动状态：

①为被试样品初始化一个距实际测试位置不少于 1000 km 但不超过 10000 km 之间的伪位置，或删除当前历书数据；

②恢复被试样品的出厂状态，重新启动。

以 1 Hz 的位置更新率连续记录输出的定位数据，找出首次连续 10 次输出三维定位误差不超过 100 m 的定位数据的时刻，计算从开机到上述 10 个输出时刻中第 1 个时刻的时间间隔应不超过 120 s。

（5）温启动首次定位时间

用信号模拟器进行测试，设置模拟器仿真速度不大于 2 m/s 的直线运动用户轨迹，输出功率电平为−128 dBm。

使被试样品在下述任一种状态下开机，以获得温启动状态：

①删除当前星历数据；

②将场景启动时刻距离上次定位时刻前进或后退至少 4 h。

以 1 Hz 的位置更新率连续记录输出的定位数据，找出首次连续 10 次输出三维定位误差不超过 100 m 的定位数据的时刻，计算从开机到上述 10 个输出时刻中第 1 个时刻的时间间隔应不超过 60 s。

（6）热启动首次定位时间

用信号模拟器进行测试，设置模拟器仿真速度不大于 2 m/s 的直线运动用户轨迹，输出功

率电平为 -128 dBm。

在被试样品正常定位状态下,短时断电 60 s 后重新开机,以 1 Hz 的位置更新率连续记录输出的定位数据,找出首次连续 10 次输出三维定位误差不超过 100 m 的定位数据的时刻,计算从开机到上述 10 个输出时刻中第 1 个时刻的时间间隔是否不超过 20 s。

(7)观测准确度

用信号模拟器进行测试,比较测距码、载波仿真信号和被试样品观测数据,测试测距码的误差应不超过 10 cm,载波观测量的误差应不超过 0.01 周。

(8)自动校时

连接卫星模拟器,将被试样品和模拟器输出的秒脉冲信号同时输入计数器,记录秒脉冲时间差,测试两个秒脉冲时间差的中误差应不超过 1 ms。

(9)采样率

检查被试样品是否配置不同采样率的接口并可设置不同采样率,最高采样率应不小于 20 Hz(非内插)。输出对应赫兹的数据,分析数据采样间隔。

(10)数据存储

将被试样品的采样间隔设置为 1 s,卫星截止高度角设定为 15°,进行静态测量,根据采集到的观测数据文件大小和被试样品内存大小,计算其可存储的数据量。设置循环存储,当存储空间已满时,测试能否自动删除过去时刻文件,存储新文件。并在数据下载时,查看卫星跟踪情况。

(11)通信接口

目视检查被试样品硬件接口,应满足 RJ45 接口数量≥1,串口数量≥2,USB2.0/3.0 接口数量≥2,WiFi 接口数量≥1,并连接接口实现数据传输。

(12)外接原子钟频标接口

检查被试样品硬件接口,连接接口输入 5 MHz 或 10 MHz 信号,测试被试样品输出的原始数据是否有外部频标数据。

(13)外接电源接口

检查外部电源接口数量是否不少于 2 个,并在被试样品内置电池无剩余电量的情况下,分别给两个供电接口单独供电,测试是否能正常工作。

(14)内置电池

在内置电池满电的情况下,断开外接电源,设置数据记录,到设备电池耗尽自动关机时,测试设备连续运行记录数据的时长是否超过 12 h。

(15)周跳比

记录静态数据,通过 TEQC 等工具软件分析。连续观测 24 h、卫星仰角大于 10°、采样间隔为 30 s 的观测数据,查看两个被试样品每个周跳的观测量是否不小于 1000。

(16)多路径效应

将待测天线安置在强制对中观测基座上,并与被试样品连接。连续观测 24 h、卫星仰角大于 10°、采样间隔为 30 s 的观测数据,测试多路径效应值是否<0.5 m。

4.3.3.3 天线和电缆技术指标

(1)天线绝对相位中心改正模型

检查天线绝对相位中心改正模型是否具有国际大地测量权威机构(NGS 或 Geo++)或

国内 CNAS 的认证。满足《需求书》5.3.1 要求。

(2)扼流圈天线相位中心偏差

将参考天线及被测天线安置在强制对中观测墩上,参考天线及被测天线同时指向北方向,用射频电缆连接被测天线和 GNSS 接收机,设置截止高度角 5°,采样间隔 5 s,观测不少于 1 h;固定参考天线保持不动,被测天线顺时针旋转 90°进行第二时段观测,不少于 1 h;重复之前步骤,将被测天线旋转到 180°和 270°,进行第三时段和第四时段观测,测试结果应符合指标要求,即扼流圈天线相位中心偏差<2.0 mm。

(3)相位中心稳定度

测试周期内,应符合天线的相位中心稳定度<1.0 mm。

(4)天线定向标志

检查天线是否具有定向标志,可实现天线指向的调整,并消除天线的系统误差。满足《需求书》5.3.4 要求。

(5)接收天线低噪声放大器的增益

天线安装在暗室,在暗室播发已知强度的信号,使用频谱仪连接线缆,检测天线输出的信号强度,对比播发信号的强度和频谱仪接收信号的强度,测试接收天线低噪声放大器的增益应≥50 dB。

(6)带外抑制(100 MHz)

天线安装在暗室,使用矢量网络分析仪和直流稳压电源测试天线的带外抑制指标。将矢量网络分析仪设置为传输模式,设置测试频率范围,校准矢量网络分析仪进行测试。将中心频率 Fc 处的增益记为 Gc,带外频率 Fb 与 Fc 之间增益的最大值记为 Gb(带外频率 Fb 取 100 MHz 频带外的最弱带外抑制),测试带外抑制 Gc−Gb 应大于 30 dB。

4.3.3.4　气象测量单元指标

(1)气压

按照气压传感器的相关计量检定规程,在实验室内测试,设置不同的测量范围(450～1100 hPa),采用模块传感器与标准器输出进行比对,两者的最大允许误差应在±0.3 hPa 以内。

(2)温度

按照温度传感器的相关计量检定规程,在实验室内测试,设置不同的测量范围(−50～50 ℃),采用模块传感器与标准器输出进行比对,两者的最大允许误差应在±0.2 ℃以内。

(3)相对湿度

按照湿度传感器的相关计量检定规程,在实验室内测试,设置不同的测量范围(5%～100%),采用模块传感器与标准器输出进行比对。相对湿度在 80% 及以下时,两者的最大允许误差应在±3%以内,相对湿度在 80% 以上时,两者的最大允许误差应在±5%以内。

(4)数据采样率

开启采样数据主动发送模式,输出 1 Hz 数据并记录数据,数据采样率应满足要求(数据采样率:1 Hz)。

(5)数据输出频率

连接气象测量单元,配置 10 min 数据输出,并记录数据,测试数据输出频率应满足要求(数据输出频率:1 min)。

4.3.3.5　输出控制单元技术指标

(1)主机和系统(如配备输出控制单元)

检查主机和系统,应符合四核处理器,主频≥1.5 GHz,内存容量≥4 GB,硬盘存储容量≥128 GB。

(2)通信接口(如配备输出控制单元)

检查主机接口,应满足 RJ45 接口数量≥4,且所有接口均具备限速转发能力,RS232 串口数量≥1 且带 12 V 电源引脚,USB3.0 接口数量≥4,RS485 串口数量≥1。

4.3.3.6　功耗指标

通过智能电源供电,记录供电电压和电流,计算功耗,被试样品的整体功耗应不超过 15 W。

4.3.3.7　体积和重量指标

使用量具测量,测试扼流圈天线应符合直径≤45 cm,高度≤30 cm,重量≤10 kg。

4.3.3.8　供电

在额定功率下,单独使用 UPS 电源,连续供电 12 h,被试样品应能正常工作。

4.3.3.9　数据文件

记录系统生成的导航、观测和气象文件,检查水汽和电离层产品文件格式、数据文件,命名应按照中国气象局相关数据传输规范执行,用 GFZRNX 等软件检查导航文件和观测文件数据格式,应符合 RINEX3.03 及以上标准,用 TEQC 等软件检查气象文件格式,应符合 RINEX2.11 及以上标准;输出实时数据流,使用 RTCM 解码软件,测试数据格式应符合 RTCM3.2 及以上标准。具体要求见《需求书》附录 B～附录 E。

4.3.4　环境试验

(1)接收处理单元

工作温度:分别设置高低温箱的目标温度为 50 ℃和−25 ℃,使测试部分在目标温度停留 16 h 以上,应能正常工作。

存储温度:分别设置高低温箱的目标温度为 70 ℃和−40 ℃,使测试部分在目标温度停留 16 h 以上,取出后恢复正常温度,应能正常工作。

湿热:设置试验箱内温度为 40 ℃、相对湿度为 93%,使测试部分在目标温度、目标湿度停留 16 h 以上,应能正常工作。

防水防尘:按 GB/T 4208—2017 中 IP67 的试验方法测试。

(2)天线

工作温度和存储温度:按照工作温度进行一次试验。分别设置高低温箱的目标温度为−40 ℃和 85 ℃,使天线在目标温度停留 16 h 以上,应能正常工作。

防水防尘:按 GB/T 4208—2017 中 IP67 的试验方法测试。

(3)气象测量单元

工作温度:分别设置高低温箱的目标温度为 60 ℃和−50 ℃,使气象测量单元在目标温度停留 16 h 以上,应能正常工作。

存储温度:分别设置高低温箱的目标温度为 70 ℃和−50 ℃,使气象测量单元在目标温度停留 16 h 以上,取出后恢复正常温度,应能正常工作。

相对湿度:在试验箱模拟 4%～100% 的湿度环境,气象测量单元应能正常工作。

防水防尘:按 GB/T 4208—2017 中 IP65 的试验方法测试。

(4)输出控制单元(如配备输出控制单元)

工作温度:分别设置高低温箱的目标温度为 −40 ℃ 和 60 ℃,使输出控制单元在目标温度停留 16 h 以上,应能正常工作。

存储温度:分别设置高低温箱的目标温度为 −40 ℃ 和 80 ℃,使输出控制单元在目标温度停留 16 h 以上,取出后恢复正常温度,应能正常工作。

相对湿度:在试验箱模拟 4%～100% 的湿度环境,输出控制单元应能正常工作。

4.4　动态比对试验

动态试验在 4.2.2 确定的试验场地进行,评定被试样品在测试期间的数据完整性、数据准确性及设备可靠性等。被试样品进场一周内可进行安装调试,一周后进入正式试验期。

4.4.1　数据完整性

通过被试样品在现场试验输出的数据个数评定数据的完整性。排除由于外界干扰因素造成的数据缺测,评定每套被试样品输出的数据完整性。

数据完整性(%)=(实际输出数据个数/应输出数据个数)×100%。

4.4.2　数据准确性

数据准确性反映了被试样品输出数据的质量。在确定的典型台站架设 3 台被试样品,连续稳定运行 3 个月及以上,将测试周期内的有效观测数据进行统计、评估、分析,通过计算被试样品输出的数据与标准参考值差异的均方根误差,测试被试样品输出数据的准确性。如公式(4.1)所示:

$$\mathrm{RMS} = \sqrt{\frac{1}{n}\sum_{i=0}^{n}(Y_i - X_i)^2} \tag{4.1}$$

式中,RMS 为均方根误差;X_i 为第 i 次的标准参考值;Y_i 为第 i 次被试样品输出的数据;n 为实际比对观测次数。

(1)大气可降水量(PWV)

使用 GAMIT 软件,基于事后星历精密解算水汽产品数据为参考标准,对被试样品输出的大气可降水量数据进行准确性测试。

计算被试样品输出的 PWV 数据与 GAMIT 事后星历精密解算产品数据差异的均方根误差,测试二者均方根误差是否满足需求书指标要求,其中受外界干扰因素导致被试样品输出的 PWV 数据不准或不全时,该时段的 PWV 数据不参与均方根误差的计算,测试时长不少于 3 个月。

(2)对流层天顶总延迟(ZTD)

使用 GAMIT 软件,基于 IGS 事后星历解算的 ZTD 数据为参考标准,计算被试样品输出的 ZTD 数据和事后解算的 ZTD 差异的均方根误差,测试二者均方根误差是否满足指标要求,其中受外界干扰因素导致被试样品输出的 ZTD 数据不准或不全时,该时段的 ZTD 数据不参与均方根误差的计算,测试时长不少于 3 个月。

（3）电离层总电子含量（TEC）

3 台设备同一地点同时测量，将各设备单站逐卫星事后精密解算电离层 TEC 作为标准参考值，计算测试期间被试样品输出所有卫星的电离层总电子含量与标准参考值的均方根误差，判断其是否满足要求。

（4）电离层扰动（ROTI）

以事后电离层 ROTI，并将其作为标准参考值；计算测试期间，被试样品输出所有卫星的电离层扰动与标准参考值的均方根误差，判断其是否满足指标要求。

（5）电离层闪烁

电离层 S_4 指数、电离层 σ_φ 指数指标测试需同时满足实测评估、模拟测试评估 2 项测试。

实测评估方法如下：

把被试样品连续稳定运行 3 个月以上的电离层 S_4 指数、电离层 σ_φ 指数与事后精密解算电离层 S_4 指数、电离层 σ_φ 数据进行比对，分别计算均方根误差，并判别其是否满足指标要求。

模拟测试评估方法如下：

使用卫星导航信号模拟器模拟电离层幅度闪烁进行电离层 S_4 指数评估测试，根据该标准参考值设置卫星导航信号模拟器产生携带该标准参考值电离层闪烁的卫星导航信号，计算被试样品输出的电离层 S_4 指数与标准参考值之间的均方根误差，判别其是否满足指标要求。

（6）S_4 监控能力

使用卫星导航信号模拟器开展本项测试，把含有预设不同级别扰动的卫星导航信号模拟器的模拟信号连接输入给被试样品，查看整个测试时间段内，可不中断工作的电离层闪烁指数数值。

（7）DCB 标定

计算被试样品动态测试期间的 DCB 标定结果数据与标准参考值差异的均方根误差，该均方根误差是被试样品 DCB 标定测量精度，其中标准参考值是被试样品动态测试期间的 DCB 标定结果的平均值。

4.4.3 设备可靠性

以平均故障间隔时间（MTBF）表示设备的可靠性。平均故障间隔时间 MTBF(θ_1) 应大于 3000 h。多套被试样品开展连续测试，记录设备运行状态，测试结束后根据被试样品运行故障统计结果进行计算分析，得到测试结果。

4.4.3.1 试验方案

按照定时截尾测试方案，在 QX/T 526—2019 表 A.1 的方案类型中选用标准型或短时高风险两种试验方案之一，推荐选用标准型试验方案。

（1）标准型试验方案

采用 17 号方案，即生产方和使用方风险各为 20%，鉴别比为 3 的定时截尾测试方案，试验的总时间为规定 MTBF 下限值（θ_1）的 4.3 倍，接受故障数为 2，拒收故障数为 3。

试验总时间 T 为：

$$T = 4.3 \times 3000\ \text{h} = 12900\ \text{h}$$

要求 3 套或以上被试样品进行动态比对测试。以 3 套被试样品为例，每台测试的平均时间 t 为：

3 套被试样品：$t=12900\ \text{h}/3=4300\ \text{h}=179.2\ \text{d}\approx 180\ \text{d}$

若为了缩短测试时间，可增加被试样品的数量，如：

6 套被试样品：$t=12900\ \text{h}/6=2150\ \text{h}=89.6\ \text{d}\approx 90\ \text{d}$

所以 3 套被试样品需测试 180 d，6 套需测试 90 d，期间允许出现 2 次故障。

（2）短时高风险测试方案

采用 21 号方案，即生产方和使用方风险各为 30%，鉴别比为 3 的定时截尾试验方案，测试的总时间为规定 MTBF 下限值（θ_1）的 1.1 倍，接受故障数为 0，拒收故障数为 1。

测试总时间 T 为：

$$T=1.1\times 3000\ \text{h}=3300\ \text{h}$$

3 套被试样品进行动态比对测试，每台测试的平均时间 t 为：

$$t=3300\ \text{h}/3=1100\ \text{h}=45.8\ \text{d}\approx 46\ \text{d}$$

所以 3 套被试样品需测试 46 d，期间允许出现 0 次故障。根据 QX/T 526—2019 的 5.3 规定，至少应进行 3 个月的试验，因此，采用 3 套及以上被试样品进行试验，试验时间应至少 3 个月。

4.4.3.2　MTBF 观测值的计算

MTBF 的观测值（点估计值）$\hat{\theta}$ 用公式（4.2）计算。

$$\hat{\theta}=\frac{T}{r} \tag{4.2}$$

式中，T 为测试总时间，是所有被试样品测试期间各自工作时间的总和；r 为总责任故障数。

4.4.3.3　MTBF 置信区间的估计

按照 QX/T 526—2019 中的 A.2.3 计算 MTBF 置信区间的估计值。

（1）有故障的 MTBF 置信区间估计

采用 4.4.3.1 中的（1）标准型试验方案，使用方风险 $\beta=20\%$ 时，置信度 $C=60\%$；采用 4.4.3.1 中的（2）短时高风险试验方案，使用方风险 $\beta=30\%$ 时，置信度 $C=40\%$。

根据责任故障数 r 和置信度 C，由 QX/T 526—2019 中表 A.2 查取置信上限系数 $\theta_U(C',r)$ 和置信下限系数 $\theta_L(C',r)$，其中，$C'=(1+C)/2=1-\beta$，MTBF 的置信区间下限值 θ_L 用公式（4.3）计算，上限值 θ_U 用公式（4.4）计算

$$\theta_L=\theta_L(C',r)\times\hat{\theta} \tag{4.3}$$

$$\theta_U=\theta_U(C',r)\times\hat{\theta} \tag{4.4}$$

MTBF 的置信区间表示为（θ_L，θ_U）（置信度为 C）。

（2）故障数为 0 的 MTBF 置信区间估计

若责任故障数 r 为 0，只给出置信下限值，用公式（4.5）计算。

$$\theta_L=T/(-\ln\beta) \tag{4.5}$$

式中，T 为试验总时间，是所有被试样品试验期间各自工作时间的总和；β 为使用方风险。采用 4.4.3.1 的（1）标准型试验方案，使用方风险 $\beta=20\%$，采用 4.4.3.1 的（2）短时高风险试验方案，使用方风险 $\beta=30\%$。

这里的置信度应为 $C=1-\beta$。

4.4.3.4　试验结论

①按照试验中可接收的故障数判断可靠性是否合格。

②可靠性试验无论是否合格,都应给出被试样品平均故障间隔时间(MTBF)的观测值 $\hat{\theta}$ 和置信区间估计的上限 θ_U 和下限 θ_L,表示为 (θ_L,θ_U)(置信度为 C)。

4.4.3.5　故障的认定和记录

按照 QX/T 526—2019 的 A.3 认定和记录故障。故障认定应区分责任故障和非责任故障,故障记录在动态比对试验的设备故障维修登记表中,见附表 A。

4.5　综合评定

4.5.1　单套设备评定

根据静态测试(含功能检测、性能测试以及环境试验等 78 项,见本章附表 4.1、本章附表 4.2 和本章附表 4.3)、动态试验(含数据完整性、数据准确性及设备可靠性等 9 项)的结果,综合评定单套设备是否合格。

评定原则:被试样品的功能检测、性能测试、环境试验、数据完整性、数据准确性、设备可靠性等有一项不合格即判定为被试样品不合格。其他如外观、结构等不影响功能和性能的项目,除发现致命缺陷或故障外,可提出改进建议,不作为不合格处理。

4.5.2　总评定

被试样品总数的 2/3 及以上合格的(即 3 台被试样品中至少 2 台合格),且不合格设备动态测试、静态测试项目共 87 项中,不合格项不超过 3 项,即不合格率小于 5%,视该型号设备为合格,否则不合格。

本章附表

附表 4.1 外观和组成检查、功能检测记录表

被试样品	名称	地基导航卫星水汽电离层综合探测系统		测试日期		
	型号			环境温度		℃
	编号			环境湿度		%
被试方				测试地点		
检测项目		技术要求	检测结果	结论	备注	
外观和组成检查		符合本章 4.2.1 的外观要求				
		符合《需求书》3.2 组成和本章 4.2.1 的组成的要求				
功能检测	系统总体功能	获取、输出并处理导航卫星的观测数据、导航数据、地面气象数据,生成并输出单站对流层 ZTD 和 PWV、电离层 TEC、ROTI 和闪烁等产品,获取并输出系统状态等数据				
	接收处理单元功能 / 基本功能	能够接收处理 BDS、GPS、GLONASS 和 Galileo 等导航卫星系统信号,可以自动同时接收全部可见的导航卫星信号,具有 BDS3 PPP-B2b 数据接收处理功能				
		可反演天顶对流层总延迟(ZTD)和单站大气可降水量(PWV),实时生成小时产品和分钟级产品				
		可探测卫星电离层总电子含量(TEC)、电离层扰动(ROTI)和电离层闪烁,实时生成小时产品和分钟级产品				
		电离层设备支持电离层 TEC、电离层闪烁、电离层扰动数据的流传输				
		具备差分码偏差参数(DCB)在线自动标定功能				
		支持 TCP/IP、NTRIP 协议,内置 FTP 服务支持 FTP 主动上传				
		能够提供工作状态及卫星跟踪情况(包括但不限于单元型号、序列号、固件版本、天线型号、天线序列号、天线高及其测量方式、卫星健康状况、跟踪卫星数目、信号状态、电压、主机温度、剩余存储空间、连续运行时间、外部输入状态)等信息				
		非正常断电恢复供电后能自动重启、自动跟踪卫星、自动记录,恢复工作,并保持停电前的配置				
		支持接收气象测量单元提供的气象要素数据,并生成业务需要的气象观测要素产品				
	软件功能	内部运行软件应该具有完善的控制功能和与外界终端通信的功能				
		终端 Web Service 应具有监控显示卫星图、卫星接收状况、文件接收状况等功能;具有对流层 ZTD 和 PWV、电离层 TEC、ROTI 和闪烁等参数时间序列显示功能;具有数据记录、存储等功能;具有数据的自动打包及上传等功能;具有日志记录、日志查询等功能;具有设备监控、网络监控、设备故障报警、软件故障报警等功能;具有设置选择记录内容、记录时段、记录间隔时间和记录格式等功能;具有设置站点名称、天线类型、通信协议、通信口传输速度等功能;可进行远程软件升级、远程参数设置和远程复位				

续表

被试样品	名称	地基导航卫星水汽电离层综合探测系统		测试日期	
	型号			环境温度	℃
	编号			环境湿度	%
被试方				测试地点	

检测项目		技术要求	检测结果	结论	备注
功能检测	天线功能	天线与前置放大器密封为一体,具备接收导航卫星信号功能			
		天线采取防护与屏蔽措施,选用具有抗多路径效应的扼流圈天线,以减少多路径效应引起的载波相位观测误差			
	气象测量单元	应提供气温、气压和相对湿度等观测,可选提供风向、风速、降水等观测			
		能获取气象要素并按照全球导航卫星通用气象文件的格式输出			
		具有通信接口			
		具备防辐射罩			
	输出控制单元功能	具有观测数据质量监控和转换合并分析功能,包括观测有效率、多路径效应和周跳比监控以及超门限阈值预警,温压湿要素、ZTD 和 PWV 的界限值检查、气候极值检查和时间一致性检查,以及日均值和日极值、月均值和月极值等参数的统计分析			
		具有数据资料上传、数据断点续传功能			
		具有运行状态监控、环境监控、网络状态监控、异常告警等功能,具体监控指标见《需求书》附录 A			
		具有通信串口			
	电源	视需要选择配备电源,可自动切换提供系统供电			

测试仪器	名称	型号	编号

测试单位＿＿＿＿＿＿＿＿＿＿＿＿＿＿＿　　　　测试人员＿＿＿＿＿＿＿＿＿＿＿＿＿＿＿＿

附表 4.2　性能测试记录表

<table>
<tr><td rowspan="3">被试样品</td><td>名称</td><td colspan="3">地基导航卫星水汽电离层综合探测系统</td><td>测试日期</td><td colspan="3"></td></tr>
<tr><td>型号</td><td colspan="3"></td><td>环境温度</td><td colspan="3">℃</td></tr>
<tr><td>编号</td><td colspan="3"></td><td>环境湿度</td><td colspan="3">%</td></tr>
<tr><td>被试方</td><td colspan="4"></td><td>测试地点</td><td colspan="3"></td></tr>
<tr><td>检测项目</td><td colspan="4">技术要求</td><td>检测结果</td><td>结论</td><td>备注</td></tr>
<tr><td rowspan="12">系统产品技术指标</td><td rowspan="2">对流层</td><td colspan="3">ZTD 测量误差：≤18 mm</td><td></td><td></td><td></td></tr>
<tr><td colspan="3">PWV 测量误差：≤3 mm</td><td></td><td></td><td></td></tr>
<tr><td rowspan="4">电离层</td><td colspan="3">TEC 测量误差：≤0.3 TECu</td><td></td><td></td><td></td></tr>
<tr><td colspan="3">S4 指数测量误差：≤0.1</td><td></td><td></td><td></td></tr>
<tr><td colspan="3">σ_φ 指数测量误差：≤0.05</td><td></td><td></td><td></td></tr>
<tr><td colspan="3">ROTI 测量误差：≤0.5 TECu/min</td><td></td><td></td><td></td></tr>
<tr><td colspan="4">S4 监控能力：≥0.7</td><td></td><td></td><td></td></tr>
<tr><td colspan="4">ZTD 产品时间分辨率：≤5 min</td><td></td><td></td><td></td></tr>
<tr><td colspan="4">PWV 产品时间分辨率：≤5 min</td><td></td><td></td><td></td></tr>
<tr><td colspan="4">TEC 产品时间分辨率：≤30 s</td><td></td><td></td><td></td></tr>
<tr><td colspan="4">闪烁产品时间分辨率：≤30 s</td><td></td><td></td><td></td></tr>
<tr><td colspan="4">产品时延：≤5 min</td><td></td><td></td><td></td></tr>
<tr><td rowspan="11">接收处理单元技术指标</td><td colspan="2">观测值</td><td colspan="2">测距码、载波相位、原始信号强度；频点包括但不限于 BDS 系统 B1I、B2I、B1C、B2a、B2b、B3I，GPS 系统 L1、L2、L5，GLONASS 系统 G1、G2，Galileo 系统 E1、E5a、E5b</td><td></td><td></td><td></td></tr>
<tr><td colspan="2">跟踪可用卫星数</td><td colspan="2">多频同步跟踪地平仰角 0°以上的所有可用卫星</td><td></td><td></td><td></td></tr>
<tr><td colspan="2">信号通道</td><td colspan="2">并行通道不低于 128 个</td><td></td><td></td><td></td></tr>
<tr><td rowspan="3">首次定位时间</td><td colspan="2"></td><td colspan="2">冷启动：在概略位置、概略时间、星历和历书未知的状态下开机，到首次能够在其后 10 s 连续输出三维定位误差＜100 m 的定位数据，所需时间应≤120 s</td><td></td><td></td><td></td></tr>
<tr><td colspan="2"></td><td colspan="2">温启动：在概略位置、概略时间、历书已知，星历未知的状态下开机，到首次能够在其后 10 s 连续输出三维定位误差＜100 m 的定位数据，所需时间应≤60 s</td><td></td><td></td><td></td></tr>
<tr><td colspan="2"></td><td colspan="2">热启动：在概略位置、概略时间、星历和历书已知的状态下开机，到首次能够在其后 10 s 连续输出三维定位误差＜100 m 的定位数据，所需时间应≤20 s</td><td></td><td></td><td></td></tr>
<tr><td colspan="2">观测准确度</td><td colspan="2">测距码≤10 cm，载波相位≤0.01 周</td><td></td><td></td><td></td></tr>
<tr><td colspan="2">自动校时</td><td colspan="2">采样整秒时刻与卫星之差≤1 ms</td><td></td><td></td><td></td></tr>
<tr><td colspan="2">采样率</td><td colspan="2">可同时设置不同的采样率，最高采样率≥20 Hz(非内插)</td><td></td><td></td><td></td></tr>
<tr><td colspan="2">数据存储</td><td colspan="2">自动记录观测数据，支持文件循环存储，可同时存储多种采样率的数据，内置存储≥256 G，存储数据溢出时具有自动覆盖、循环存储功能，同时数据下载时，仍能进行卫星连续跟踪</td><td></td><td></td><td></td></tr>
</table>

被试样品	名称	地基导航卫星水汽电离层综合探测系统		测试日期	
	型号			环境温度	℃
	编号			环境湿度	％
被试方				测试地点	

检测项目		技术要求		检测结果	结论	备注
接收处理单元技术指标	通信接口	RJ45 接口数量≥1，RS232 串口数量≥2，USB2.0/3.0 接口数量≥2，WIFI 接口数量≥1				
	外接原子钟频标接口	原子钟 5 MHz 或 10 MHz				
	外接电源接口	外部电源接口数量≥2，用于交流电及蓄电池供电，其中交流电需适配器转换				
	内置电池	支持单元连续工作时间≥12 h				
	周跳比	连续观测 24 h，卫星仰角大于 10°、采样间隔 30 s 的数据	周跳比≥1000			
	多路径效应		多路径效应值<0.5 m			
	数据完整率	观测数据完整率>95％				
天线和电缆技术指标	天线绝对相位中心改正模型	具有国际大地测量权威机构（NGS 或 Geo++）认证的天线绝对相位中心改正模型				
	天线定向标志	有定向标志，可实现天线调整指向，消除天线的系统误差				
	扼流圈天线相位中心偏差	<2 mm				
	天线相位中心稳定度	<1.0 mm				
	接收天线低噪声放大器的增益	≥50 dB				
	带外抑制	带外抑制（100 MHz）≥30 dB				
气象测量单元	气压	测量范围：450～1100 hPa，测量误差（设定 200 hPa 范围内）：±0.3 hPa。				
	温度	温度测量范围：−50～50 ℃，测量误差：±0.2 ℃				
	湿度	测量范围：5％～100％，测量误差：±3％（≤80％）；±5％（>80％）				
	采样率	数据采样率：1 Hz				
	频率	数据输出频率：1 min				

续表

被试样品	名称	地基导航卫星水汽电离层综合探测系统		测试日期	
	型号			环境温度	℃
	编号			环境湿度	%
被试方				测试地点	

检测项目		技术要求	检测结果	结论	备注
输出控制单元	主机	四核处理器,主频≥1.5 GHz,内存容量≥4 G,硬盘存储容量≥128 G			
	通信接口	RJ45 接口数量≥4,且所有接口均具备限速转发能力,RS232 串口数量≥1 且带 12 V 电源引脚,USB3.0 接口数量≥4,RS485 串口数量≥1			
可靠性		平均故障间隔时间(MTBF)≥3000 h			
功耗		系统功耗≤15 W			
体积和重量		扼流圈天线直径≤45 cm,高度≤30 cm,重量≤10 kg			
供电		使用交流电源,配置 UPS 电源时,支持系统连续工作时间≥12 h			
数据文件		导航文件和观测文件格式符合 RINEX3.03 及以上标准,气象文件格式符合 RINEX2.11 及以上标准,实时流数据格式符合 RTCM3.2 及以上标准,水汽和电离层产品数据文件格式、命名符合《需求书》的附录 B～附录 E			

测试仪器	名称		型号	编号

测试单位＿＿＿＿＿＿＿＿＿＿＿＿＿＿＿　　　　测试人员＿＿＿＿＿＿＿＿＿＿＿＿＿＿＿＿

附表 4.3 环境试验记录表

被试样品	名称	地基导航卫星水汽电离层综合探测系统		测试日期	
	型号			环境温度	℃
	编号			环境湿度	％
被试方				测试地点	
检测项目		技术要求	检测结果	结论	备注
接收处理单元	工作温度	−25～50 ℃			
	存储温度	−40～70 ℃			
	湿热	应能在温度 40 ℃,相对湿度为 93％环境下正常工作			
	防水防尘	符合 IP67 标准			
天线	工作温度	−40～85 ℃			
	存储温度	−40～85 ℃			
	湿热	应能在温度 40 ℃,相对湿度为 93％环境下正常工作			
	防水防尘	符合 IP67 标准			
气象测量单元	工作温度	−50～60 ℃			
	存储温度	−50～70 ℃			
	相对湿度	4％～100％			
	防水防尘	符合 IP65 标准			
输出控制单元	工作温度	−40～60 ℃			
	存储温度	−40～80 ℃			
	相对湿度	4％～100％			

测试仪器	名称	型号	编号

测试单位＿＿＿＿＿＿＿＿＿＿＿＿＿＿＿＿＿＿ 测试人员＿＿＿＿＿＿＿＿＿＿＿＿＿＿＿＿＿＿＿

第 5 章　X 波段双线偏振多普勒天气雷达系统^①

5.1　目的

规范 X 波段双线偏振多普勒天气雷达系统(简称雷达)测试的内容和方法,检验其是否满足《X 波段双线偏振多普勒天气雷达系统功能规格需求书(第一版)》(气测函〔2019〕36 号)(简称《需求书》)的要求。

5.2　基本要求

5.2.1　被试产品

提供 1 部或以上同一型号的、符合《需求书》要求的雷达作为被试样品。

5.2.2　交接检查

除按照 QX/T 526—2019 的要求进行外观、结构和成套性检查外,还应进行雷达开机检查,以确定被试样品是否能够正常工作。

5.2.3　检测要求

(1)对被试样品进行功能检测与性能测试,检测的结果应满足《需求书》的要求,并填写本章附表 5.1、本章附表 5.2 或本章附表 5.3。

(2)当检测的结果不符合要求时暂停测试,被试方在 12 h 内查明原因、采取措施并恢复正常,被试方需向测试组提交故障分析报告,经审核同意后,可继续进行测试。

性能测量、功能检测及定标检验合格后,应对雷达进行 48 h 连续运行考机检验,考机检验要求如下:

①考机期间应每隔 4 h 进行工作模式的切换,同时记录相关数据、监视雷达运行状况,并填写本章附表 5.4;

②考机结束后,对主要技术参数进行复测,并填写本章附表 5.5,绘制相应的测量图:机外噪声系数测量图、系统相位噪声图、双通道 Z_{DR} 一致性测试图和双通道 Φ_{DP} 一致性测试图等;

③考机期间,若雷达出现 30 min 以内可修复的故障,故障修复后,考机可连续累计计时;若雷达出现 30 min 以内不能修复,但 12 h 以内可修复的故障时,待故障修复后,被试方需向测试组提交故障分析报告,经审核同意后,可重新进行 48 h 考机;

④考机期间,因非被试样品本身原因造成的停机(如市电停电),如停机时间不超过 2 h,恢复考机时可前后累计计时;

⑤偶尔出现的能自动恢复或人工复位后恢复的故障报警,不作故障处理。但对频繁出现

---

① 本章作者:齐涛、高玉春、何平、潘新民、周红根。

的能自动恢复或人工复位后恢复的故障报警,视为故障;

⑥如雷达出现 12 h 内不能修复的故障,或重新考机次数超过一次,或同一故障出现两次,则此次考机不能通过,停止考机;

⑦被试方提供故障分析报告和考机申请后,经测试组同意,可再次进行 48 h 连续运行考机检验。

(3)动态比对试验结束后,对性能指标进行复测,并填写本章附表 5.1,注明复测。

(4)对天线等难以现场测试的项目,被试方可提供相关检测报告,经认可后可列入测试报告。

(5)测试仪表需满足雷达的测试要求,且检定/校准证书应均有效,信息记录在附表 B。测试中使用的仪表通常有示波器、功率计、信号源、频谱仪、噪声源、固定衰减器等。

(6)本方法未提及的内容,应符合 QX/T 526—2019、《需求书》等的相关要求。

5.3　性能测试与功能检查

5.3.1　性能测试

5.3.1.1　天伺系统

测试项目:雷达天线座水平度、伺服系统角度控制精度、雷达波束指向。

技术指标要求:

①天线座水平度:$\leqslant 60''$;

②伺服系统方位角和俯仰角控制精度均$\leqslant 0.1°$;

③雷达波束指向$\leqslant 0.2°$。

5.3.1.1.1　天线座水平度

将合像水平仪放置在天线转台顶部,控制天线分别停在 0°、45°、90°、135°、180°、225°、270° 和 315°。在每个角度 α 处调整合像水平仪达到水平状态,记录合像水平仪的读数 M_α(格),计算天线转台的水平度。顺时针推动天线一周后,再逆时针推动天线一周,分别记下合像水平仪在上述 8 个位置的读数。

天线座在方位角为 α 处的水平度 $\theta_\alpha \approx 2.06 M_\alpha$,为了消除合像水平仪自身的仪器误差,可将方位角相差 180° 的 2 次测试结果差值求平均值作为天线座真实水平度 $\Delta\theta$,即 $\Delta\theta = |\theta_\alpha - \theta_{\alpha+180}|/2 \approx 1.03|M_\alpha - M_{\alpha+180}|$。取 $1.03|M_0 - M_{180}|$、$1.03|M_{45} - M_{225}|$、$1.03|M_{90} - M_{270}|$ 和 $1.03|M_{135} - M_{315}|$ 四组计算值中最大值作为天线座实际水平度。

5.3.1.1.2　伺服系统角度控制精度

测量方位角和俯仰角的控制精度。控制精度分别用 12 个不同方位角和 10 个不同俯仰角上的实测值与预置值之间的差值来表征。

测试方法:打开信号处理终端;点击天线控制,选择方位定位/俯仰定位,输入预置值;在伺服角度显示区读取方位/俯仰的测量值;根据测量值,计算差值。

5.3.1.1.3　雷达波束指向

雷达波束指向定标采用太阳法,在同一时间段,多次测量太阳的实际位置,计算出雷达波束指向与太阳理论位置的误差。

5.3.1.2　发射机

测试项目:发射射频脉冲包络、发射机输出功率、发射机射频频谱、发射机输出端极限改善因子等。

技术指标要求(全固态):

①多种脉冲包络(0.5~200 μs可选);

②发射机输出功率≥200 W;

③机内功率检测波动≤0.2 dB;

④发射频谱在-40 dBc 处谱宽≤50 MHz;

⑤发射机输出端极限改善因子≥50 dB。

技术指标要求(速调管):

①宽、窄两种脉冲包络(0.5±0.05 μs,1±0.1 μs);

②发射机输出功率≥75 kW;

③机内功率检测波动≤0.2 dB;

④机内外功率差值:≤0.2 dB;

⑤发射频谱在-40dBc 处谱宽≤50 MHz;

⑥发射机输出端极限改善因子应≥50 dB。

5.3.1.2.1　发射射频脉冲包络

在发射机输出口加装大功率定向耦合器,将检波器接至耦合口;在信号处理终端上进行调机参数配置(选择脉冲宽度);配置完成后点击启动测试;在示波器上读取测量值。

测量发射机输出的射频脉冲包络的宽度 τ、上升时间 τ_r、下降时间 τ_f 和顶降 δ,测量的脉冲包络图应附在测量数据及计算结果中。

包络宽度 τ:脉冲包络前、后沿半功率点(0.707 电压点)之间的时间间隔。如脉冲包络的平顶幅度为 U_m,从脉冲前沿 $0.7U_m$ 到后沿 $0.7U_m$ 的时间间隔为脉冲宽度。

上升时间 τ_r:从脉冲前沿 $0.1U_m$ 到前沿 $0.9U_m$ 的时间间隔为脉冲上升沿时间。

下降时间 τ_f:从脉冲后沿 $0.9U_m$ 到后沿 $0.1U_m$ 的时间间隔为脉冲下降沿时间。

顶降 δ:如脉冲包络的最大幅度为 U_{max},那么 $\delta=(U_{max}-U_m)/(2U_m)$。

技术指标要求:上升时间和下降时间均应≤0.2 μs,顶降≤5%。

5.3.1.2.2　发射机输出功率

(1)外接仪表测量

在发射机输出口加装大功率定向耦合器,将脉冲功率计探头接至耦合口;在信号处理软件上进行调机参数配置,配置完成后点击启动测试;功率计预热 10 min,设置频率,波形为脉冲,设置偏置,选择单位为"W";在脉冲功率计上读取测量值。

(2)机内测量

将雷达脉冲重复频率及脉冲宽度设为机内功率监测所用参数(通常为体扫第一层扫描时所用参数),48 h 连续考机运行期间记录机内功率测量值变化情况,并进行比较。

5.3.1.2.3　发射脉冲射频频谱

测量发射脉冲射频频谱,测量的频谱图应附在测量数据及计算结果中(《需求书》未对频谱做技术要求)。

测试方法:在发射机输出口加装大功率定向耦合器,将频谱仪接至耦合口;在终端软件上进行调机参数配置,配置完成后点击启动测试;频谱仪预热后,对频谱仪设置(脉宽、中心频率、带宽、参考带宽、平均次数);锁定当前信号的中心点,选择 MARK,选择 DELTA;测试 —10 dBc、—20 dBc、—30 dBc、—40 dBc、—50 dBc 点上的频率偏差。

5.3.1.2.4　极限改善因子

用频谱分析仪检测信号功率谱密度分布,从中测量信噪比(S/N),根据信号的脉冲重复频率(F)和谱分析带宽(B),计算极限改善因子(I)。测量的信号功率谱密度分布图应附在测量数据及计算结果中。极限改善因子计算公式:

$$I = S/N + 10\lg B - 10\lg F \tag{5.1}$$

式中,I 为极限改善因子;S/N 为信号噪声比;B 为频谱分析仪分析带宽;F 为脉冲重复频率。

(1)发射机输入端极限改善因子测量

将发射机发射激励信号接入频谱仪,在频谱仪中设置发射激励信号中心频率,设置显示谱宽 SPAN 为发射信号重复频率的 2~3 倍,设置分辨率带宽 RBW(3 Hz),设置频谱仪取平均,取功率最大点标记 marker1,取两根谱线之间中点处标记 marker2,记录两点之间的差值,即为信噪比 S/N;将数据带入公式(5.1),计算发射机输入极限改善因子;改变发射脉冲重复频率,重复上述测试。

(2)发射机输出端极限改善因子测量

发射机输出极限改善因子测试是测试发射机输出信号的信噪比,再通过信噪比带入公式(5.1)计算极限改善因子;对雷达高脉冲重复频率和低脉冲重复频率时的发射机输出极限改善因子分别进行测量计算。

测试方法:将发射机发射耦合信号接入频谱仪,在频谱仪中设置发射信号中心频率,设置显示谱宽 SPAN 为发射信号重复频率的 2~3 倍,设置分辨率带宽 RBW(3 Hz),设置频谱仪取平均,取功率最大点标记 marker1,取两根谱线之间中点处标记 marker2,记录两点之间的差值,即为信噪比 S/N。将数据带入公式(5.1),计算发射机输出极限改善因子;调整发射脉冲重复频率,重复测试;调整发射脉冲宽度,分别测试雷达窄脉冲、宽脉冲不同发射模式下的极限改善因子。

5.3.1.3　接收机

接收机的测试项目:噪声系数、最小可测功率、线性动态范围、相位噪声等,必须以分机实测数据为依据进行检查。全固态和速调管的 X 波段双偏振天气雷达系统接收机技术指标要求一致。

技术指标要求:噪声系数≤3.0 dB;最小可测功率≤—107.0 dBm(带宽 2 MHz)、≤—110.0 dBm(带宽 1 MHz);线性动态范围≥95 dB;相位噪声(本振)≤—110 dBc/Hz(@1 kHz)、≤—115 dBc/Hz(@10 kHz)。

5.3.1.3.1　噪声系数

(1)外接噪声源测量噪声系数

外接噪声源测试信号由接收机前端低噪声放大器输入,测试点在终端,采用终端输出功率来计算噪声系数方法测量噪声系数。

仪表开机预热 10 min,对噪声仪进行校准,设置为连续自动扫描;打开信号处理终端,点击性能测试,选择噪声系数测试,信号源选为机外;点击开始测试,提示测试冷噪声,点击确定;待冷噪声测试完毕,将噪声测试仪的噪声源接至低噪声放大器前端入口,在软件界面上点击确定,开始测试热噪声,在终端软件界面读取噪声系数。5 组数据取平均值,得出通道噪声系数。切换工作脉宽、通道,重复测试。

(2)用机内噪声源测量噪声系数

雷达内置噪声源,通过机内噪声温度换算接收机噪声系数或直接读取噪声系数。噪声温度(T_N)与噪声系数 N_F 的换算公式为:

$$N_F = 10\lg[T_N/290 + 1] \tag{5.2}$$

测试方法:雷达开机预热 10 min;打开信号处理终端,点击性能测试,选择噪声系数测试,信号源选为机内;点击开始测试,提示测试冷噪声,点击确定;待冷噪声测试完毕后,按提示点击确定;在终端软件界面读取噪声系数。切换工作脉宽、通道,重复测试。

5.3.1.3.2　最小可测功率

(1)最小可测功率

设置信号源输出中心频率为雷达工作中心频率,将信号源输出接入接收机低噪声放大器输入端;在接收机无输入(信号源无输出)时,测试得出终端输出的噪声电压(V)或噪声电平(dB);再输入外接信号源信号(脉冲信号)到接收机前端,逐渐增大其信号功率,当终端输出的电压幅度为 1.4 倍噪声电压(V)时或噪声电平增加 3 dB 时,输入接收机的信号源信号功率为接收机的最小可测功率;改变工作脉宽、通道,重复测试。

(2)100 km 处可探测的最小反射率因子

采用信号源法,模拟脉冲信号通过延时到 100 km,通过将对应带宽下测试到的灵敏度代入公式反算最小反射率因子(≤8 dBz)。

5.3.1.3.3　接收机动态范围

接收机动态特性测试时将信号源(机外或机内信号源)产生的测试信号,由接收机前端输入,在终端读取信号的输出数据。改变输入信号的功率(步进 1.0 dB),测量系统的输入输出特性。根据输入输出数据,采用最小二乘法进行拟合。由实测曲线与拟合直线对应点的输出数据差值≤1.0 dB 来确定接收机低端下拐点和高端上拐点,下拐点和上拐点所对应的输入信号功率值的差值为接收机的动态范围。

(1)用机外信号源测量接收机动态范围

关闭发射机;用网线将信号源与信号处理终端电脑连接;将信号源接至天线输入口;启动信号处理控制终端软件,点击性能测试→动态范围测试,信号源设置为机外(设置频率、最小功率、最大功率、步进功率等),点击开始测;测试完成后,选择拟合拾取,截取拾取点,点击拟合计算。设置信号源输出中心频率为雷达工作中心频率,将信号源输出接入接收机低噪声放大器输入端,以 1.0 dB 为步进,从输出底噪功率开始逐步增大信号源输出功率至接收通道饱和,得出输入输出特性曲线,根据输入输出数据,采用最小二乘法进行拟合。由实测曲线与拟合直线对应点的输出数据差值≤1.0 dB 来确定接收机低端下拐点和高端上拐点,下拐点和上拐点所对应的输入信号功率值的差值为系统的动态范围,记录数据;更换工作脉宽、通道,重复测试。

(2)用机内信号源测量接收机动态范围

速调管发射机—关闭雷达发射机;确认频率源标定信号输出正常;启动信号处理控制终端软件,点击性能测试→动态范围测试→机内信号源→开始测试;测试完成后,选择拟合拾取,截取拾取点,点击拟合计算。通过终端控制机内信号源和数控衰减器,输入信号至接收机低噪声放大器,以 1.0 dB 为步进,从输出底噪功率开始逐步增大信号源输出功率至接收通道饱和,得出输入输出特性曲线,根据输入输出数据,采用最小二乘法进行拟合。由实测曲线与拟合直线对应点的输出数据差值≤1.0 dB来确定接收机低端下拐点和高端上拐点,下拐点和上拐点所对应的输入信号功率值的差值为系统的动态范围,记录数据;更换工作脉宽、通道,重复测试。

5.3.1.3.4　相位噪声

使用相位噪声测量仪测量频率源本振信号相位噪声(出厂测试时做此项测试)。

测试方法:仪表预热10 min;仪表进行设置,设置频率、MARK点;将频率源本振输出口接入相噪测试仪;从仪表读取测试值。

5.3.1.4　系统指标

检测项目:系统相位噪声、地物杂波抑制能力、回波强度、径向速度、速度谱宽、双重频测速范围展宽能力、双偏振参数(差分反射率因子及差分传播相移标准差)、回波强度测量在线自动标校能力等。全固态和速调管的X波段双线偏振天气雷达系统技术指标要求一致。

技术指标要求:系统相位噪声≤0.2°;地物杂波抑制比≥50.0 dB;回波强度≤1.0 dB;径向速度、速度谱宽以及测速范围展宽能力等的最大测量误差均优于±1.0 m/s;差分反射率因子机内测试通道测量标准差≤0.2 dB,双偏振参数,即差分传播相移机内测试通道测量标准差≤3°;回波强度在线自动标校最大差值优于±1.0 dB,48 h连续考机运行期间定标系数SYSCAL变化在≤±1.0 dB范围内。

5.3.1.4.1　系统相干性

(1)用I/Q相角法测试系统相位噪声

将发射机输出耦合信号通过延时线输入接收通道,通过信号处理器和终端计算该信号中若干个重复周期的相位,得出标准差,即为系统相干性。对该信号放大、相位检波后的I/Q值进行多次采样,由每次采样的I/Q值计算信号的相位,求出相位的均方根误差σ_φ来表征信号的相位噪声。设置参考数据点,启动发射机,开始测试,取10组相干性数据取平均值,得出系统相位噪声。更换工作脉宽、通道,重复测试。

(2)用单库FFT谱分析法测量系统极限改善因子

将发射信号经衰减延迟后送入接收机射频前端,在终端显示器上观测信号处理器对该信号作单库FFT处理时的输出谱线(不加地物对消),从谱分布中读出信噪比(S/N),通过公式$I=S/N+10\lg B-10\lg F$,计算出极限改善因子I;更改采样点数重复测试。式中,F为脉冲重复频率;B为分析带宽,其中分析带宽B与单库FFT处理点数n、雷达脉冲重复频率F有如下关系:$B=F/n$,因此极限改善因子计算公式可改写为$I=S/N-10\lg n$。

5.3.1.4.2　地物杂波抑制能力

采用滤波前后功率比估算地物对消能力。

测试方法:将发射脉冲经衰减延迟后送入接收机,信号处理器(PPP模式)对该信号的I/Q值采样并送入地杂波滤波器进行滤波,比较滤波前后功率的变化,记录10次数据,求其平均值,用来表示滤波前后的地物对消能力。更换发射脉宽、通道,重复测试。检验时,选择滤波器的凹口宽度≤1.0 m/s。

5.3.1.4.3　回波强度

分别用机外信号源和机内信号源输入功率为-80~-30 dBm的信号,在雷达终端距离5~150 km读取其回波强度的测量值,与输入信号计算回波强度值(期望值)进行对比。机外信号从接收机前端输入,输入功率值应换算到机内信号输入点的功率值。

根据雷达方程由输入信号功率计算回波强度可采用下式：

$$10\lg Z = 10\lg[(2.69 \times 10^{16} \lambda^2)/(P_t \tau G^2 \theta\varphi)] + P_r + 20\lg R + L_{\sum} + RL_{at}$$
$$= C + P_r + 20\lg R + RL_{at}$$
$$\text{其中 } C = 10\lg[(2.69 \times \lambda^2)/(P_t \tau\theta\varphi) - 2G + 160 + L_{\sum} \tag{5.3}$$

式中，P_r 为接收信号功率；P_t 为发射信号功率；R 为雷达与被测目标之间的距离；λ 为雷达电磁波波长；τ 为脉冲宽度；θ 为波束宽度；φ 为入射余角；G 为天线增益；$L_{\sum}$ 为雷达收发支路损耗之和。

（1）用机外信号源对回波强度定标检验

设置信号源输出中心频率为雷达工作中心频率，将信号源输出信号输入接收机低噪声放大器输入端，功率为机内标定单元无衰减时的输出信号分别经过 20 dB、30 dB、40 dB、50 dB、60 dB、70 dB 衰减后输入低噪声放大器的功率。在终端设置雷达常数，终端自动计算对应功率对应距离库的回波强度期望值，再与信号源输入的信号功率实测值进行对比；更换通道重复测试。

（2）用机内信号源对回波强度定标检验

使用机内信号源和数控衰减器控制对应输出信号至接收机；终端自动计算期望值和实测值差值；更换通道重复测试。

5.3.1.4.4　径向速度

（1）用机外信号源对径向速度测量的检验

用机外信号源输出频率为 $f_c + f_d f_c + f_d$ 的测试信号送入接收机前端，f_c 为雷达工作频率，改变多普勒频移 f_d，再读取雷达终端速度显示值 V_2，计算出 V_2 退速度模糊后的测量值 V_3 并与理论值 V_1 进行比较，两者最大差值应优于 ± 1 m/s。

径向速度测量理论值 V_1 与最大不模糊速度 V_{max} 计算公式分别如下：

$$V_1 = -(\lambda \times f_d)/2, V_{max} = \pm(\lambda \times F')/4 \tag{5.4}$$

式中，λ 为雷达波长；f_d 为多普勒频移；F 为雷达脉冲重复频率。

真实的径向速度计算公式如下：

$$V_3 = V_2 + 2NV_{max} \tag{5.5}$$

式中，N 为 Nyquist 数，其数值为整数值 $0, \pm 1, \pm 2, \cdots$，X 波段双线偏振多普勒天气雷达的速度模糊点主要位于一次折叠区间，二次或者多次折叠可以忽略，一般 N 值取 $0, \pm 1$ 是可行的，此时，可采取如下算法退速度模糊：

$$V_3 = \begin{cases} V_2 & V_2 \times V_3 \geqslant 0 \\ V_2 + 2|V_{max}| & V_3 < 0 < V_2 \\ V_2 - 2|V_{max}| & V_2 < 0 < V_3 \end{cases} \tag{5.6}$$

测试方法：

①设置信号源频率为雷达工作中心频率，将机外信号源输出接入接收机低噪声放大器之前，信号源输出连续波，启动雷达接收数据，读取当前雷达径向速度测速值，调整信号源输出频率，使径向速度值显示为 0 m/s；

②调整信号源输出频率，正频偏以 100 Hz 为步进，分别记录对应的径向速度测速值；

③重复①，调整信号源输出频率，负频偏以 100 Hz 为步进，分别记录对应的径向速度测速值；

④将实测值与理论计算值做差值比较，得出单重频测速结果。

（2）用机内信号源对径向速度测量检验

用机内信号源设置期望值分别与信号处理器对应多普勒频率的速度估算值进行比较，全过程由系统自动完成,直接输出速度期望值与速度估算值的结果。具体方法:设置机内信号源不移相输出,读取机内测速结果;设置机内信号源移相(如 0、1/4π、3/8π、5/8π)或移频(100 Hz/200 Hz 等),分别读取机内测速结果;将机内实测值与理论计算值进行差值计算,取最大差值为测试结果,并截图记录。

5.3.1.4.5 速度谱宽

用机内信号源设置期望值分别与信号处理器对应速度谱宽估算值进行比较,全过程由系统自动完成,直接输出速度谱宽期望值与速度谱宽估算值的结果。具体为:打开雷达信号处理终端和控制终端,在控制终端中,点击扫描模式→标定测试→CW 标定测试;打开测试结果界面,查看连续波测试中速度谱宽理论值与测试值,并记录。

5.3.1.4.6 双重频测速范围展宽能力

由变化输入信号的频率检验雷达双脉冲重复频率(DPRF 或 APRF)模式工作时的测速展宽能力。信号源开机预热 10 min,进行频率和功率设置,将信号源输出接至天线输入口。设置双重频比例;设置信号源频率为雷达工作中心频率,将机外信号源输出接入接收机低噪声放大器之前,信号源输出连续波,启动雷达接收数据,读取当前雷达径向速度测速值,调整信号源输出频率,使径向速度值显示为 0 m/s;调整信号源输出频率,正频偏以 200 Hz 为步进,分别记录对应的径向速度测速值;重复前述步骤,调整信号源输出频率,负频偏以 200 Hz 为步进,分别记录对应的径向速度测速值;进行 15 个点的单脉冲重复频率模式测量值(退速度模糊后的测量值)和双脉冲重复频率模式(3/2 或 4/3)时的测量值比较,将实测值与理论计算值做差值比较,得出双重频测速展宽结果并记录。

5.3.1.4.7 双偏振参数

双偏振参数检验项目:接收双通道一致性。

(1)接收双通道不同信噪比下一致性检验

频率源输出的 CW 信号经过接收机测试通道后,进入二路功分器,功分成两路等强度的信号,分别送入水平和垂直接收主通道,经过低噪声放大器和混频/前置中频放大器变成中频信号后送入数字中频和信号处理单元,经信号处理器得到水平和垂直通道信号强度的差值为接收机双通道系统偏差 Z_{DR},两路信号相位差值为 Φ_{DP},计算 Z_{DR} 和 Φ_{DP} 的标准差。Z_{DR} 及 Φ_{DP} 取值范围:低端取信噪比$\geqslant$20 dB,高端取比实测动态范围高端起始点低 10 dB 的数值。

(2)接收双通道 48 h 考机一致性检验

48 h 考机期间,记录并提取每个体扫的 Z_{DR} 和 Φ_{DP} 标定数据,分别计算平均值和标准差,做出 Z_{DR} 和 Φ_{DP} 的 48 h 变化曲线(横坐标为体扫序号),监测接收双通道的长期稳定性。

5.3.1.4.8 在线自动标校能力

回波强度测量在线自动标校能力检查是保证雷达测量精度的重要手段,通过对雷达监测的重要参数进行测量,自动对回波强度定标修正,以保证回波强度测量值不因运行中雷达参数的变化而出现较大的误差。

(1)变化发射功率,检验回波强度测量在线自动标校能力

对于速调管,发射机加高压后,将雷达发射微波脉冲经衰减延迟后送入接收机前端,在终端上读取发射功率监测值和该信号在 45~50 km 范围内某一距离处的回波强度值(dBz),然后在技术条件允许范围内(20%)变化发射机输出功率,检查发射功率变化与回波强度变化的关系。

（2）变化接收机增益,检验回波强度测量在线自动标校能力

将信号源(机外或机内信号源)产生的测试信号,由接收机前端输入,在终端读取 20 km 和 50 km 处的回波强度值(dBz)。然后在接收通道中串接一个固定衰减器(如 5 dB),模拟接收机增益下降,在终端上读取执行自动标校功能后 20 km 和 50 km 处的回波强度值(dBz),比较接收机状态变化前后,回波强度变化的情况。

（3）回波强度测量在线自动标校稳定性检验

利用机内对功率和接收特性的监测数据对定标系数 SYSCAL 进行自动修正,通过监测定标系数 SYSCAL 连续运行一段时间内变化情况,检验回波强度测量在线标校稳定性。连续考机运行期间,扫描模式切换后待完成 1 次体扫时,记录 SYSCAL 的变化情况。

5.3.2　功能检查

5.3.2.1　雷达系统功能

5.3.2.1.1　一般性

检查项目:雷达发射体制(全固态发射机、速调管发射机)、偏振发射方式(双发双收、单发双收、交替发射同时接收)、安装方式(固定式、移动式)。

5.3.2.1.2　分机功能

（1）天馈系统

主要包括:天线的安全性能、天线故障监测与自保能力和波导充气压力(速调管体制)等。

（2）伺服系统

主要包括:工作方式(遥控、本控和应急)、遥控方式下的扫描范围与速度、扫描方式、天线可控性、安全保护(电气和机械限位功能)和故障监测等。

（3）发射机

主要包括:发射系统的控制、高电压和强电流及过热通风监测(速调管体制)、功率监测、安全性能、故障报警显示和自保等。

（4）接收机

主要包括:测试信号及其功能、频率源相位编码或频率偏移受控功能、故障报警显示与监控等。

（5）信号处理系统

主要包括:强度处理、多普勒速度处理参数设置(包括参差工作方式)、杂波抑制、双偏振信号处理模式、滤波特性、退模糊处理(包括相位编码设置)、地物对消能力检查、库数检查、分机运行状态监控、脉冲压缩主副瓣比检查(固态)等。

5.3.2.1.3　标定功能

在线标定项目主要有:发射机脉冲功率和脉宽、噪声系数、回波强度、速度和速度谱宽、水平通道、垂直通道幅相一致性等。系统运行中能按规定(或要求)自动对雷达定标参数进行测试,对系统的定标进行校正等。

离线标定测试项目主要有:发射机输出功率和脉宽、系统极限改善因子、接收系统动态范围、接收系统噪声系数、接收机灵敏度、相位噪声、地物杂波抑制比、强度和速度测量精度、天线控制精度、强度定标检查、速度定标检查、太阳法天线指向精度检查、天顶标定和双通道幅相一致性检查等,还要具有相关测试参数设置,以及发射机重复频率、脉宽和测试信号控制等功能。

①机外功率和脉宽：发射机输出端测量；

②极限改善因子：输入改善因子在频率源射频驱动信号端测量、输出改善因子在发射机输出端测量；

③机外接收系统动态范围：分别从水平(H)、垂直(V)双通道接收系统前端(低噪声放大器)注入信号测量；

④接收系统噪声系数：A/D前噪声系数分别从水平(H)、垂直(V)双通道接收系统前端(低噪声放大器)输入，在数字中频前端测量噪声系数，A/D后噪声系数别从水平(H)、垂直(V)双通道接收系统前端(低噪声放大器)输入，在终端显示测量结果；

⑤灵敏度测量：分别从水平(H)、垂直(V)双通道接收系统前端(低噪声放大器)注入信号测量；

⑥强度定标检查：分别从水平(H)、垂直(V)双通道接收系统前端(低噪声放大器)注入信号测量；

⑦速度定标检查：分别从水平(H)、垂直(V)双通道接收系统前端(低噪声放大器)注入信号测量；

⑧太阳法天线指向精度检查：采用太阳作为宽带信号源检查两个通道天线指向精度；

⑨天顶标定：选择小雨天气，将天线指向天顶(俯仰角为90°)进行扫描。统计融化层以下降水粒子差分反射率因子的中值作为偏差来标定雷达系统双通道 Z_{DR} 的系统偏差；

⑩双通道幅相一致性检查：同时在双通道接收系统前端(低噪声放大器)注入信号测量。

5.3.2.1.4　监控与显示功能

(1)附属设备监测

①本地、远程在线监测显示雷达自动测试结果、上传基础参数，其中基础参数包括但不限于：雷达静态参数、雷达运行模式参数、雷达在线定时标定参数、雷达在线实时标定参数等；

②完整记录雷达维护维修信息、关键器件出厂测试重要参数及更换信息，其中维护维修信息包括适配参数变更、软件更迭、在线标定过程等；

③雷达机内测试设备应实时监测对雷达工作有影响的因素，并根据影响情况分为有影响和严重影响两类，分别对应于系统报警和自动停机报警两种，同时自动存储、上传工作状态和系统报警；

④具有本地、远程视频监控雷达机房、天线罩内部、雷达站四周环境功能，并对雷达运行环境及附属设备状态参数进行在线采集、监测、显示并记录上传，上传参数包括但不限于机房温湿度、发射机温湿度、天线罩温湿度。

(2)远程控制功能

①具有本地、远程监视和遥控能力，并具有远程开关机的功能，远程控制项目与本地相同，远程控制雷达包括控制开关机、观测模式切换、查看标定结果、修改适配参数等；

②雷达系统具有远程软件升级功能，并具有雷达运行与维护的远程支持能力，包括对雷达系统参数进行远程监控和修改，对系统相位噪声、接收机灵敏度、动态范围和噪声系数等进行测试，控制天线进行运行测试、太阳法天线指向精度检查等；

③雷达具备组网协同控制功能，预留接收协同控制的指令接口，能够通过网络控制雷达扫描策略，组网协同控制中心按照一定的协议规范获取各雷达的配置信息和状态信息，通过TCP/IP 或 UDP 协议实现对组网中各部雷达的远程控制。

（3）关键参数在线分析

雷达应具有关键参数在线分析功能，应满足如下要求：

①支持对线性通道定标常数、连续波测试信号、射频驱动测试信号等关键参数的稳定度和最大偏离度进行记录和分析；

②具备对监测的所有实时参数超限告警提示功能；

③支持监测参数和分析结果存储、回放、统计分析等功能。

（4）产品前期质控及显示

X 波段双偏振雷达系统信号处理器通用服务器化，信号处理采用软件化、模块化设计；应具有与 S、C 波段多普勒天气雷达一致的基数据和 I/Q 数据格式。

接收信号处理器输出强度（Z）、速度（V）、谱宽（W）、差分反射率因子（Z_{DR}）、差分传播相移（Φ_{DP}）、差分传播相移率（K_{DP}）、退偏振比（L_{DR}）及相关系数（ρ_{HV}）等估算值并进行前期质控，质控包括滤波、电磁干扰抑制、速度退模糊、距离退模糊、异常回波标记、杂波校正因子（CCOR）门限等，产生各种气象产品，将基数据和数据产品存档。对雷达系统所产生的气象产品数据和信息进行处理，并用图形、图像方式提供给有关人员，作天气现象分析和预报使用。

①气象产品数据质量控制部分；

②气象产品自动处理、存储功能；

③气象产品图形显示；

④具备对监测的所有参数显示及超限告警提示显示功能等；

⑤气象产品查询，可通过时间轴、日期窗口灵活选择查询功能；

⑥鼠标位置显示、数值及产品信息显示；

⑦数据分层控制显示；

⑧图像处理显示，具有多仰角、多要素同时显示功能；

⑨游标引导（录取、距离、高度和回波强度等）显示；

⑩危险天气识别及自动语音报警等功能。

（5）授时功能

组网雷达能够通过卫星授时或网络授时校准控制系统时间，授时精度优于 0.1 s。

5.3.2.2 雷达附属设备功能

（1）供电设施

市电配电室：配市电，带稳压电源。

（2）发电机

用于市电断电后的电力供应，保证雷达工作正常。

（3）UPS

保证必要的电子设备在完全断电的情况下，关键数据的保存。

（4）防雷设施

为雷达、供电设施、工作室防雷。

5.3.3 安全性

5.3.3.1 高压警告及防护

检查雷达的高压、发射机柜、主电源等部分是否有电气安全设置与警示。向发射机监控系统输入高压超限指令,检查发射机高压监控报警,保护电路能切断高压,高压电源连锁等能否确保被试样品的安全。

5.3.3.2 绝缘电阻

雷达各初级电源与大地间绝缘电阻应大于 1 MΩ。用最大量程为 500 V 的兆欧表测量电源引入端子与机壳间的绝缘电阻。

5.3.3.3 防雷措施

雷达站避雷针接地系统应与建筑物接地系统分开,避雷针接地电阻应不大于 4 Ω。雷达电源线输入端应加装防雷滤波器,室外电缆一律采用屏蔽电缆或光缆。

5.3.3.4 机械安全

检查雷达的天线机械及控制部分是否有安全防护措施。

5.3.3.5 安全信号联络

用实际操作的方法检查被试样品的声、光联络、人身安全防护措施是否正常。

5.3.3.6 微波辐射安全

根据 GJB 5313—2004 的要求,雷达正常开机运行,用辐射计检查漏能功率,对雷达环境电磁场进行检查。

5.3.3.7 噪声安全

发射机和接收机的噪音应低于 85 dB。用噪声测量仪器在雷达架设现场、终端操作室和油机房进行测量。

5.3.4 其他项目

5.3.4.1 重量

测试方法:称重,或见第三方检测报告。

5.3.4.2 整机功耗

测试方法 1:雷达正常开机,测试设备输入电压,电流,计算功耗。

测试步骤:

①将雷达按正常工作状态设置并开启,运行 10 min,待运行状态稳定;

②用万用表测试雷达电源输入端电压 U,用钳流表测试电源输入端电流 I;

③计算 $P=U×I$,即得整机功耗。

测试方法 2:用电度表测量雷达正常工作时 1 h 的用电瓦特数,作为耗电功率的测量结果。

5.3.4.3 开机时间

开机计时检查。

5.3.4.4 互换性

现场更换备件,更换完成开机检查设备状态是否正常。

5.3.4.5 随机设备和资料要求

(1)随机仪表

应配备专用测试仪表,能够开展至少 10 项指标的离线定标,满足测试和定标要求。

(2)信号流图

应提供系统每个组件及其内部最小可更换单元的信号输入/输出波形和参数,列出标定测试节点。

(3)备件

应提供设备主要备件列表,包括型号、工艺、供应商等信息。备件采用条形码管理方式,每个备件都应具有唯一的编号。当备件中的个别元件采用新型号时,应当对整个备件的输入/输出关系无任何影响。

(4)随机文件

应提供说明书、使用手册、系统维护手册、定标手册、信号流图、备件清单等文件,为日常维护提供支持。提供的电路原理图,便于系统的检修。以上随机文件提供纸质和电子版。

5.3.4.6　外观质量和关键器件检查

雷达整体外观应协调一致。外表面应无凹痕、碰伤、裂痕和变形等缺陷;镀涂层不起泡、龟裂和脱落;金属零件无锈蚀、毛刺及其他机械损伤。

关键器件检查结果记录在本章附表 5.6。

5.4　环境试验

5.4.1　气候环境

试验项目:低温、高温、恒定湿热、淋雨、沙尘、盐雾。试验项目与试验方法见表 5.1。

表 5.1　气候环境试验项目一览表

序号	试验项目	试验方法
1	低温	按照 GB/T 2423.1—2008 中 6.6,根据被试样品的实际应用要求选择试验温度和持续时间;根据 GB/T 2423.1—2008 中第 4 章对散热和非散热的被试样品采取不同的热平衡及检测措施,按照 GB/T 2423.1—2008 中第 5 章和第 6 章进行试验、检测和评定。 低温工作:−40 ℃(舱外装置)
2	高温	按照 GB/T 2423.2—2008 中 6.5,根据被试样品的实际应用要求选择试验温度和持续时间;根据 GB/T 2423.2—2008 中第 4 章对散热和非散热的被试样品采取不同的热平衡及检测措施,按照 GB/T 2423.2—2008 中第 5 章和第 6 章进行试验、检测和评定。 高温工作:50 ℃(舱外装置),40 ℃(舱内装置); 高温贮存:60 ℃(全部设备)
3	恒定湿热	按照 GB/T 2423.3—2016 中表 1,根据被试样品的实际应用要求选择温度和湿度组合条件,按照 GB/T 2423.3—2016 中第 5~10 章进行试验、检测和评定。 温度:35 ℃(舱外装置),30 ℃(舱内装置) 湿度:95%(舱外装置),90%(舱内装置);持续时间:12 h
4	淋雨	依据 GB 4208—2008 外壳防护等级(IP 代码)和 GB/T 2423.38—2008 的相关试验方法,进行试验、检测和评定。舱外装置应达到 IPX5 等级
5	沙尘	按照 GB/T 2423.37—2006 中的表 1,选择试验 Lb(自由降尘)的沙尘类型、粒子尺度和沙尘浓度,按照 GB/T 2423.37—2006 中的第 5 章进行试验、检测和评定。舱外装置应达到 IP65 等级
6	盐雾	按照 GB/T 2423.17—2008 中的第 4~8 章进行试验和评定,持续时间:48 h

5.4.2　机械环境

项目:包装运输试验。

按照 GB/T 6587—2012 中表 8,根据被试样品的使用要求选取振动试验条件。按照 GB/T 6587—2012 中 5.10.2 和 5.10.3 进行试验、检测和结果评定。

5.4.3 供电电源

测试项目:供电电压、电源频率、耗电功率。

技术要求:电源要求单相 AC 220×(1±10%) V 或三相 AC 380×(1±10%) V,50×(1±5%)Hz;整机功耗(峰值)≤3 kW。

(1)供电电压和电源频率

用电压和频率可调的供电装置为被试样品供电,分别将电压和电源频率调整至:电压为上限值,频率为上限值;电压为上限值,频率为下限值;电压为下限值,频率为上限值;电压为下限值,频率为下限值;分别工作 1 h,若能正常工作,判定为合格。

(2)耗电功率

用电度表测量雷达正常工作时 1 h 的用电瓦特数,测量 3 次取平均值,作为耗电功率的测量结果。

5.4.4 电磁兼容性

雷达具有市电滤波和防电磁干扰的能力,设置静电屏蔽、电磁屏蔽,模拟地线、数字地线和安全地线严格分开,油机地线和避雷地线单独接地,试验项目见表 5.2。

表 5.2 电磁兼容试验项目一览表

序号	测试项目	技术要求
1	静电放电抗扰度试验	按照 GB/T 17626.2 进行,检验被试样品遭受直接来自操作者和邻近静电放电的抗扰度能力
2	射频电磁场辐射抗扰度试验	按照 GB/T 17626.3 进行,检验被试样品对射频电磁场辐射的抗扰度能力
3	电快速瞬变脉冲群抗扰度试验	按照 GB/T 17626.4 进行,检验被试样品对重复性电快速瞬变的抗扰度能力
4	电压跌落、短时中断试验	按照 GB/T 17626.11 进行,检验被试样品对电压暂降、短时中断和电压变化的抗扰度能力

5.5 动态比对试验

被试样品安装现场周围物体、地物不应对探测结果有明显影响,也不应有影响被试样品正常工作的干扰源,如电磁辐射、振动等。雷达场地应有避雷设施,雷达整体接地电阻应符合被试样品技术指标的要求。动态比对试验期间,应记录值班日志,见附表 C。

5.5.1 数据完整性

去除由于外界干扰(非设备原因)造成的数据缺测,对雷达数据缺测率进行评定。

(1)计算缺测率

缺测率(%)=(刷经验期内累计缺测次数/试验期内应观测总次数)×100%。

(2)评定指标

缺测率(%)≤2%。

5.5.2 数据可比较性

被试样品与参考雷达比对。

①参考雷达:一是指已通过对云雨目标探测性能考核的同波段同类型雷达,二是指台站业务天气雷达(简称业务雷达);

②比对试验前必须对参考雷达和被试样品进行方位、仰角、距离和强度等参数进行标定,使之符合技术指标要求;

③资料选取:被试样品与参考雷达开始体扫的时间间隔不大于 30 min,选取两部雷达间共同回波区的回波做比对分析,比对项目包括目标方位、仰角、距离、面积、回波强度、径向速度和双偏振参数等,应特别记录两雷达在一次天气演变过程的开始、维持、消亡三阶段的时间差异;

④资料处理时,被试样品与参考雷达的距离分辨率应调成一致或接近一致,按照规定时段分别将比对参数进行分组处理,计算各组的系统误差和标准偏差;

⑤分别在同一直角坐标内制作回波强度和径向速度的雷达测量误差变化的连续图形,以表示被试样品的测量误差随时间的变化和分散情况,进行定性分析;

⑥比对灾害性天气回波特征提取和报警的正确、漏报情况,并分类进行统计;

⑦按照规定时间在最强回波处分别将固定地物回波强度经地杂波滤波器滤除后差值和参考雷达采集数据对应要素的差值计算,做 15 组比较检验,进行误差统计;

⑧比对试验资料采集必须有降水等过程资料,比对次数不少于 3 次;

⑨如在动态比对试验期间未出现符合试验要求的天气过程时,可利用天气实况进行验证。当出现天气过程后,检查经该雷达捕获的天气过程是否与实际一致,如是,则说明该部雷达探测是准确的。或者,可以将标准灾害性天气数据库原始 I/Q 数据或基数据回送到雷达中,进行历史数据反演,如果产品回波特征都能体现,亦说明该雷达探测数据(或信号处理)是准确的。

5.5.3　可靠性

可靠性反映了被试样品在规定的情况下,在规定的时间内,完成规定功能的能力。以平均故障间隔时间(MTBF)表示设备的可靠性。

技术指标要求:平均故障间隔时间(MTBF)≥2000 h。

按照定时截尾试验方案,在 QX/T 526—2019 表 A.1 的方案类型中选用标准型或短时高风险两种试验方案之一,推荐选用标准型试验方案。

(1)标准型试验方案

采用被试方和测试方风险各为 20%,鉴别比为 3.0 的定时截尾试验方案,试验的总时间为规定 MTBF 下限值的 4.3 倍,接收故障数为 2,拒收故障数为 3。

雷达试验总时间 T 为:$T = 4.3 \times 2000 \text{ h} = 8600 \text{ h}$。

若有 2 套雷达参加测试,每套平均试验时间 t 为:$t = 8600 \text{ h}/2 = 4300 \text{ h} = 180 \text{ d} \approx 6$ 个月。即 2 套雷达可靠性试验需要 180 d(约 6 个月),期间可以出现 2 次故障。3 台及多台以上参加测试以此类推。

(2)短时高风险试验方案

采用被试方和测试方风险各为 30%,鉴别比为 3.0 的标准型定时试验统计方案,试验的总时间为规定 MTBF 下限值的 1.1 倍,拒收故障数为 0。

试验总时间 T 为:

$$T = 1.1 \times 2000 \text{ h} = 2200 \text{ h}$$

平均试验时间 t 为: $t＝2200$ h$≈90$ d$≈3$ 个月。即 1 台被试样品可靠性试验需要 90 d(3 个月),期间无故障即可。

根据 QX/T 526—2019 的 5.3 规定,无论几台被试样品,动态比对试验时间不得少于 3 个月。

动态比对试验期间,应详细记录出现的故障现象、原因、部位、排除方法及所用时间等,同时记录故障修复所需时间,统计平均维修时间(MTTR)。按照 QX/T 526—2019 的 A.3 认定和记录故障。故障认定应区分责任故障和非责任故障,故障记录在动态比对试验的设备故障维修登记表中,见附表 A。

5.5.4　可维修性

①雷达结构布局的设计在保证可达性的条件下,确定最小可更换单元(LRU),采用更换最小可更换单元的方法进行维修。雷达系统的各模块与组件还应设置必要的工作状态指示,便于维修时检测。各模块、组件的装配采用插拔式结构,应具有良好的可达性,采用简单的通用工具即可进行维修操作。雷达系统中凡是需要维护或修理的部件均应设置观察窗口或检测点。技术指标:平均故障修复时间(MTTR)$≤0.5$ h。

首先进行被试样品维修性的定性检查,主要包括:维修可达性、检测诊断的方便性与快速性、零部件的标准化和互换性、防差错措施与识别标记、工具操作空间和工作场所的维修安全性、故障自动报警功能的可靠性、维修工具和检测仪表的适用性、维修手册规定作业程序的正确性、测试点识别标记及其方便性。

②按照被试样品使用说明书规定的操作步骤和方法操作,检查其规定操作程序的合理性和完整性,对被试样品使用说明是否能够指导被试样品操作、使用做出评价。

5.6　结果评定

(1)被试样品的性能测试(含 48 h 连续运行考机检验)、功能检查等项目均符合《需求书》要求时判定为合格;当性能参数有不符合规定要求时,采取措施,经复测后结果符合规定要求的,判定为合格,否则为不合格。若性能测试或功能检查不合格,则不再进行动态比对试验和评定。

(2)动态比对试验

数据完整性(%)$≥98\%$ 为合格,否则为不合格;

数据可比较性:比对试验结果与实际情况相符为合格;

设备可靠性、若选择 5.5.3(1)标准型试验方案,最多出现 2 次故障为合格;若选择 5.5.3(2)短时高风险试验方案,无故障为合格。

(3)符合(1)(2)规定的,被试样品综合判定为合格。

本章附表

附表 5.1　参数检测记录表

<table>
<tr><td rowspan="3">被试样品</td><td>名称</td><td colspan="3">X 波段双线偏振多普勒天气雷达系统</td><td>测试日期</td><td colspan="2"></td></tr>
<tr><td>型号</td><td colspan="3"></td><td>环境温度</td><td colspan="2">℃</td></tr>
<tr><td>编号</td><td colspan="3"></td><td>环境湿度</td><td colspan="2">%</td></tr>
<tr><td>被试方</td><td colspan="4"></td><td>测试地点</td><td colspan="2"></td></tr>
<tr><td colspan="2" align="center">检测项目</td><td colspan="2" align="center">指标要求</td><td colspan="3" align="center">测试结果</td><td align="center">结论</td></tr>
<tr><td colspan="8">1. 天线系统、馈线系统和伺服系统</td></tr>
<tr><td colspan="8">1.1 天线罩</td></tr>
<tr><td colspan="3" align="center">直径</td><td colspan="2"></td><td colspan="2"></td><td></td></tr>
<tr><td colspan="3" align="center">引入波束偏差</td><td colspan="2">≤0.05°</td><td>水平</td><td></td><td></td></tr>
<tr><td colspan="3" align="center"></td><td colspan="2"></td><td>垂直</td><td></td><td></td></tr>
<tr><td colspan="3" align="center">引入波束展宽</td><td colspan="2">≤0.05°</td><td>水平</td><td></td><td></td></tr>
<tr><td colspan="3" align="center"></td><td colspan="2"></td><td>垂直</td><td></td><td></td></tr>
<tr><td colspan="3" align="center">双程射频损失</td><td colspan="2">≤0.6 dB</td><td>水平</td><td></td><td></td></tr>
<tr><td colspan="3" align="center"></td><td colspan="2"></td><td>垂直</td><td></td><td></td></tr>
<tr><td colspan="8">1.2 天线系统</td></tr>
<tr><td rowspan="4">功率增益</td><td colspan="2" align="center">全固态</td><td colspan="2">≥44.0 dB</td><td>水平</td><td></td><td></td></tr>
<tr><td colspan="2" align="center"></td><td colspan="2"></td><td>垂直</td><td></td><td></td></tr>
<tr><td colspan="2" align="center">速调管</td><td colspan="2">≥44.0 dB</td><td>水平</td><td></td><td></td></tr>
<tr><td colspan="2" align="center"></td><td colspan="2"></td><td>垂直</td><td></td><td></td></tr>
<tr><td rowspan="4">波瓣宽度</td><td colspan="2" align="center">H 面</td><td colspan="2">≤1.0°</td><td>水平</td><td></td><td></td></tr>
<tr><td colspan="2" align="center"></td><td colspan="2"></td><td>垂直</td><td></td><td></td></tr>
<tr><td colspan="2" align="center">E 面</td><td colspan="2">≤1.0°</td><td>水平</td><td></td><td></td></tr>
<tr><td colspan="2" align="center"></td><td colspan="2"></td><td>垂直</td><td></td><td></td></tr>
<tr><td colspan="3" align="center">功率增益偏差</td><td colspan="2">≤0.1 dB</td><td colspan="2"></td><td></td></tr>
<tr><td colspan="3" align="center">3dB 双极化波束宽度差异</td><td colspan="2">≤0.05°</td><td colspan="2"></td><td></td></tr>
<tr><td colspan="3" align="center">双极化波束指向一致性</td><td colspan="2">≤0.05°</td><td colspan="2"></td><td></td></tr>
<tr><td colspan="3" align="center">第一副瓣电平</td><td colspan="2">≤−29.0 dB</td><td colspan="2"></td><td></td></tr>
<tr><td colspan="3" align="center">远端副瓣电平(±10°以外)</td><td colspan="2">≤−35.0 dB</td><td colspan="2"></td><td></td></tr>
<tr><td colspan="3" align="center">交叉极化隔离度</td><td colspan="2">≥35 dB</td><td colspan="2"></td><td></td></tr>
<tr><td colspan="3" align="center">双极化正交度</td><td colspan="2">90°±0.03°</td><td colspan="2"></td><td></td></tr>
<tr><td colspan="3" align="center">方位角转动范围</td><td colspan="2">0°~360°</td><td colspan="2"></td><td></td></tr>
<tr><td colspan="3" align="center">仰角转动范围</td><td colspan="2">−2°~90°</td><td colspan="2"></td><td></td></tr>
<tr><td colspan="3" align="center">PPI 扫描范围</td><td colspan="2">0°~360°</td><td colspan="2"></td><td></td></tr>
<tr><td colspan="3" align="center">RHI 扫描范围</td><td colspan="2">0°~30°</td><td colspan="2"></td><td></td></tr>
<tr><td colspan="8">1.3 馈线系统</td></tr>
<tr><td colspan="3" align="center">驻波比</td><td colspan="2">≤1.5∶1</td><td>水平</td><td></td><td></td></tr>
<tr><td colspan="3" align="center"></td><td colspan="2"></td><td>垂直</td><td></td><td></td></tr>
</table>

续表

被试样品	名称	X波段双线偏振多普勒天气雷达系统			测试日期		
	型号				环境温度		℃
	编号				环境湿度		%
被试方					测试地点		
检测项目			指标要求		测试结果		结论
1.4 伺服系统							
方位角最大差值			≤0.1°				
俯仰角最大差值			≤0.1°				
2. 发射机							
工作频率			9.3～9.5 GHz				
脉冲重复频率			450～2000 Hz				
参差脉冲重复频率比			3/2,4/3				
2.1 脉冲包络							
脉冲宽度 /μs	全固态	可选	0.5～200				
	速调管	窄脉冲	0.5±0.05				
		宽脉冲	1±0.1				
顶降	窄脉冲		≤5%				
	宽脉冲						
2.2 峰值功率							
机外峰值功率平均值	全固态		≥200.0 W				
	速调管		≥75.0 kW				
机内峰值功率波动			≤0.2 dB				
2.3 频谱							
频谱特性	−40 dBc	全固态	≤50 MHz				
		速调管	≤50 MHz				
2.4 改善因子及杂噪比							
发射机输出端极限改善因子/dB			≥50.0				
3. 接收机							
中频频率/MHz			≥48				
中频带宽 /MHz	全固态		匹配(可选)				
	速调管		2±0.1 (0.5 μs)				
			1±0.1 (1 μs)				
接收机噪声系数	窄脉冲	水平	≤3.0 dB		机外		
		垂直			机外		
		水平			机内		
		垂直			机内		

续表

被试样品	名称	X 波段双线偏振多普勒天气雷达系统			测试日期	
	型号				环境温度	℃
	编号				环境湿度	％
被试方					测试地点	

检测项目			指标要求	测试结果		结论
双通道噪声系数差异	窄脉冲		≤0.3 dB	机外		
				机内		
机内外噪声系数差异	窄脉冲	水平	≤0.2 dB			
		垂直	≤0.2 dB			
最小可测功率		带宽 2 MHz	≤−107.0 dBm	水平		
				垂直		
		带宽 1 MHz	≤−110.0 dBm	水平		
				垂直		
频率源相位噪声		1 kHz	≤−110 dBc/Hz@10kHz			
		10 kHz	≤−115 dBc/Hz@10kHz			
接收系统动态范围	窄脉冲		≥95 dB	水平	机外	
				垂直	机外	
				水平	机内	
				垂直	机内	

4. 系统指标

检测项目			指标要求	测试结果		结论
系统相位噪声	窄脉冲	水平	≤0.2°	机内		
		垂直		机内		
单库 FFT 谱分析法测量系统极限改善因子	128 点	水平	≥50.0 dB			
		垂直				
	256 点	水平				
		垂直				
估算地物对消能力	窄脉冲	水平	≥50.0 dB	机内		
		垂直		机内		
强度定标检验	单发双收	水平窄	±1.0 dB	机外		
		水平宽		机外		
	双发双收	水平窄		机外		
		水平宽		机外		
速度测量检验	正测速方向	水平差值	±1.0 m/s	机外		
		垂直差值		机外		
	负测速方向	水平差值		机外		
		垂直差值		机外		

被试样品	名称		X 波段双线偏振多普勒天气雷达系统		测试日期	
	型号				环境温度	℃
	编号				环境湿度	%
被试方					测试地点	
检测项目			指标要求	测试结果		结论
双重频测速范围展宽能力检验	正测速方向	水平差值	±1.0 m/s	机外		
		垂直差值		机外		
	负测速方向	水平差值		机内		
		垂直差值		机内		
速度测量检验		水平	±1.0 m/s	机内		
		垂直		机内		
速度谱宽测量检验		水平	±1.0 m/s	机内		
		垂直		机内		
双偏振参数检验	双通道 Z_{DR}(dB)一致性		≤0.2			
	双通道 Φ_{DP}(°)一致性		≤3			
5. 在线自动标校能力						
回波强度由功率变化引起的波动			±1 dB			
回波强度由增益变化引起的波动	水平通道		±1 dB			
	垂直通道					
定标系数或雷达常数波动	窄脉冲		±1 dB			
	宽脉冲					

测试单位＿＿＿＿＿＿＿＿＿＿＿＿＿＿＿＿＿　　　　测试人员＿＿＿＿＿＿＿＿＿＿＿＿＿＿＿＿＿

附表 5.2　功能检查表（速调管）

被试样品	名称	X 波段双线偏振多普勒天气雷达系统		测试日期	
	型号			环境温度	℃
	编号			环境湿度	%
	偏振发射方式			安装方式	
被试方				测试地点	

序号	检测项目			检测方法	检测结果	结论
1	观测模式		降水观测模式（VCP11D）	D		
			降水观测模式（VCP21D）	D		
			晴空警戒模式（VCP31D）	D		
			高山观测模式（VCP41D）	D		
			PPI 模式	D		
			RHI 模式	D		
			扇扫模式	D		
2	自动标校检查	线性通道反射率标校（每个体扫）	CW 期望值与实测值比较（每个体扫）	I		
			RFD 期望值与实测值比较（每个体扫）	I		
			速调管输出 KD 信号检查（每个体扫）	I		
			径向速度检查（每个体扫）	I		
			杂波抑制检查（每个体扫）	I		
			相位噪声检查（每个体扫）	I		
			噪声系数检查（每个体扫）	I		
			动态范围检查（每个体扫）	I		
			噪声电平检查（每个体扫）	I		
			发射机输出脉冲宽度检查（每个体扫）	I		
		RF 功率检查	RF 功率检查（每个体扫）	1		
			发射机功率检查（每个体扫）	I		
			天线功率检查（每个体扫）	I		
			发射机与天线功率比检查（每个体扫）	I		
3	系统运行状态、控制功能	发射分系统	本控/遥控工作状态及转换	D		
			本控工作控制状态	D		
			遥控工作控制状态	D		
			冷却开/关	D		
			低压开/关	D		
			准加提示	D		
			高压开/关	D		
			故障复位	D		
			脉冲宽度控制	D		
			重复频率的选择控制	D		
			接收系统触发、同步信号,实现发射机与整机协调工作	I		
			发射机与监控处理通信,接收工作指令,并上报发射机当前状态信息或故障部位	D		

被试样品	名称	X 波段双线偏振多普勒天气雷达系统		测试日期	
	型号			环境温度	℃
	编号			环境湿度	%
	偏振发射方式			安装方式	
被试方				测试地点	

序号			检测项目	检测方法	检测结果	结论
3	系统运行状态、控制功能	接收分系统	正常/标定模式选择	D		
			标定信号(CW/KD/RFD/噪声源)选择	D		
			激励信号脉冲宽度控制	D		
			激励信号开关控制	D		
			DDS 标定信号波形选择(脉冲/连续波/关闭)	D		
			噪声源电源控制	I		
			提供 RF 激励信号	I		
			提供 RF 测试信号	I		
			提供本振信号(LO1/LO2)	I		
			提供 Burst 相参信号(主波采样)	I		
			提供系统时钟信号	I		
			RF 测试信号相位受控	I		
			产生系统触发、同步信号,同步雷达系统运行	I		
			接收机与监控处理通信,接收工作指令,并上报接收机当前状态信息或故障部位	D		
		信号处理分系统	系统模式控制(多普勒/双偏振)	D		
			处理模式控制(PPP/FFT/功率谱)	D		
			编码模式控制(常规/相位编码/批处理)	D		
			工作模式控制(正常/自检)	D		
			脉冲重复频率控制	D		
			双重频模式控制(APRF/DPRF)	D		
			双重频比控制	D		
			滤波方式控制(全程/杂波图)	D		
			滤波器控制(ⅡR/谱滤波/GMAP)	D		
			距离库长控制	D		
			处理点数设置	D		
			质量控制(门限/孤噪等)	D		
			库数检查	I		
			信号处理与监控处理通信,接收工作指令,并上报信号处理当前状态信息或故障部位	D		

续表

被试样品	名称		X 波段双线偏振多普勒天气雷达系统		测试日期	
	型号				环境温度	℃
	编号				环境湿度	%
	偏振发射方式				安装方式	
被试方					测试地点	

序号	检测项目			检测方法	检测结果	结论
3	系统运行状态、控制功能	伺服分系统	本控/遥控工作状态及转换	D		
			本控工作控制状态	D		
			遥控工作控制状态	D		
			控制天线做立体扫描(VCP11~VCP41)	D		
			控制天线在当前仰角上做 PPI 扫描	D		
			控制天线在指定仰角上做 PPI 扫描	D		
			控制天线在当前方位上做 RHI 扫描	D		
			控制天线在指定方位上做 RHI 扫描	D		
			控制天线在指定仰角和方位范围内做扇形扫描	D		
			控制天线 PPI 扫描时的转速	D		
			控制天线 RHI 扫描时的转速	D		
			将天线停在当前位置	D		
			将天线停在指定方位和指定仰角	D		
			使天线在方位上顺时针、逆时针点动	D		
			使天线在仰角上向上、向下点动	D		
			伺服与监控处理通信,接收工作指令,并上报伺服当前状态信息或故障部位	D		
		配电及其他	发射电源接通/断开控制	D		
			接收电源接通/断开控制	D		
			伺服电源接通/断开控制	D		
			UPS 电源接通/断开控制	D		
			配电转接电源接通/断开控制	D		
			监控单元电源接通/断开控制	D		
4	系统运行参数、故障监测	发射分系统　参数监测	总流显示	D		
			电压显示	D		
			反峰电流显示	D		
			灯丝电流显示	D		
			钛泵电流显示	D		
			冷却状态显示	D		
			低压状态显示	D		
			准加状态显示	D		
			高压状态显示	D		

被试样品	名称			X 波段双线偏振多普勒天气雷达系统		测试日期	
	型号					环境温度	℃
	编号					环境湿度	％
	偏振发射方式					安装方式	
被试方						测试地点	
序号				检测项目		检测方法	检测结果	结论

序号				检测项目	检测方法	检测结果	结论
4	系统运行参数、故障监测	发射分系统	故障/告警监测	门开关故障	D		
				速调管温度故障	D		
				灯丝电源故障	D		
				真空度故障	D		
				直流电源故障	D		
				回扫电源故障	D		
				人工线过压故障	D		
				速调管总流故障	D		
				可控硅故障	D		
				可控硅风机故障	D		
				反峰电流	D		
				充电过荷故障	D		
				冷却风机故障	D		
		接收分系统	参数监测	噪声电平（H 通道、V 通道）	D		
				通道增益（H 通道、V 通道）	D		
				噪声系数（H 通道、V 通道）	D		
				灵敏度（H 通道、V 通道）	D		
				RF 激励信号功率	D		
				DDS 测试信号功率	D		
				一本振信号功率	D		
				工作射频频率	D		
				工作脉宽显示	D		
				脉冲重复频率显示	D		
			故障/告警监测	接收通道故障	I		
				频率源故障	I		
				数字中频故障	I		
				上变频故障	I		
		信号处理分系统	参数监测	处理模式	D		
				滤波方式	D		
				滤波器选择	D		
				质量控制门限	D		

续表

被试样品	名称	X 波段双线偏振多普勒天气雷达系统		测试日期	
	型号			环境温度	℃
	编号			环境湿度	%
	偏振发射方式			安装方式	
被试方				测试地点	

序号				检测项目	检测方法	检测结果	结论
4	系统运行参数、故障监测	信号处理分系统	故障/告警监测	无 IQ 数据故障	D		
				数据丢包故障	*		
				无数据输出故障	D		
				适配参数加载失败故障	*		
				存储空间低警告	I		
		伺服分系统	参数监测	方位转速	D		
				俯仰转速	D		
				天线定位精度	D		
				方位定位误差	D		
				俯仰定位误差	D		
				实时方位角、仰角	D		
				遥控/本控状态	D		
				扫描模式	D		
				扫描层参数	D		
			故障/告警监测	R/D 故障	D		
				方位角码跳变故障	D		
				俯仰角码跳变故障	I		
				方位驱动器故障	D		
				俯仰驱动器故障	D		
				15 V 电源故障	*		
				−15 V 电源故障	*		
		标定及通信	参数监测	雷达常数(H 通道、V 通道)	D		
				定标常数 SYSCAL(H 通道、V 通道)	D		
				杂波抑制	D		
				相位噪声	D		
				CW 测试误差	D		
				RFD 测试误差	D		
				KD 测试误差	D		
				速度测试误差	D		

<table>
<tr><td rowspan="4">被试样品</td><td>名称</td><td colspan="2">X波段双线偏振多普勒天气雷达系统</td><td>测试日期</td><td></td></tr>
<tr><td>型号</td><td colspan="2"></td><td>环境温度</td><td>℃</td></tr>
<tr><td>编号</td><td colspan="2"></td><td>环境湿度</td><td>%</td></tr>
<tr><td>偏振发射方式</td><td colspan="2"></td><td>安装方式</td><td></td></tr>
<tr><td colspan="2">被试方</td><td colspan="2"></td><td>测试地点</td><td></td></tr>
</table>

序号	检测项目				检测方法	检测结果	结论
4	系统运行参数、故障监测	标定及通信	故障/告警监测	雷达常数超限	*		
				定标常数 SYSCAL 超限	*		
				杂波抑制超限	*		
				相位噪声超差	*		
				CW 测试误差超差	I		
				RFD 测试误差超差	I		
				KD 测试误差超差	I		
				速度测试误差超差	I		
				分系统通信故障	I		
		天馈分系统	参数检测	KLY 发射功率	D		
				天线功率	D		
				反射功率	D		
				驻波比	D		
				发射天线功率比	D		
				波导开关状态	D		
		电源及其他	参数检测	电压	D		
				电流	D		
				配电控制方式(遥控/本控)	D		
5	雷达系统软件功能	监控处理软件		软件开机自动运行	D		
				接入系统用户监视	D		
				控制权管理	D		
				控制指令监视、处理	D		
				工作参数采集、回波数据处理	D		
		适配参数软件		分级用户	D		
				登录口令	D		
				查看适配参数	D		
				修改并保存适配参数	D		
				发送适配参数	D		
				当前适配参数存为"缺省值"	D		

被试样品	名称			X 波段双线偏振多普勒天气雷达系统		测试日期	
	型号					环境温度	℃
	编号					环境湿度	%
	偏振发射方式					安装方式	
被试方						测试地点	
序号				检测项目		检测方法	检测结果	结论
5	雷达系统软件功能	控制维护软件	分系统控制与状态显示	发射分系统控制	D		
				发射分系统参数/故障显示	D		
				接收分系统控制	D		
				接收分系统参数/故障显示	D		
				信号处理参数控制	D		
				信号处理质量控制	D		
				信号处理参数/故障显示	D		
				伺服分系统控制	D		
				伺服分系统参数/故障显示	D		
				天线扫描模式控制	D		
				天线扫描模式显示	D		
				适配参数获取	I		
			回波信息显示	实时回波显示(PPI/RHI/VOL 等)	D		
				单要素/多要素显示(多普勒、双偏振要素)	D		
				当前时间显示	D		
				当前方位角/仰角显示	D		
				游标引导参数显示	D		
				雷达控制权状态显示	D		
				显示量程切换	D		
			日志记录	日志分类(故障/参数/控制/操作/标定)	D		
				按日期查询	D		
				关键字搜索	D		
				导出文件	D		
				排序(时间/类别/内容)	D		
			系统配置	系统设置	I		
				显示设置	I		
				地图设置	I		
				体扫设置	I		
				用户设置	I		

被试样品		名称	X 波段双线偏振多普勒天气雷达系统		测试日期	
		型号			环境温度	℃
		编号			环境湿度	%
	偏振发射方式				安装方式	
被试方					测试地点	

序号			检测项目	检测方法	检测结果	结论
5	雷达系统软件功能	参数测试软件	文件存储	基数据文件存储(PPI/RHI/VOL 等;多普勒、双偏振参数)	D		
				标定文件存储	D		
				参数/报警文件存储	D		
				体扫天线角码文件存储	D		
			系统设置	机外信号源仪表控制/设置	D		
				测试电缆损耗设置	D		
			系统测试	相干性测试(相角法/谱分析法)	D		
				地物对消能力测试(H 通道、V 通道)	D		
				强度测试(机内/机外;H 通道、V 通道)	D		
				速度测试(机内/机外;H 通道、V 通道)	D		
				速度展宽测试(机内/机外;H 通道、V 通道)	D		
			接收机参数测试	噪声系数测试(机内/机外;H 通道、V 通道)	D		
				灵敏度测试(H 通道、V 通道)	D		
				动态范围测试(机内/机外;H 通道、V 通道)	D		
			伺服参数测试	天线定位精度检查	D		
				太阳法天线波束指向检查	D		
			标校测试	变化的发射功率标校	D		
				变化接收增益标校(机内/机外)	D		
			软件示波器功能		D		
		流传输软件	径向数据流传输		I		
			数据补传		I		
			基数据存储		I		
			日志存储		I		
			传输状态显示		I		
			当前扫描模式显示		I		
6	通信功能		信号处理终端、监控处理终端、控制维护终端、径向数据流传输终端之间接口皆为标准的网络传输协议	D		
			支持远程控制	D		
7	系统自动运行		体扫观测模式连续运行	D		
			自动标定检查	D		
			基数据/标定数据自动存档检查	D		

续表

被试样品	名称	X 波段双线偏振多普勒天气雷达系统		测试日期	
	型号			环境温度	℃
	编号			环境湿度	%
	偏振发射方式			安装方式	
被试方				测试地点	

序号		检测项目	检测方法	检测结果	结论
7	系统自动运行	通信状态检查	D		
		系统报警检查	D		
		系统运行参数检查	D		
8	文档管理	基数据存档	D		
		标定数据存档	D		
		参数及报警文件存档	D		
		适配参数文件存档	D		
		日志文件存档、查询	D		
9	安全性	发射机连锁保护	D		
		故障连锁保护	D		
		门开关/天线门开关连锁保护	D		
		供电电源监视	D		
10	雷达标准输出控制器	本地、远程在线监测显示雷达自动测试上传基础参数、告警信息、附属设备状态等参数	D		
		关键参数在线分析并对超限参数实时告警提示	D		
		雷达配电控制：发射电源、接收机电源、伺服电源、服务器电源、监控单元电源、配电转接电源	D		
		天线扫描模式控制：VCP11、VCP21、VCP31、VCP41	D		
		一键式开关机控制	D		
		适配参数变更等痕迹记录	I		
11	其他功能检查	随机附件、仪表检查	I		
		随机备件检查	I		
		随机资料检查	I		
		径向数据流传输原始数据到其他应用程序	I		
		本站经度、纬度和馈源海拔高度的检查	I		
		雷达主机房温湿度监测，超限报警	I		

注 1：D 表示演示；I 表示检查；* 表示不作检查；

注 2：此表为通用模板，可根据实际情况对此表进行适当调整。

测试单位_____　　　　测试人员_____

附表 5.3 功能检查表(固态)

被试样品	名称	X 波段双线偏振多普勒天气雷达系统		测试日期		
	型号			环境温度		℃
	编号			环境湿度		%
	偏振发射方式			安装方式		
被试方				测试地点		
序号		检测项目		检测方法	检测结果	结论
1	观测模式	降水观测模式(VCP11D)		D		
		降水观测模式(VCP21D)		D		
		晴空警戒模式(VCP31D)		D		
		高山观测模式(VCP41D)		D		
		PPI 模式		D		
		RHI 模式		D		
		扇扫模式		D		
2	自动标校检查	线性通道反射率标校(每个体扫)	CW 期望值与实测值比较(每个体扫)	I		
			RFD 期望值与实测值比较(每个体扫)	I		
			速调管输出 KD 信号检查(每个体扫)	I		
			径向速度检查(每个体扫)	I		
			杂波抑制检查(每个体扫)	I		
			相位噪声检查(每个体扫)	I		
			噪声系数检查(每个体扫)	I		
			动态范围检查(每个体扫)	I		
			噪声电平检查(每个体扫)	I		
			发射机输出脉冲宽度检查(每个体扫)	I		
		RF 功率检查	RF 功率检查(每个体扫)	1		
			发射机功率检查(每个体扫)	I		
			天线功率检查(每个体扫)	I		
			发射机与天线功率比检查(每个体扫)	I		
3	系统运行状态、控制功能	发射分系统	遥控工作控制状态	D		
			高压开/关	D		
			故障复位	D		
			脉冲宽度控制	D		
			重复频率的选择控制	D		
			接收系统触发、同步信号,实现发射机与整机协调工作	I		
			发射机与监控处理通信,接收工作指令,并上报发射机当前状态信息或故障部位	D		

续表

被试样品	名称	X 波段双线偏振多普勒天气雷达系统		测试日期	
	型号			环境温度	℃
	编号			环境湿度	％
	偏振发射方式			安装方式	
被试方				测试地点	

序号			检测项目	检测方法	检测结果	结论
3	系统运行状态、控制功能	接收分系统	正常/标定模式选择	D		
			标定信号(CW/KD/RFD/噪声源)选择	D		
			激励信号脉冲宽度控制	D		
			激励信号开关控制	D		
			DDS 标定信号波形选择(脉冲/连续波/关闭)	D		
			噪声源电源控制	I		
			提供 RF 激励信号	I		
			提供 RF 测试信号	I		
			提供本振信号(LO1/LO2)	I		
			提供 Burst 相参信号(主波采样)	I		
			提供系统时钟信号	I		
			RF 测试信号频率受控	I		
			产生系统触发、同步信号,同步雷达系统运行	I		
			接收机与监控处理通信,接收工作指令,并上报接收机当前状态信息或故障部位	D		
		信号处理分系统	系统模式控制(多普勒/双偏振)	D		
			处理模式控制(PPP/FFT/功率谱)	D		
			编码模式控制(常规/相位编码/批处理)	D		
			工作模式控制(正常/自检)	D		
			脉冲重复频率控制	D		
			双重频模式控制(APRF/DPRF)	D		
			双重频比控制	D		
			滤波方式控制(全程/杂波图)	D		
			滤波器控制(ⅡR/谱滤波/GMAP)	D		
			距离库长控制	D		
			处理点数设置	D		
			质量控制(门限/孤噪等)	D		
			库数检查	I		
			信号处理与监控处理通信,接收工作指令,并上报信号处理当前状态信息或故障部位	D		

被试样品	名称		X 波段双线偏振多普勒天气雷达系统		测试日期	
	型号				环境温度	℃
	编号				环境湿度	%
	偏振发射方式				安装方式	
被试方					测试地点	

序号			检测项目	检测方法	检测结果	结论
3	系统运行状态、控制功能	伺服分系统	本控/遥控工作状态及转换	D		
			本控工作控制状态	D		
			遥控工作控制状态	D		
			控制天线做立体扫描(VCP11~VCP41)	D		
			控制天线在当前仰角上做 PPI 扫描	D		
			控制天线在指定仰角上做 PPI 扫描	D		
			控制天线在当前方位上做 RHI 扫描	D		
			控制天线在指定方位上做 RHI 扫描	D		
			控制天线在指定仰角和方位范围内做扇形扫描	D		
			控制天线 PPI 扫描时的转速	D		
			控制天线 RHI 扫描时的转速	D		
			将天线停在当前位置	D		
			将天线停在指定方位和指定仰角	D		
			使天线在方位上顺时针、逆时针点动	D		
			使天线在仰角上向上、向下点动	D		
			伺服与监控处理通信,接收工作指令,并上报伺服当前状态信息或故障部位	D		
		配电及其他	发射电源接通/断开控制	D		
			接收电源接通/断开控制	D		
			伺服电源接通/断开控制	D		
			UPS 电源接通/断开控制	D		
			配电转接电源接通/断开控制	D		
			监控单元电源接通/断开控制	D		
4	系统运行参数、故障监测	发射分系统	参数监测 高压状态显示	D		
			故障/告警监测 过脉宽故障	D		
			过占空比故障	I		
			过温故障	D		
			电源故障	D		
			欠输入故障	D		
			欠输出故障	D		

续表

被试样品	名称	X 波段双线偏振多普勒天气雷达系统		测试日期	
	型号			环境温度	℃
	编号			环境湿度	%
	偏振发射方式			安装方式	
被试方				测试地点	

序号	检测项目				检测方法	检测结果	结论
4	系统运行参数、故障监测	接收分系统	参数监测	噪声电平（H 通道、V 通道）	D		
				通道增益（H 通道、V 通道）	D		
				噪声系数（H 通道、V 通道）	D		
				灵敏度（H 通道、V 通道）	D		
				RF 激励信号功率	D		
				DDS 测试信号功率	D		
				一本振信号功率	D		
				工作射频频率	D		
				工作脉宽显示	D		
				脉冲重复频率显示	D		
			故障/告警监测	接收通道故障	I		
				频率源故障	I		
				数字中频故障	I		
				上变频故障	I		
		信号处理分系统	参数监测	处理模式	D		
				滤波方式	D		
				滤波器选择	D		
				质量控制门限	D		
			故障/告警监测	无 I/Q 数据故障	D		
				数据丢包故障	*		
				无数据输出故障	D		
				适配参数加载失败故障	*		
				存储空间低警告	I		
		伺服分系统	参数监测	方位转速	D		
				俯仰转速	D		
				天线定位精度	D		
				方位定位误差	D		
				俯仰定位误差	D		
				实时方位角、仰角	D		
				遥控/本控状态	D		
				扫描模式	D		
				扫描层参数	D		

被试样品	名称			X 波段双线偏振多普勒天气雷达系统		测试日期	
	型号					环境温度	℃
	编号					环境湿度	%
	偏振发射方式					安装方式	
被试方						测试地点	
序号		检测项目				检测方法	检测结果	结论
4	系统运行参数、故障监测	伺服分系统	故障/告警监测	R/D 故障	D		
				方位角码跳变故障	D		
				俯仰角码跳变故障	I		
				方位驱动器故障	D		
				俯仰驱动器故障	D		
				15 V 电源故障	*		
				—15 V 电源故障	*		
		标定及通信	参数监测	雷达常数(H 通道、V 通道)	D		
				定标常数 SYSCAL(H 通道、V 通道)	D		
				杂波抑制	D		
				相位噪声	D		
				CW 测试误差	D		
				RFD 测试误差	D		
				KD 测试误差	D		
				速度测试误差	D		
			故障/告警监测	雷达常数超限	*		
				定标常数 SYSCAL 超限	*		
				杂波抑制超限	*		
				相位噪声超差	*		
				CW1 测试误差超差	I		
				RFD 测试误差超差	I		
				KD 测试误差超差	I		
				速度测试误差超差	I		
				分系统通信故障	I		
		天馈分系统	参数检测	天线功率	D		
				反射功率	D		
				驻波比	D		
				发射天线功率比	D		
				波导开关状态	D		
		电源及其他	参数检测	电压	D		
				电流	D		
				配电控制方式(遥控/本控)	D		

被试样品	名称	X 波段双线偏振多普勒天气雷达系统		测试日期	
	型号			环境温度	℃
	编号			环境湿度	%
	偏振发射方式			安装方式	
被试方				测试地点	
序号	检测项目			检测方法	检测结果	结论
5	雷达系统软件功能	监控处理软件	软件开机自动运行	D		
			接入系统用户监视	D		
			控制权管理	D		
			控制指令监视、处理	D		
			工作参数采集、回波数据处理	D		
		适配参数软件	分级用户	D		
			登录口令	D		
			查看适配参数	D		
			修改并保存适配参数	D		
			发送适配参数	D		
			当前适配参数存为"缺省值"	D		
		控制维护软件	分系统控制与状态显示	发射分系统控制	D		
				发射分系统参数/故障显示	D		
				接收分系统控制	D		
				接收分系统参数/故障显示	D		
				信号处理参数控制	D		
				信号处理质量控制	D		
				信号处理参数/故障显示	D		
				伺服分系统控制	D		
				伺服分系统参数/故障显示	D		
				天线扫描模式控制	D		
				天线扫描模式显示	D		
				适配参数获取	I		
			回波信息显示	实时回波显示(PPI/RHI/VOL 等)	D		
				单要素/多要素显示(多普勒、双偏振要素)	D		
				当前时间显示	D		
				当前方位角/仰角显示	D		
				游标引导参数显示	D		
				雷达控制权状态显示	D		
				显示量程切换	D		

续表

被试样品	名称		X 波段双线偏振多普勒天气雷达系统		测试日期	
	型号				环境温度	℃
	编号				环境湿度	%
	偏振发射方式				安装方式	
被试方					测试地点	
序号		检测项目			检测方法	检测结果	结论

序号				检测项目	检测方法	检测结果	结论
5	雷达系统软件功能	控制维护软件	日志记录	日志分类(故障/参数/控制/操作/标定)	D		
				按日期查询	D		
				关键字搜索	D		
				导出文件	D		
				排序(时间/类别/内容)	D		
			系统配置	系统设置	I		
				显示设置	I		
				地图设置	I		
				体扫设置	I		
				用户设置	I		
		文件存储		基数据文件存储(PPI/RHI/VOL 等;多普勒、双偏振参数)	D		
				标定文件存储	D		
				参数/报警文件存储	D		
				体扫天线角码文件存储	D		
		参数测试软件	系统设置	机外信号源仪表控制/设置	D		
				测试电缆损耗设置	D		
			系统测试	相干性测试(相角法/谱分析法)	D		
				地物对消能力测试(H 通道、V 通道)	D		
				强度测试(机内/机外;H 通道、V 通道)	D		
				速度测试(机内/机外;H 通道、V 通道)	D		
				速度展宽测试(机内/机外;H 通道、V 通道)	D		
			接收机参数测试	噪声系数测试(机内/机外;H 通道、V 通道)	D		
				灵敏度测试(H 通道、V 通道)	D		
				动态范围测试(机内/机外;H 通道、V 通道)	D		
			伺服参数测试	天线定位精度检查	D		
				太阳法天线波束指向检查	D		
			标校测试	变化的发射功率标校	D		
				变化接收增益标校(机内/机外)	D		
				软件示波器功能	D		

被试样品	名称		X 波段双线偏振多普勒天气雷达系统		测试日期	
	型号				环境温度	℃
	编号				环境湿度	％
	偏振发射方式				安装方式	
被试方					测试地点	
序号	检测项目			检测方法	检测结果	结论
5	雷达系统软件功能	流传输软件	径向数据流传输	I		
			数据补传	I		
			基数据存储	I		
			日志存储	I		
			传输状态显示	I		
			当前扫描模式显示	I		
6	通信功能		信号处理终端、监控处理终端、控制维护终端、径向数据流传输终端之间接口皆为标准的网络传输协议	D		
			支持远程控制	D		
7	系统自动运行		体扫观测模式连续运行	D		
			自动标定检查	D		
			基数据/标定数据自动存档检查	D		
			通信状态检查	D		
			系统报警检查	D		
			系统运行参数检查	D		
8	文档管理		基数据存档	D		
			标定数据存档	D		
			参数及报警文件存档	D		
			适配参数文件存档	D		
			日志文件存档、查询	D		
9	安全性		发射机连锁保护	D		
			故障连锁保护	D		
			天线门开关连锁保护	D		
			供电电源监视	D		
10	雷达标准输出控制器		本地、远程在线监测显示雷达自动测试上传基础参数、告警信息、附属设备状态等参数	D		
			关键参数在线分析并对超限参数实时告警提示	D		
			雷达配电控制：发射电源、接收机电源、伺服电源、服务器电源、监控单元电源、配电转接电源	D		
			天线扫描模式控制：VCP11、VCP21、VCP31、VCP41	D		
			一键式开关机控制	D		
			适配参数变更等痕迹记录	I		

被试样品	名称	X 波段双线偏振多普勒天气雷达系统		测试日期	
	型号			环境温度	℃
	编号			环境湿度	%
	偏振发射方式			安装方式	
被试方				测试地点	

序号	检测项目		检测方法	检测结果	结论
11	其他功能检查	随机附件、仪表检查	I		
		随机备件检查	I		
		随机资料检查	I		
		径向数据流传输原始数据到其他应用程序	I		
		本站经度、纬度和馈源海拔高度的检查	I		
		雷达主机房温湿度监测,超限报警	I		

注 1:D 表示演示;I 表示检查; * 表示不作检查;

注 2:此表为通用模板,可根据实际情况对此表进行适当调整。

测试单位_____　　　测试人员_____

附表 5.4　连续运行考机检验记录表

被试样品	名称	X 波段双线偏振多普勒天气雷达系统		测试日期	
	型号			环境温度	℃
	编号			环境湿度	％
工作模式		重复频率		脉冲宽度	
被试方				测试地点	
序号	检测项目		检测方法	检测结果	结论
1	发射机功率/kW			T	
2	噪声系数/dB			T	
3	系统标定常数/dB			T	
4	差分反射率因子/dB			T	
5	差分传播相移/°			T	
6	天线控制			I	
7	基本产品显示			I	
8	终端产品生成			I	
9	终端监控功能检验			I	
10	故障及异常记录：				

注:T:表示测试;I:表示检验。

测试单位＿＿＿＿＿＿＿＿＿＿＿＿＿＿＿　　　　　测试人员＿＿＿＿＿＿＿＿＿＿＿＿＿＿＿

附表 5.5　考机后主要参数复测记录表

1. 发射机输出功率测量数据及计算结果

F/Hz	τ/μs	P_t/W		$\overline{P_t}$/W		ΔP/dB	
		H	V	H	V	H	V
……	……	……	……	……	……	……	……

注:F 为脉冲重复频率;τ 为发射脉冲宽度;P_t 为发射机输出峰值功率;$\overline{P_t}$ 为发射机输出峰值功率平均值;ΔP 为发射机输出峰值功率波动,其中 $\Delta P = 10\lg(P_{t_{\max}}/P_{t_{\max}})$。

2. 接收机噪声系数测量(用机外噪声源测量噪声系数),窄脉冲测量数据及计算结果

测量次数	1	2	3	4	5	$\overline{N_F}$/dB
水平通道噪声系数/dB						
垂直通道噪声系数/dB						

双通道噪声系数差值_____dB

机外噪声系数测量图(H 通道、窄脉冲)

机外噪声系数测量图(V 通道、窄脉冲)

3. **系统相干性检验**(用 I/Q 相角法测量系统相位噪声)

(1)水平通道窄脉冲测量数据及计算结果：

系统相位噪声图(H 通道、窄脉冲)

平均值_____

当 σ_φ 小于 5°时可近似的用来估算系统的地物对消能力，其换算公式为：

$$L = -20\lg(\sin_{\sigma_\varphi}) = \underline{\hspace{2cm}} \text{ dB}$$

(2)垂直通道窄脉冲测量数据及计算结果：

系统相位噪声图(V 通道、窄脉冲)

平均值_____

当 σ_φ 小于 5°时可近似的用来估算系统的地物对消能力，其换算公式为：

$$L = -20\lg(\sin_{\sigma_\varphi}) = \underline{\hspace{2cm}} \text{ dB}$$

4. 接收双通道不同信噪比下一致性检验

(1)双通道 Z_{DR} 一致性检验

注入信号功率/dBm	水平通道/dB	垂直通道/dB	差值/dB
标准差/dB:_____			

双通道 Z_{DR} 一致性测试图

(2)双通道 Φ_{DP} 一致性检验

注入信号功率/dBm	H/°	V/°	差值/°
标准差/°:_____			

双通道 Φ_{DP} 一致性测试图

测试单位_____　　　　测试人员_____

附表5.6　关键器件检查清单

名称	所属分系统	高层代号	生产厂家	物料号	图片
标定单元	接收系统				
接收机电源	接收系统				
发射机	发射系统				
接收机	接收系统				
频率源	接收系统				
接收前端	接收系统				
信号处理器	接收系统				
伺服控制盒	伺服系统				
……	……				

测试单位＿＿＿＿＿＿＿＿＿＿＿＿＿　　　　测试人员＿＿＿＿＿＿＿＿＿＿＿＿＿＿＿

第 6 章　X 波段单偏振一维相控阵天气雷达系统[①]

6.1　目的

规范 X 波段单偏振一维相控阵天气雷达系统测试的内容和方法,通过测试与试验,检验其是否满足《X 波段单偏振一维相控阵天气雷达系统功能规格需求书(试行)》(气测函〔2019〕141 号)(简称《需求书》)的要求。

6.2　基本要求

6.2.1　被试样品

提供 1 台或以上相同型号的、符合《需求书》要求的 X 波段单偏振一维相控阵天气雷达系统(简称相控阵雷达)及配套软件作为被试样品。

6.2.2　交接检查

除按照 QX/T 526—2019 中 4.3 进行交接检查外,还应进行相控阵雷达开机检查,以确定其能够正常工作。

6.2.3　测试要求

①检测的技术参数须达到《需求书》的要求;

②当检测结果不符合要求时应暂停测试,被试单位在 24 h 内查明原因、采取措施并恢复正常,可继续进行测试;

③对于难以测试的项目,被试单位可提供相关测试报告,认可后可列入测试报告;

④动态比对试验结束后,应对主要技术性能参数进行复测;

⑤测试仪表需满足相控阵雷达的测试要求,且检定/校准证书应均有效,信息记录在附表 B。测试中使用的仪表通常有信号发生器、频谱分析仪、示波器、噪声源、万用表等;

⑥本测试方法未提及的内容,应符合 QX/T 526—2019、《需求书》等的相关要求。

6.3　技术性能测试与功能检查

检查或测试内容包括:①总体技术性能指标;②天线技术性能指标;③天线阵面和伺服系统技术性能指标;④发射通道技术性能指标;⑤接收通道技术性能指标;⑥波束控制与合成单元技术性能指标;⑦信号处理技术性能指标;⑧监控与显示技术指标;⑨气象产品要求。

6.3.1　总体技术性能指标测试和功能检查

应满足《需求书》表 1 的要求。测试框图如图 6.1。

---

① 本章作者:古庆同、莫月琴、许晓平、刘达新、齐涛、陶法。

图 6.1　系统指标测试框图

检测方法如下,检测结果记录在本章附表 6.1。

6.3.1.1　雷达体制

该雷达为单偏振相控阵体制雷达,通过设计保证。

6.3.1.2　工作频率

用频谱仪测试发射通道输出信号中心频率。测试框图如图 6.2。

图 6.2　工作频率测试框图

测试步骤:

①挑选任意发射通道进行测试,将待测通道与天线断开,按上图所示将频谱仪、衰减器连接至发射通道输出口;

②雷达通电,切换到发射模式,开启所测发射通道,其他通道关闭;

③频谱仪中心频率设置为 9.4 GHz,扫宽 200 MHz,trace 选择最大保持,待频谱稳定后,观察频谱中心频率,如图 6.3 所示:

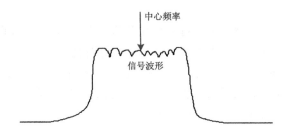

图 6.3　发射信号波形

6.3.1.3　整机寿命

通过设计以及维护保养的方式保证整机寿命可达到 15 a,不进行该项试验。

6.3.1.4　探测距离范围及近距离盲区范围

不同型号被试样品的技术指标见表 6.1。

表 6.1　不同型号相控阵雷达性能指标

项目	性能指标	
	增强型	标准型
探测距离范围	警戒≥150 km 定量≥75 km	警戒≥120 km 定量≥60 km
近距离盲区范围	≤300 m	

测试方法 1:通过将发射信号延时模拟出一个点目标信号,再将该信号经天线耦合通道馈入接收系统,经后端处理后在显示界面显示目标距离。测试框图如图 6.4。

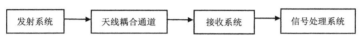

图 6.4　探测距离范围及盲区测试框图

测试步骤:

①按图 6.4 所示接线,雷达设置到警戒模式;

②在发射系统中将发射信号延时,模拟距离为(120 km/150 km)的点目标,并且使目标出现在水平法向接收波束上;

③运行雷达,观察显示界面,该目标应该出现在水平接收波束上,距离为(120 km/150 km),表明警戒模式下雷达探测距离范围满足(120 km/150 km)的要求;

④雷达设置到定量模式,将发射信号延时模拟距离为(60 km/75 km)的目标,并且使目标出现在水平法向接收波束上,运行雷达,观察显示界面,该目标应该出现在水平接收波束上,距离为(60 km/75 km),表明定量模式下雷达探测距离范围满足(60 km/75 km)的要求;

⑤同样,按步骤④中的方法,判断雷达近距离盲区范围是否满足 300 m 的要求。

测试方法 2:在有天气过程时运行雷达,统计探测的天气数据,验证探测距离及近距离盲区范围。

测试步骤:

①将雷达架设在楼顶或专门的测试场地;

②有天气过程时,将雷达设置为警戒模式,开机运行连续扫描天气 2 h,统计天气数据,检查探测距离、近距离盲区范围;

③将雷达设置为定量模式,开机运行连续扫描天气 2 h,统计天气数据,检查探测距离、近距离盲区范围。

6.3.1.5　50 km 可探测的最小反射率因子

不同型号被试样品的技术指标见表 6.2。

表 6.2　不同型号相控阵雷达性能指标

项目	性能指标	
	增强型	标准型
50 km 处可探测的最小反射率因子(参考值)	≤3 dBz	≤12 dBz

有天气过程时,将雷达架设在楼顶或专门的测试场地,开启扫描探测,连续运行探测天气 2 h 以上,收集天气数据,检查 50 km 处反射率因子是否存在小于 3 dBz /12 dBz 的回波值。并不是每次测试期间都会发生降水,测试中可通过检查近期观测的历史数据来判断。

6.3.1.6　参数测量范围

6.3.1.6.1　强度

测试方法 1:通过发射信号延时模拟出一个点目标,再将该信号经天线耦合通道馈入接收系统,经后端处理后在显示界面观察该目标的强度。调整发射机内部数控衰减器以及外接可调衰减器来控制发射信号的强度,在显示界面观察目标的强度变化范围。

测试步骤:

①按图 6.4 方式接线;

②将发射信号延时模拟一个点目标,并使目标出现在法线接收波束上;

③运行雷达,在显示界面观察目标强度;

④调节发射系统内部的数控衰减器和外接可调衰减器,增大和减小模拟目标的强度,同时在显示界面观察目标强度变化,目标强度变化范围应该满足 $-15\sim80$ dBz。

测试方法 2:在有天气过程时运行相控阵雷达,统计相控阵雷达探测到的天气数据,验证强度探测范围。

测试步骤:

①将相控阵雷达架设到楼顶或者专门的架设场地;

②有天气过程时,将雷达设置为定量模式,开机运行连续扫描天气 2 h,统计天气数据,验证强度探测范围。并不是每次测试期间都会发生降水,实际操作中可通过检查近期观测的历史数据验证强度探测范围。

6.3.1.6.2　速度

测试方法 1:通过将发射信号延时,并且叠加一个相位值模拟一个有速度的点目标,再将该信号经天线耦合通道馈入接收系统,经后端处理后在显示界面观察该目标的速度。调整目标的速度值,在显示界面观察目标的强度变化范围。

测试步骤:

①按图 6.4 方式接线;

②将发射信号延时,并叠加相位值;

③运行雷达,在显示界面观察目标速度;

④调整叠加相位值改变目标的速度值,观察显示界面目标的速度变化,应该满足 $-48\sim48$ m/s 的范围。

测试方法 2:在有天气过程时运行相控阵雷达,统计相控阵雷达探测到的天气数据,验证速度探测范围。

测试步骤:

①将相控阵雷达架设到楼顶或者专门的架设场地;

②当有天气过程时,将雷达设置为警戒模式,开机运行连续扫描天气 2 h,统计天气数据,验证速度探测范围。并不是每次测试期间都会发生降水,测试中可通过检查近期观测的历史数据验证速度探测范围。

6.3.1.6.3　谱宽

测试方法 1:在速度测试时,同时模拟谱宽信息,再将该信号经天线耦合通道馈入接收系统,经后端处理后在显示界面观察该目标的谱宽。

测试方法 2:在晴天时探测成片地物,在有天气过程时探测不同类型云雨目标,在显示界面上观察谱宽输出结果。

测试步骤:

①将雷达架设到楼顶或者专门的测试场地;

②在晴天气时关闭地物滤除,扫描成片地物,观察地物谱宽信息,应该在 0 m/s 附近;

③在有天气过程时,打开地物滤除,持续扫描天气 2 h,统计天气数据,查看谱宽探测范围。

由于并不是每次测试期间都会发生降水,实际操作中可通过查看近期观测的历史数据查看谱宽探测范围。

6.3.1.7　参数测量精度

6.3.1.7.1　强度

在强度探测范围测试中,发射系统发射一个脉冲延迟 t_d 的信号,模拟一个点目标,改变模拟目标的强度 P_r,在显示界面读取未定标的回波强度实际测量值 Z_1,并按照公式计算定标后的回波强度校准值 Z_2。

$$Z_2 = 10\lg\frac{1024(\ln2)\lambda^2}{\pi^3 P_t G_t G_r \varphi\theta c\tau k^2} + 10\lg P_r + 20\lg R + 2\delta R \tag{6.1}$$

式中,Z_2 为回波强度的标定值,单位:dBz;λ 为波长,单位:m;P_r 为模拟目标的强度值,单位:W;δ 为电磁波的路径衰减系数,单位:dB/m;R 为距离,$R = c \cdot t_d/2$,单位:m;P_t 为脉冲发射功率,单位:W;G_t 为天线发射增益,单位:dB;G_r 为天线接收增益,单位:dB;θ 为天线的水平波束宽度,单位:rad;φ 为天线的垂直波束宽度,单位:rad;τ 为发射脉冲宽度,单位:s;c 为光速,3×10^8 m/s;k 为与散射物质介电属性相关的常数。

改变延迟 t_d,重复上述过程以得到不同的回波强度值,经过多次测量统计实际测量值 Z_1 与标准值 Z_2 之间差值的系统误差。

测试步骤:

①按图 6.4 方式接线;

②将发射信号延时模拟一个点目标,设置信号强度为 P_{r1},接收 DBF 系数配置为指向法线方向;

③运行雷达,在显示界面观察目标强度 Z_1,改变发射信号强度为 $P_{r1}{}'$,再次观测显示界面目标强度 $Z_1{}'$;

④将延时设置为 200 μs,重复上述步骤③,记录 $P_{r1}{}''$、$Z_1{}''$、$P_{r1}{}'''$、$Z_1{}'''$;

⑤将雷达各参数以及 P_{r1}、$P_{r1}{}'$、$P_{r1}{}''$、$P_{r1}{}'''$ 代入式(6.1)分别求出理论的强度 Z_2、$Z_2{}'$、$Z_2{}''$、$Z_2{}'''$;

⑥计算 4 组实测值 Z_1 与理论值 Z_2 之间差值的系统误差,即为强度探测精度。

6.3.1.7.2　距离

测试方法:距离分辨率由发射信号带宽决定,距离分辨率 $\Delta R = c/2B$,c 为光速,B 为信号带宽。用频谱仪测试出发射信号的带宽即可得到距离分辨率。

测试步骤：

①雷达正常运行,发射信号带宽设置为 5 MHz;

②接线方法如图 6.5 所示,挑选任意发射通道,连接频谱仪;

③频谱仪中心频率设置为发射频率,带宽为 10 MHz,BW 为 AUTO,Trace 选择最大保持,观察频谱仪上的信号 3 dB 带宽 B,并根据公式 $\Delta R = c/2B$ 计算距离分辨率,应该满足 ≤30 m的要求,信号带宽测试如图 6.5 所示。

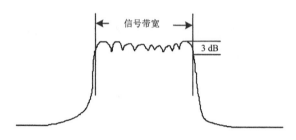

图 6.5　发射信号波形

6.3.1.7.3　速度和谱宽

测试方法:在速度范围测试过程中,对比模拟的理论速度和显示界面显示的速度差值。根据叠加的相位值可以计算出模拟的理论速度值为 V_1:

$$V_1 = \frac{\lambda \Delta \varphi}{4\pi T_r} \tag{6.2}$$

式中,V_1 为多普勒速度,单位:m/s;λ 为波长,单位:m;$\Delta \varphi$ 为相位角,单位:rad(弧度);π 为圆周率;T_r 为重复周期,单位:s。

对比理论速度 V_1 与显示界面显示的速度 V_2 的系统误差应该≤1 m/s。

速度与谱宽的系统误差都来自多普勒频移测量,故谱宽系统误差与速度系统误差一致。

6.3.1.8　系统相位噪声

将发射机输出信号经耦合通道馈入接收机,经下变频变为中频信号,送至数字中频接收机,经 A/D 变换,数字下变频和数字正交变换,得到 I、Q 两路正交信号,计算出相位角。取不少于 10 组的相位角,计算标准差即为系统相位噪声。

测试步骤：

①按图 6.4 所示接线;

②雷达开机,运行自动校准功能读取接收通道的相位值,并将结果存储;

③取出基准通道之外的任意一个通道的相位角进行统计,计算出该通道的 10 组相位角的标准差即系统相位噪声,应该≤0.2°。

6.3.1.9　地物杂波抑制比

在晴空天气时,关闭地物滤除功能,扫描地物,记录地物强度,再打开地物滤除功能,再次扫描同一片地物,记录地物强度,对比前后两次地物强度变化。

测试步骤：

①将雷达架设到楼顶或者专门的测试场地;

②在晴空天气时关闭地物滤除,扫描成片地物,观察地物回波,选择较强的地物目标(大于

55 dBz)记录强度 M；

③打开地物滤除功能,再次扫描同一片地物,记录此时地物强度 N；

④对比前后两次的地物强度变化值,$M-N$ 即为杂波抑制值,应大于等于 50 dB。

6.3.1.10　收发单元通道幅相一致性

通过自动校准功能,采集发射接收通道的幅度相位值,对比各通道幅度相位一致性。

测试步骤：

①将雷达正常开启,运行至系统稳定；

②将发射接收通道幅相进行补平；

③运行自动校准功能,采集发射接收通道的幅度相位值,并计算各通道的幅度差、相位差；

④幅度波动应该小于 ±0.5 dB,相位波动均方根误差小于 ±3。

6.3.1.11　输出参数

在 6.3.1.6 强度、速度、谱宽的测试过程中通过上位机观察输出参数。

6.3.1.12　电源要求

雷达使用三相 AC380×(1±10％)V 或单相 220×(1±10％)V,50×(1±5％)Hz 交流电源供电,内部经一次电源转为相匹配的直流电源供各组件使用。在雷达正常运行情况下检查雷达供电端口的输入电压参数即可。

测试步骤：

①雷达正常开机,确保雷达处在正常工作状态；

②用万用表测试供电电箱的单相电输入电压。

6.3.1.13　重量

不同型号被试样品的技术指标见表 6.3。

表 6.3　不同型号相控阵雷达的性能指标

项目	性能指标	
	增强型	标准型
重量	≤4 吨	≤1 吨

将雷达关机断电,用叉车把雷达推到地磅上测试整机质量,重量应该达到指标要求。若第三方测试报告中有此项测试,亦可接受。

6.3.1.14　环境要求

整机防振等级是否满足公路运输要求,需要通过第三方的振动实验数据证明。

测试方法:在具有相关资质的第三方测试机构进行,各项指标应该满足功能规格需求书要求。提供第三方环境测试报告。

注:根据《气象观测专用技术装备测试方法 环境适应性（试行）》(气测函〔2016〕5 号)等相关规定,重量超过 100 kg 的大型设备通常不进行振动、冲击和跌落试验。

6.3.1.15　架设方式

测试方法:查看雷达是否设计了固定和车载移动的安装方式,通过外观进行检查。

6.3.1.16　整机功耗

雷达正常开机,测试设备输入电压,电流,计算功耗。

测试步骤:

①将雷达按正常工作状态设置并开启,运行 10 min,待运行状态稳定;

②用万用表测试雷达电源输入端电压 U,用钳流表测试电源输入端电流 I;

③计算 $P=U \cdot I$,即得出整机功耗,应≤10 kW。

6.3.1.17 连续工作时间

雷达正常开机运行,24 h 后检查各状态。

测试步骤:

①雷达正常开机运行,记录雷达初始状态;

②不间断运行 24 h 后,检查雷达状态,若无异常即表明可连续运行 24 h。

6.3.1.18 微波辐射安全性

雷达正常开机运行,用辐射计检查漏能功率,应符合 GJB 5313—2004 要求。提供第三方电磁辐射测试报告。

6.3.1.19 安全标记

目测,检查设备是否具有清晰、醒目的微波泄漏部位、机械转动部位安全警示标记。

6.3.1.20 互换性

现场更换备件,更换完成开机检查设备状态,如果能正常工作,表明雷达备份零件、部件、组件和功能单元均能在现场更换,无需调整而正常工作。

6.3.1.21 电磁兼容性

检查雷达整机是否具有市电滤波和防电磁干扰的能力,是否设置静电屏蔽、磁屏蔽、电磁屏蔽,模拟地线、数字地线和安全地线严格分开等。可提供第三方电磁辐射测试报告证明。

6.3.1.22 安全性

检查雷达是否具有安全性设计,确保雷达按规定条件进行制造、安装、运输、贮存、使用和维护时的人身安全和设备安全。

6.3.1.23 防雷要求

检查设备安装铁塔的避雷针是否满足设计要求,测试避雷针接地电阻。可提供铁塔防雷测试报告。

6.3.1.24 绝缘性

用万用表测试雷达电源输入口的对地阻抗,绝缘电阻应大于 1 MΩ。或提供第三方报告证明。

6.3.1.25 其他

提供有资质的第三方测试机构出具的冲击、振动、跑车、淋雨等项目的测试报告,符合国家有关部门规定。

6.3.1.26 外观质量

目测,检查外观应协调一致,外表面应无凹痕、碰伤、裂痕和变形等缺陷;镀涂层不起泡、龟裂和脱落;金属零件无锈蚀、毛刺及其他机械损伤。

6.3.1.27 标记与代号

目测,检查机柜、机箱、插件和线缆等应有统一的编号和标记,符合国家标准。印制板、主要元器件等应在相应位置印有与电路图中项目代号相符的标记。标记的文字、字母和符号应完整、规范、清晰、牢固,且便于识读。

6.3.1.28　环境噪声要求

将雷达正常开启,用噪声测试仪测试工作机房以及终端操作室的环境噪声,工作机房的噪声应不大于 85 dB,终端操作室噪声应不大于 65 dB。

6.3.1.29　雷达应有的铭牌包括的内容

目测,检查是否具有雷达的名称、型号(代号)、出厂编号、出厂年月、制造厂商标等相关铭牌。

6.3.2　天线技术指标

检查或测试内容包括:①天线形式;②频率;③天线极化方式;④波束水平宽度;⑤波束垂直宽度;⑥增益;⑦第一副瓣电平;⑧抗风等级。检测结果记录在本章附表 6.2,并绘制天线方向图。

检查或测试要求:提供具有测试资质(军方认证、CNAS 认证或其他类似的认证资质)的单位出具的天线各项技术指标测试报告,其中抗风能力可提供设计说明。

6.3.3　天线阵面和伺服系统技术指标

检查或测试内容包括:①天线扫描方式;②天线阵面扫描范围;③天线阵面扫描速度;④天线阵面定位精度;⑤天线阵面控制精度;⑥天线阵面控制字长;⑦角度编码器字长;⑧安全与保护。检测结果记录在本章附表 6.3。

检查或测试要求:天线阵面控制字长、角度编码器字长、安全与保护三项指标为检查内容,其余为测试内容,伺服方面的指标提供测试报告。

6.3.3.1　天线阵面扫描方式

天线阵面可实现 PPI、RHI、体扫、扇扫、定点、用户自定义等扫描形式,在雷达整机上进行各种扫描模式演示。

6.3.3.2　天线阵面扫描范围

6.3.3.2.1　方位

设置阵面方位扫描方式为匀速转动,检查水平转动范围是否达到 $360°$。

6.3.3.2.2　俯仰(电子扫描)

雷达正常开机运行,通过显示界面观察俯仰探测范围。

测试步骤:

(1)雷达正常开机运行。

(2)查看天线阵面运动状态,若天线阵面俯仰指向固定不动,显示界面观察俯仰向探测范围为 $-2°\sim90°$ 即表明俯仰向是电子扫描,而不是机械扫描。

6.3.3.3　天线阵面扫描速度

设置天线阵面方位转动速度,通过软件记录天线转动圈数 N,旋转时间 T,转动速度 $V=(N\times360)/T$。分别测试最大速度,中间速度,最小速度即可,应满足 $0\sim36°/s$,误差不大于 5% 的要求。亦可提供伺服出厂测试报告证明。

6.3.3.4　天线阵面定位精度

设置天线阵面指向任意方位,查看阵面实际指向方位和设置方位的差值,误差应≤0.1°。亦可提供伺服出厂测试报告证明。

6.3.3.5　天线阵面控制精度

设置天线阵面指向任意角度,设置角度精确到小数点后一位,检查天线阵面是否能够响应。可提供伺服出厂测试报告证明。

6.3.3.6　天线阵面控制字长

通过软件设计保证天线控制字长为 14 位。

6.3.3.7　角度编码器字长

通过软件设计保证角度编码器字长为 14 位。

6.3.3.8　安全与保护

通过检查天线的外观来查看天线阵面是否具有辅助支撑机构,以保证其在运输架设时的安全性和稳定性。通过上位机界面检查是否具有故障监测以及伺服状态监测等状态监测功能。

6.3.4　发射通道技术指标

检查或测试内容包括:①发射通道形式;②工作频率;③脉冲峰值功率;④发射脉冲宽度;⑤脉冲重复频率;⑥改善因子;⑦发射通道频谱特性;⑧谐波杂散抑制;⑨故障检测与保护。检测结果记录在本章附表 6.4。

6.3.4.1　发射通道形式

发射通道一般采用氮化镓或砷化镓等固态功放芯片,发射通道为全固态分布式。

6.3.4.2　工作频率

与总体技术指标中的频率测试方法和测试步骤一致,同 6.3.1.2。

6.3.4.3　脉冲峰值功率

不同型号被试样品的技术指标见表 6.4。

表 6.4　不同型号相控阵雷达的性能指标

项目	性能指标	
	增强型	标准型
脉冲峰值功率	≥500 W	≥200 W

相控阵雷达的发射系统由多个独立发射通道组成,雷达总发射峰值功率为所有发射通道功率之和。测试每路的发射功率即可得到整机发射功率。检测结果记录在本章附表 6.4。

测试步骤:

①将雷达开机,设置到发射状态,如图 6.2 所示连接频谱仪,将待测试的通道与天线断开,并连接到频谱仪,为避免损坏仪器,在测试点和频谱仪之间接上大功率衰减器;

②将雷达上电开机,打开发射通道;

③频谱仪中心频率设置为发射频率,带宽为 10 M,BW 为 AUTO,Trace 选择为最大保持,通过上位机控制开启待测通道的功率,然后记录频谱仪上的输出功率 P_1,减去测试线缆以

及衰减器的损耗 P_2，计算出单路输出功率 P_t(W)，所有通道的功率之和即为整机输出功率 P_t(W)，应≥200 W(53 dBm)，如果发射机与天线之间有传输损耗，则发射功率需要增加相应损耗量。

6.3.4.4　发射脉冲宽度

通过上位机参数设置界面设置脉冲宽度，用示波器测试发射机激励信号脉冲宽度。测试框图如图 6.6。

图 6.6　发射脉冲宽度测试框图

测试步骤：

①将雷达开机，设置到发射状态，如图 3.6 所示连接示波器；

②设置发射信号脉冲宽度，如 1 μs，在示波器上查看信号波形；

③设置发射信号脉冲宽度，如 100 μs，在示波器上查看信号波形；

④设置发射信号脉冲宽度，如 200 μs，在示波器上查看信号波形，如图 6.7 所示记录脉冲宽度，脉冲上升时间及下降时间等脉冲参数。

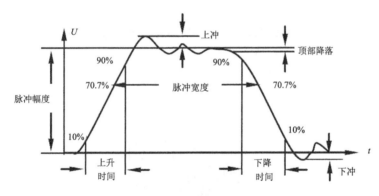

图 6.7　脉冲信号波形

6.3.4.5　脉冲重复频率

将雷达开机，设置到对应模式，打开发射通道，用频谱仪测试发射信号的脉冲重复频率。

测试步骤：

①将雷达开机，设置到发射状态，如图 6.2 所示连接频谱仪；

②将雷达正常开机后，设置到警戒模式；

③频谱仪中心频率设置为发射信号频率，SPAN 设置为约 5 PRF，RBW 设置为 10 Hz，Trace 设置为平均，即可在频谱仪上观察到多根信号谱线；

④通过频谱仪的 Mark 功能，读取任意相邻谱线的频率间隔即为发射信号脉冲重复频率，应该大于 500 Hz；

⑤将雷达设置到定量模式，同样测试发射信号脉冲重复频率，应该大于 1000 Hz。

6.3.4.6　发射通道输出端极限改善因子

通过频谱仪测试输出信号的信噪比,再根据信噪比,频谱仪分析带宽,脉冲重复频率计算出极限改善因子,测试时选择任意发射通道测试即可。

测试步骤:

①将雷达开机,设置到发射状态,如图 6.2 所示连接频谱仪;

②频谱仪中心频率设置为雷达工作频率,雷达重频 PRF 设置为定量模式下的参数,SPAN 设置为约 5 PRF,RBW 设置为 10 Hz,Trace 设置为平均;

③观察频谱仪上的信号谱线,通过频谱仪的 PeakSearch 功能捕捉信号谱线功率最大值 P_1,通过 Mark 功能,标记 PRF/2 处的功率值 P_2,两值的差 P_1-P_2 即为信噪比 S/N,相邻两根谱线的频率间隔即为脉冲重复频率 F;

④根据公式进行计算得出极限改善因子的值,应≥50 dB。计算公式为:$I=S/N+10\lg B-10\lg F$。

6.3.4.7　发射通道频谱特性

频谱分析仪设置适当的中心频率、扫频范围、扫频带宽、分辨带宽、视频带宽和扫描时间,分别测量不同脉冲宽度下的发射脉冲频谱,测试时选择任意发射通道测试。检测结果记录在本章附表 6.5。

测试步骤:

①将雷达开机,设置到发射状态,如图 6.2 所示连接频谱仪;

②找出中心频率,在低于中心频率峰值 10 dBc、20 dBc、30 dBc、40 dBc、50 dBc 处记录频率值,并计算出发射信号的频谱宽度,如图 6.8 所示。

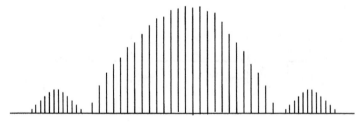

图 6.8　发射信号频谱

6.3.4.8　谐波杂散抑制

用频谱仪测试发射机输出信号中的谐波杂散强度值与载波信号的强度差值,测试时选择任意发射通道测试即可。

测试步骤:

①将雷达开机,设置到发射状态,如图 6.2 所示连接频谱仪;

②将频谱仪的测试频率范围设置为 1～20 GHz,RBW 设置为 3 kHz;

③观察频谱仪上的信号强度,载波功率与 1～20 GHz 带宽内的最高杂散的差值就是谐波和杂散抑制值。

6.3.4.9　故障检测和保护

将雷达开机,通过雷达显示界面查看是否具备发射通道过温、过压、过流,输出功率低等故障检测和保护功能。

6.3.5　接收通道技术性能指标测试和检查

检查或测试内容包括:①工作频率;②噪声系数;③线性动态范围;④最小可测功率;⑤镜频抑制度;⑥数字中频 A/D 位数;⑦最大脉冲压缩比;⑧故障检测和保护。测试框图如图 6.9。检测结果记录在本章附表 6.6。

图 6.9　接收通道测试框图

6.3.5.1　工作频率

测试方法:用信号源馈入 9.3~9.4 GHz 的单频信号至接收通道,用频谱仪在接收通道检测输出信号是否正常。测试框图如图 6.10。

图 6.10　工作频率测试框图

测试步骤:

①将雷达开机,并设置到接收状态,如图 6.10 所示连接信号源,频谱仪;

②设置信号源输出频率为 9.3~9.5 GHz 频率区间内,选取一定的幅度(如 −70 dBm)的单频信号;

③在频谱仪观察输出信号频率,应为雷达正常工作时的中频信号频率。

6.3.5.2　噪声系数

噪声系数是接收机输入端信号噪声比与输出端信号噪声比的比值,表征测量接收机内部噪声的大小,通常用分贝(dB)表示。采用噪声系数测试仪直接进行测试,测试时选择任意接收通道测试。测试框图如图 6.11。

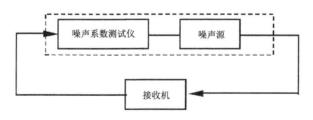

图 6.11　噪声系数测试框图

测试步骤:

①对频谱仪进行校准;

②将雷达开机,并设置到接收状态,如图 6.11 所示连接噪声测试仪,即可读出噪声系数值。

6.3.5.3　线性动态范围

接收机线性动态范围测量采用雷达内部信号源产生输入信号,经过耦合通道馈入接收机前端,在信号处理端读取输出信号强度数据,改变输入信号的功率,测量系统的输入输出特性。当系统处在线性区时,输入和输出是线性关系,即输入增加(减小)1 dB,输出也同步增大(减小)1 dB,由于系统的线性动态不可能无限大,当输入信号增大1 dB,输出信号增大值小于1 dB时即进入了压缩区,当输入输出信号增加量相差1 dB时,此时对应的输出信号值即为动态范围上拐点。同理当输入信号减小1 dB,输出信号减小量小于1dB时即进入了压缩区,当输出信号压缩1 dB时对应的输出信号值即动态范围的下拐点。下拐点和上拐点所对应的输出信号强度差值为线性动态范围。下拐点对应的输入信号强度即为最小可检测功率(灵敏度)。测试框图如图6.12。检测结果记录在本章附表6.7,并绘制动态范围曲线。

图 6.12　动态范围测试框图

测试步骤:

①将雷达开机,并设置到接收状态,如图6.12所示连线,用频谱仪监测输入信号强度;

②调整机内信号源的功率,先将输入信号设置到接近上拐点的功率值,运行雷达,在信号处理端读取输出信号强度;

③调整机内信号幅度使输入信号以1 dB为步进缓慢增大,读取输出信号强度,找到高端的1 dB压缩点,即上拐点 P_1;

④调整机内信号幅度输入信号逐渐减小,在中间的线性区间以10 dB为步进衰减信号,同时记录输出信号强度,当接近下拐点时,以1 dB为步进减小信号,找到低端1 dB压缩点,即下拐点 P_2,同时记录频谱仪上显示的此时的输入信号强度 P_{min},即为灵敏度;

⑤$P_1 - P_2$ 即为接收机线性动态范围,应该≥95 dB,并拟合数据曲线。拟合后的曲线应类似图6.13。

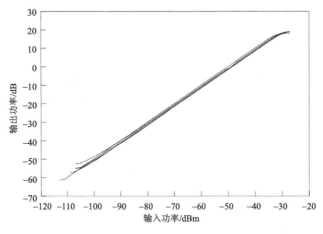

图 6.13　接收机动态测试曲线示例

6.3.5.4　最小可测功率(灵敏度)

见6.3.5.3线性动态范围测试,下拐点对应的输入信号功率即为最小可检测功率,即 P_{min},应该≤−110 dBm。

6.3.5.5　镜频抑制度

用信号源从接收通道口输入偏离中心频率两倍于中频信号频率的单频信号,用频谱仪在接收通道输出端测试中频信号的功率,此时的输出功率与正常工作时的中频信号功率差即为抑制比,测试时选择任意接收通道测试。

测试步骤:

①将雷达开机,并设置到接收状态,如图 6.10 所示连接信号源,频谱仪;

②信号源设置输出频率为雷达工作频率加上两倍的中频信号频率,幅度设置为接收机可正常接收的单频信号;

③频谱仪中心频率设置为雷达的中频信号频率,查看输出信号幅度值 P_1;

④信号源设置输出频率为雷达工作频率,幅度设置为接收机可正常接收的单频信号,同样观查接收机输出的中频信号幅度 P_2;

⑤$P_2 - P_1$ 即为镜频抑制比,应≥60 dB。

6.3.5.6　数字中频 A/D 位数

选用 14 位 AD 芯片保证数字中频的位数,可查看芯片手册检查。

6.3.5.7　最大脉冲压缩比

用示波器测试中频输出信号的脉冲宽度 τ,用频谱仪测试中频信号的带宽 B,压缩比为 $\tau \cdot B$。测试框图如图 6.14。

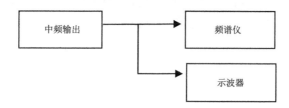

图 6.14　最大脉冲压缩比测试框图

测试步骤:

①将雷达开机,按图 6.14 所示接线,通过参数配置界面设置信号脉宽为 40 μs;

②用频谱仪测试输出信号带宽 B;

③用示波器测试输出信号脉宽 τ,$\tau \cdot B$ 即为脉冲压缩比,应该≥100。

6.3.5.8　故障检测和保护

将雷达开机,通过雷达显示界面查看是否具备发生本振故障、时钟故障、噪声系数超限等故障检测和保护功能。

6.3.6　波束控制与合成单元技术指标

检查或测试内容包括:①波束控制与合成形式;②波束控制精度;③电扫方向上波束指向误差;④同时接收波束数;⑤电扫方向发射第一副瓣电平;⑥电扫方向接收第一副瓣电平。检测结果记录在本章附表 6.8。

6.3.6.1　波束控制与合成形式

采用数字波束形成技术,硬件设计上保证每个发射通道都有数控衰减器与数控移相器,再通过软件设计来控制每个发射通道的幅度、相位,从而实现数字波束形成。

6.3.6.2 波束控制精度

发射通道采用精度为 0.25 dB 的数控衰减器,移相精度为 2.8°的数字移相器。幅度和相位的控制精度保证了数字波束形成宽度的精度达到 5%以内。

6.3.6.3 电扫方向上波束指向误差

与波束控制精度指标一样,采用高精度的数控衰减器和数字移相器保证波束形成的指向精度达到 5%以内。

6.3.6.4 同时接收波束数

同时接收波束数由波控技术与信号处理技术决定,在波束形成时采用宽发窄收模式,发射时发射一个宽波束,接收时分多个窄波束同时进行接收。将雷达正常开启后,通过监控显示界面观察一个发射波位内的接收波束数量,应不少于 16 个。

6.3.6.5 电扫方向发射第一副瓣电平

提供天线测试报告证明,发射第一副瓣电平应该≤−23 dB(窄发窄收)。

6.3.6.6 电扫方向接收第一副瓣电平

提供天线测试报告证明,接收第一副瓣电平应该≤−40 dB。

6.3.7 信号处理单元技术性能指标测试和检查

检测内容包括:①脉压主副比;②距离库长度;③距离库数;④脉冲累计平均次数;⑤强度处理方式;⑥速度处理方式;⑦处理对数;⑧距离退模糊方法;⑨速度退模糊方法;⑩故障检测和保护。检测结果记录在本章附表 6.8。

6.3.7.1 脉冲压缩主副比

在 6.3.1 总体技术指标测试中的强度测试过程中,采集信号处理的强度数据,用软件分析脉压主副比。

测试步骤:

①同 6.3.1.6 强度探测范围的测试方法 1;

②在显示界面看到模拟目标后,雷达停止运行;

③打开调试软件,读取信号处理脉压之后的数据;

④打开 MATLAB 软件,对读取的数据进行分析,检查目标的脉压主副比,应≥40 dB。

6.3.7.2 距离库长度

在雷达整机上测试,检查雷达参数配置,距离探测最大值与采样点数之比就是距离库长度。另外,回波界面上距离显示的最小间隔也即距离库长度。

测试步骤:

①打开上位机软件,在系统参数配置界面查看长脉冲采样点数 N;

②在回波显示界面,查看回波边界的距离值 M;

③距离库长度 $r = M/N$。

6.3.7.3 距离库数

在雷达整机上测试,在雷达参数设置界面设置最大距离库数(采样点数),运行雷达,查看是否支持该参数设置,距离库最大设置数应≥5000 个。

6.3.7.4　脉冲累计平均次数

在雷达整机上测试,在雷达参数设置界面设置脉冲累计平均次数,运行雷达,查看是否支持该参数设置。

测试步骤:

①雷达开机,分别设置脉冲累计平均次数为 16、32、64、128、256,运行雷达;

②查看不同累计平均次数参数下回波状态是否正常。

6.3.7.5　强度处理方式

强度处理方式为 DVIP(数字视频积分),通过算法设计来保证。

6.3.7.6　速度处理方式

速度处理方式为 FFT/PPP 处理,通过算法设计来保证。

6.3.7.7　处理对数

处理对数能够实现 32、64、128、256 可选,通过算法设计来保证。

6.3.7.8　距离退模糊方法

采用双向调制的方式来实现距离退模糊,通过算法设计来保证。

6.3.7.9　速度退模糊方法

采用了双重频退距离模糊方法,将速度探测范围进行了扩展,通过算法设计来保证。

6.3.7.10　故障检测和保护

通过上位机软件来查看是否具备 IQ 数据、数据丢包、参数输出等状态的实时监控。

6.3.8　监控与显示技术指标

检查或测试内容包括:本地、远程在线监测显示雷达自动测试结果、上传基础参数、附属设备状态参数等。

雷达正常开机运行,在上位机上检查是否正常上传:①雷达静态参数;②雷达运行模式参数;③雷达运行环境参数;④雷达在线标定参数。

检查内容应符合《需求书》4.7 节要求,检测结果记录在本章附表 6.9。安装了天气雷达标准输出控制器,亦可在天气雷达标准输出控制器上检查,并将结果记录于本章附表 6.11。

6.3.9　气象产品

检查或测试内容包括:①气象产品种类;②图形处理;③软件运行环境。

检查或测试要求:各项指标在试验实验中进行实际测试。检查结果记录在本章附表 6.10。

6.3.9.1　气象产品种类

测试步骤:

①提供相控阵雷达架设在观测场地运行的实际观测产品;

②检查各气象产品是否满足要求,应符合《需求书》4.8.1 要求,检测结果记录在本章附表 6.10。

6.3.9.2　图形处理

检查上位机软件是否具备各项功能,应符合《需求书》4.8.2 要求,检测结果记录在本章附

表 6.10。

6.3.9.3　软件运行环境

测试方法:分别在主流 PC,Windows 系列操作系统或 Linux 操作系统上安装运行上位机软件,检查是否能够正常运行。

6.4　动态比对试验

动态比对试验内容包括:①数据完整性(或数据缺测率);②数据可比较性;③设备可靠性和可维修性。试验期间填写动态比对试验值班日志,见附表 C。如果雷达出现故障,还应填写设备故障维修登记表,见附表 A。

6.4.1　数据完整性

去除由于外界干扰(非设备原因)造成的数据缺测,对相控阵雷达数据缺测率进行评定。动态比对试验中以雷达做完一个体扫作为一个探测周期,一个探测周期计为一次观测,一个体扫不完整视为该次观测缺测。

(1)计算缺测率

$$缺测率(\%)=(试验期内累计缺测次数/试验期内应观测总次数)\times100\% \qquad (6.3)$$

(2)评定指标

缺测率(%)≤2%。

6.4.2　数据可比较性

将相控阵雷达的探测资料与业务天气雷达(简称业务雷达)的探测资料作对比,检查被试相控阵雷达对降水目标的探测能力。原则上两部雷达的波长(工作频率)应相同。若附近确无相同波长的业务雷达,可用其他波段的业务雷达的资料为参考进行比较,仅作定性分析。数据格式见《需求书》附录 1。

6.4.2.1　比较方法

在相控阵雷达扫描的空间内,根据其经度、纬度和海拔高度,计算每一个距离库的经度、纬度和海拔高度,同时根据业务雷达的经度、纬度及海拔高度,找出两部雷达扫描数据所在空间重叠的所有距离库的经度、纬度和海拔高度,即从雷达扫描的极坐标转为地球坐标,从而找出两部雷达在空间中相对应的点,用这些点进行比较。实际处理中可能很多点并不刚好完全重叠,但只要这两个点足够近(相距小于两部雷达库长相加的平均数)就可以认为这两个点具有可比较性,组成一个比较点对。计算方法如下:

首先建立相应的雷达坐标系。设雷达站经度为 λ_r,纬度为 φ_r,天线海拔高度 h_r。以雷达天线处为坐标原点,根据右手螺旋法则建立雷达坐标系,如图 6.15 所示,Z 轴由地心通过原点指向天顶;取与 Z 轴垂直平面(雷达天线基座水平面)为参考平面,取通过雷达站的径圈平面与参考平面的交线为 Y 轴,指向正北;X 轴垂直于 Y 轴,指向东方。设地球实际半径为 R_e。目标物 A 与地心之间的连线分别与参考平面和地球体的交点为 C 和 B,根据天气雷达测定目标位置的原理,曲线弧长 OA 为探测距离 L,它在 O 点处的切线方向与参考平面的夹角为仰角 α,OC 与 Y 轴顺时针方向的夹角为方位角 θ。显然,A 和 B 的经纬度相同,两点之间的距离 H 为拔海高度。

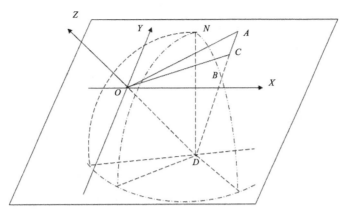

图 6.15　雷达坐标系示意

　　假设 A 的(经度,纬度,海拔高度)为$(\lambda_A, \varphi_A, H)$,雷达站经纬度和海拔高度为$(\lambda_r, \varphi_r, h_r)$,$\beta$ 是 A、O 两点地心角,θ 为目标 A 的雷达探测方位角,R_m 为等效地球半径,取标准大气下实际地球半径的 4/3 倍,L 为 A 到 O 点的距离,h_r 为雷达天线高度,用公式(6.4)求得点 A 的经纬度和海拔高度:

$$
\begin{cases}
\varphi_A = \arcsin(\cos\beta\sin\varphi_r + \sin\beta\cos\varphi_r\cos\theta) \\
\lambda_A = \arcsin(\sin\theta\sin\beta / \cos\varphi_A) + \lambda_r \\
H = \sqrt{L^2 + (R_m + h_r)^2 + 2L(R_m + h_r)\sin\alpha} - R_m
\end{cases}
\tag{6.4}
$$

其中,

$$
\begin{cases}
\beta = \arccos(\sin\varphi_r\sin\varphi_A + \cos\varphi_r\cos\varphi_A\cos(\lambda_A - \lambda_r)) \\
R_m = \dfrac{4}{3}R_e
\end{cases}
$$

　　如果知道空间中两点 A_1、A_2 的经纬度和海拔高度分别为$(\lambda_{A_1}, \varphi_{A_1}, H_{A_1})$、$(\lambda_{A_2}, \varphi_{A_2}, H_{A_2})$,那么 A_1 和 A_2 之间的直线距离 L 可用公式(6.5)求得:

$$
L = \sqrt{(R_e + H_{A_1})^2 + (R_e + H_{A_2})^2 - 2(R_e + H_{A_1})(R_e + H_{A_2})\cos\beta}
\tag{6.5}
$$

公式(6.5)中的 R_e 和 β 与公式(6.4)中的 R_e 和 β 一致。

　　在动态比对试验期间,收集天气过程中相控阵雷达及业务雷达的数据,用以上对应点比较的方法对所有对应点数据进行计算,算出两部雷达互相重叠点的差值的平均值、标准差和相关系数等统计信息,分别用公式(6.6)、(6.7)和(6.8)计算,同时给出数据比较点对点散点分布图。

$$
D = \frac{1}{n}\sum_{i=1}^{n}(X_i - Y_i)
\tag{6.6}
$$

$$
\sigma = \sqrt{\frac{1}{n-1}\left[\sum_{i=1}^{n}(X_i - Y_i)^2 - nD^2\right]}
\tag{6.7}
$$

$$
\rho = \frac{\displaystyle\sum_{i=1}^{n}X_iY_i - n\overline{X}\,\overline{Y}}{\sqrt{\displaystyle\sum_{i=1}^{n}X_i^2 - n\overline{X}^2}\sqrt{\displaystyle\sum_{i=1}^{n}Y_i^2 - n\overline{Y}^2}}
\tag{6.8}
$$

式中，D 为均值；σ 为标准差；ρ 为相关系数；X_i 和 Y_i 分别为两部雷达数据对的反射率因子数据点的数值；$\overline{X}$ 和 $\overline{Y}$ 分别为两部雷达数据对的反射率因子数据点的数值的平均值。均值差表征数据对的整体强弱情况，标准差表征数据对的离散程度，标准差越大表明数据越离散，相关系数表征数据对变化趋势的一致程度，相关系数越大表明线性一致程度越高。

6.4.2.2　测试步骤

①通过两部雷达的经纬度及海拔高度计算出被试相控阵雷达与业务雷达在空间中的数据点配对集合，记录各配对点的仰角，方位角，距离库编号等信息，计算时直接根据此信息进行检索；

②在数据集合中找出在时间上基本一致的数据，根据步骤①中给出的配对点信息直接比较。比较的项目可包括：目标方位、仰角、距离、面积、回波强度等，可选取天气过程中的强回波块作为目标。如果比对的两雷达不在同一个位置点，计算时要根据位置进行换算，比较换算后的目标方位、仰角、距离、面积、回波强度等项目是否基本一致，至少对比 15 组数据。此外应特别记录比对的两雷达在一次天气演变过程的开始、维持、消亡三阶段的时间差异；

③按照规定时段分别将比对参数进行分组处理，计算各组的系统误差和标准差等，至少对比 15 组数据。分别在同一直角坐标系内制作回波强度的雷达测量误差变化连续图形，以表示被试相控阵雷达的测量误差随时间的变化和散点分布图，进行定性分析；

④对比灾害性天气（冰雹，龙卷、飑线等）回波特征提取和报警的正确、漏报的情况，并分类进行统计。

⑤比对试验资料采集应有暴雨、强对流、小雨、中雨、大雨等过程资料，同类天气过程资料比对次数不少于 3 次，比对试验时间应不少于 3 个月，并保证连续运行时间不少于一个月。

6.4.2.3　结果评判

鉴于雷达探测的复杂性，雷达在不同位置所采集到的反射率因子等数据所受到的影响因素较多，这里只需给出定性分析结果，若无明显的差异可判断为合格。

6.4.3　设备可靠性和可维修性

6.4.3.1　可靠性试验

按照定时截尾试验方案，在 QX/T 526—2019 表 A.1 的方案类型中选用标准型或短时高风险两种试验方案之一，推荐选用标准型试验方案。

（1）标准型试验方案

采用生产方和使用方风险各为 20%，鉴别比为 3.0 的定时截尾试验方案，试验的总时间为规定 MTBF 下限值的 4.3 倍，接受故障数为 2，拒收故障数为 3。

试验总时间 T 为：$T = 4.3 \times 2000\ h = 8600\ h$。

若有 2 套相控阵雷达参加测试，每套平均试验时间 t 为：$t = 8600\ h/2 = 4300\ h = 180\ d \approx 6$ 个月。即 2 套雷达可靠性试验需要 180 d（约 6 个月），期间可以出现 2 次故障。3 台及多台以上参加测试以此类推。

（2）短时高风险试验方案

采用生产方和使用方风险各为 30%，鉴别比为 3.0 的高风险定时试验统计方案，试验的总时间为规定 MTBF 下限值的 1.1 倍，接受故障数为 0，拒收故障数为 1。

验总时间 T 为：$T = 1.1 \times 2000\ h = 2200\ h$。

若有 2 套相控阵雷达参加测试,每套平均试验时间 t 为:$t=2200\ \text{h}/2=1100\ \text{h}=46\ \text{d}≈1.5$ 个月。即 2 套雷达可靠性试验需要 46 d(约 1.5 个月),期间不可出现故障。根据QX/T 526—2019 的 5.3 规定,试验时间应至少 3 个月。

(3)故障的认定和记录

动态比对试验期间,按照 QX/T 526—2019 的 A.3 认定和记录故障。故障认定应区分责任故障和非责任故障,故障记录在动态比对试验的设备故障维修登记表中,见附表 A。

6.4.3.2　可维修性

相控阵雷达发生故障时,记录故障修复所需时间,统计平均维修时间(MTTR)。

6.4.3.3　评定指标

①按照试验方案中可接收的故障数判断可靠性是否合格。

②平均故障修复时间(MTTR)≤0.5 h 为合格。

6.5　结果评定

①所有测试项目中,按照本方法进行测试,按照《需求书》的要求进行是否合格的判定。各性能参数测试结果符合《需求书》要求的判为合格,若不符合要求的判为不合格。

当性能参数不符合《需求书》的要求时暂停测试,被试单位在 24h 内查明原因、采取措施并达到要求,方可继续进行测试;同一参数发生测试不合格次数达到 3 次则该参数判为不合格,只要有一项性能参数不合格则该被试产品被判为不合格。

②各功能和业务应用产品等项目,检查结果符合《需求书》要求的为合格;若不符合要求,允许被试单位在测试过程更换样品及配件,重新检查合格的,也判为合格,否则为不合格。

③由第三方出具报告的测试或检查项目,报告中的结果满足《需求书》要求的判为合格,否则为不合格。

本章附表

附表 6.1 总体技术指标测试记录

<table>
<tr><td rowspan="3">被试样品</td><td>名称</td><td colspan="3">X波段单偏振一维相控阵天气雷达系统</td><td>测试日期</td><td colspan="2"></td></tr>
<tr><td>型号</td><td colspan="3"></td><td>环境温度</td><td colspan="2">℃</td></tr>
<tr><td>编号</td><td colspan="3"></td><td>环境湿度</td><td colspan="2">%</td></tr>
<tr><td colspan="2">被试方</td><td colspan="3"></td><td>测试地点</td><td colspan="2"></td></tr>
<tr><td colspan="2">测试项目</td><td colspan="3">指标要求</td><td colspan="2">测试结果</td><td>结论</td></tr>
<tr><td colspan="2">雷达体制</td><td colspan="3">单偏振体制</td><td colspan="2"></td><td></td></tr>
<tr><td colspan="2">工作频率</td><td colspan="3">9.3～9.5 GHz</td><td colspan="2"></td><td></td></tr>
<tr><td colspan="2">整机寿命</td><td colspan="3">≥15 a</td><td colspan="2"></td><td></td></tr>
<tr><td colspan="2" rowspan="2">探测距离范围</td><td colspan="3">标准型:警戒≥120 km、定量≥60 km</td><td>警戒</td><td></td><td></td></tr>
<tr><td colspan="3">增强型:警戒≥150 km、定量≥75 km</td><td>定量</td><td></td><td></td></tr>
<tr><td colspan="2">近距离盲区范围</td><td colspan="3">≤300 m</td><td colspan="2"></td><td></td></tr>
<tr><td colspan="2">50 km处可探测的最小反射率因子(参考值)</td><td colspan="3">标准型:≤12 dBz,增强型:≤3 dBz</td><td colspan="2"></td><td></td></tr>
<tr><td rowspan="3">参数测量范围</td><td>强度</td><td colspan="3">−15～80 dBz</td><td colspan="2"></td><td></td></tr>
<tr><td>速度</td><td colspan="3">±48 m/s</td><td colspan="2"></td><td></td></tr>
<tr><td>谱宽</td><td colspan="3">0～16 m/s</td><td colspan="2"></td><td></td></tr>
<tr><td rowspan="4">参数测量精度</td><td>强度</td><td colspan="3">≤1 dB</td><td colspan="2"></td><td></td></tr>
<tr><td>距离</td><td colspan="3">≤30 m</td><td colspan="2"></td><td></td></tr>
<tr><td>速度</td><td colspan="3">≤1 m/s</td><td colspan="2"></td><td></td></tr>
<tr><td>谱宽</td><td colspan="3">≤1 m/s</td><td colspan="2"></td><td></td></tr>
<tr><td colspan="2" rowspan="2">系统相位噪声</td><td colspan="3" rowspan="2">≤0.2°</td><td>发射</td><td></td><td></td></tr>
<tr><td>接收</td><td></td><td></td></tr>
<tr><td colspan="2" rowspan="3">地物杂波抑制比</td><td colspan="3" rowspan="3">≥50 dB</td><td>关闭地物杂波滤除</td><td></td><td></td></tr>
<tr><td>打开地物杂波滤除</td><td></td><td></td></tr>
<tr><td>地物杂波抑制比</td><td></td><td></td></tr>
<tr><td colspan="2" rowspan="2">收发单元通道幅相一致性</td><td colspan="3">幅度波动小于±0.5 dB</td><td>幅度波动</td><td></td><td></td></tr>
<tr><td colspan="3">相位波动均方根误差小于±3°</td><td>相位波动</td><td></td><td></td></tr>
<tr><td colspan="2">输出参数</td><td colspan="3">强度、速度、谱宽</td><td colspan="2"></td><td></td></tr>
<tr><td colspan="2">电源要求</td><td colspan="3">三相 AC380 V×(1±10%)V,50 Hz×(1±5%)Hz 或单相 AC220 V×(1±10%)V ,50 Hz×(1±5%)Hz</td><td colspan="2"></td><td></td></tr>
<tr><td colspan="2">重量</td><td colspan="3">标准型:≤1.0 t,增强型:≤4.0 t</td><td colspan="2"></td><td></td></tr>
<tr><td rowspan="8">环境要求</td><td rowspan="2">工作温度</td><td colspan="3" rowspan="2">室外、车厢外装备:−40～50 ℃,室内、车厢内装备:0～40 ℃</td><td>室外、车厢外装备</td><td></td><td></td></tr>
<tr><td>室内、车厢内装备</td><td></td><td></td></tr>
<tr><td>贮存温度</td><td colspan="3">−40～60 ℃</td><td colspan="2"></td><td></td></tr>
<tr><td rowspan="2">最大相对湿度(30 ℃)</td><td colspan="3">室外:≤95%,</td><td>室外</td><td></td><td></td></tr>
<tr><td colspan="3">室内:≤90%</td><td>室内</td><td></td><td></td></tr>
<tr><td>工作高度</td><td colspan="3">海拔高度:≤3000 m</td><td colspan="2"></td><td></td></tr>
<tr><td>冲击、振动、淋雨</td><td colspan="3">符合国家有关部门规定,且满足野外运输要求</td><td colspan="2"></td><td></td></tr>
<tr><td>抗干扰</td><td colspan="3">电源干扰、电磁干扰、无线电频率干扰</td><td colspan="2"></td><td></td></tr>
<tr><td></td><td>其他</td><td colspan="3">防水、防霉、防盐雾</td><td colspan="2"></td><td></td></tr>
</table>

被试样品	名称	X 波段单偏振一维相控阵天气雷达系统	测试日期	
	型号		环境温度	℃
	编号		环境湿度	%
被试方			测试地点	

测试项目	指标要求	测试结果	结论
架设方式	可固定架设也可车载移动式		
整机功耗(峰值)	≤10 kW		
连续工作时间	可 24 h 工作		
微波辐射安全性	雷达微波漏能功率密度应符 GJB5313—2004 的要求		
安全标记	微波泄漏部位、机械转动部位应有清晰、醒目的安全警示标记		
互换性	雷达备份零件、部件、组件和功能单元均能在现场更换,无需调整而正常工作		
电磁兼容性	雷达具有市电滤波和防电磁干扰的能力,设置静电屏蔽、磁屏蔽、电磁屏蔽,模拟地线、数字地线和安全地线严格分开		
安全性	雷达应有安全性设计,确保雷达按规定条件进行制造、安装、运输、贮存、使用和维护时的人身安全和设备安全		
防雷要求	雷达站避雷针接地系统应与建筑物接地系统分开,避雷针应避开雷达的主要探测方向,其高度应使天线处于 45°保护角内,避雷针接地电阻应不大于 4 Ω。雷达电源线输入端应加装防雷滤波器,室外电缆一律采用屏蔽电缆		
绝缘性	雷达各初级电源与大地间绝缘电阻应大 1 MΩ		
外观质量	外观应协调一致。外表面应无凹痕、碰伤、裂痕和变形等缺陷;镀涂层不起泡、龟裂和脱落;金属零件无锈蚀、毛刺及其他机械损伤		
标记与代号	机柜、机箱、插件和线缆等应有统一的编号和标记,符合国家标准。印制板、主要元器件等应在相应位置印有与电路图中项目代号相符的标记。标记的文字、字母和符号应完整、规范、清晰和牢固,且便于识读		
环境噪声要求	工作机房噪声不大于 85 dB,终端操作室噪声不大于 65 dB		
雷达应有的铭牌包括的内容	雷达的名称、型号(代号);出厂编号;出厂年月;制造厂商标		

测试单位＿＿＿＿＿＿＿＿＿＿＿＿＿＿＿＿　　　　测试人员＿＿＿＿＿＿＿＿＿＿＿＿＿＿＿＿＿

附表 6.2　天线技术指标检测记录

被试样品	名称	X 波段单偏振一维相控阵天气雷达系统	测试日期	
	型号		环境温度	℃
	编号		环境湿度	%
被试方			测试地点	

测试项目	指标要求	检测结果	结论
天线形式	单偏振相控阵天线		
频率	9.3～9.5 GHz		
天线极化方式	线性水平极化		
波束水平宽度(法向)	≤1.0°(增强型), ≤1.8°(标准型)		
波束垂直宽度(法向)	≤1.0°(增强型), ≤1.8°(标准型)		
增益(法向)	≥42 dB(增强型), ≥38 dB(标准型)		
第一副瓣电平(水平)	≤−23 dB		
抗风能力(阵风)	无天线罩:8 级风工作,10 级风不损坏,有天线罩:17 级风速下正常工作		

测试仪器	名称	型号	编号

天线方向图(E 面)

天线方向图(H 面)

测试单位＿＿＿＿＿＿＿＿＿＿＿＿＿＿　　　　测试人员＿＿＿＿＿＿＿＿＿＿＿＿＿＿

附表 6.3　天线阵面和伺服系统技术指标检测记录

被试样品	名称	X 波段单偏振一维相控阵天气雷达系统	测试日期	
	型号		环境温度	℃
	编号		环境湿度	％
被试方			测试地点	

测试项目		指标要求	检测结果	结论
天线阵面扫描方式		PPI、RHI、体扫、扇扫、定点、用户自定义		
天线阵面扫描范围	方位	0～360°连续扫描		
	俯仰(电子扫描)	−2°～90°往返扫描		
天线阵面扫描速度	方位	0～36°/s,误差不大于 5％		
天线阵面定位精度	方位	≤0.1°		
	俯仰	≤0.1°		
天线阵面控制精度	方位	≤0.1°		
天线阵面控制字长		≥14 位		
角度编码器字长		≥14 位		
安全与保护		天线阵面应设有辅助支撑机构,以保证其在运输架设时的安全性和稳定性,具有故障监测以及伺服状态监测等天线阵面的方位运转系统中应具备安全保护措施		

测试仪器	名称	型号	编号

测试单位_____　　　测试人员_____

附表6.4 发射通道技术指标检测记录

<table>
<tr><td rowspan="3">被试样品</td><td>名称</td><td colspan="5">X波段单偏振一维相控阵天气雷达系统</td><td>测试日期</td><td></td></tr>
<tr><td>型号</td><td colspan="5"></td><td>环境温度</td><td>℃</td></tr>
<tr><td>编号</td><td colspan="5"></td><td>环境湿度</td><td>%</td></tr>
<tr><td colspan="2">被试方</td><td colspan="4"></td><td>测试地点</td><td></td></tr>
<tr><td colspan="2">测试项目</td><td colspan="3">指标要求</td><td colspan="2">测试结果</td><td>备注</td></tr>
<tr><td colspan="2">发射通道形式</td><td colspan="3">全固态分布式</td><td colspan="2"></td><td></td></tr>
<tr><td colspan="2">工作频率</td><td colspan="3">9.3~9.5 GHz</td><td colspan="2"></td><td></td></tr>
<tr><td colspan="2">脉冲峰值功率</td><td colspan="3">200 W</td><td colspan="2"></td><td></td></tr>
<tr><td colspan="2" rowspan="3">发射脉冲宽度</td><td colspan="3" rowspan="3">1~200 μs(可选)</td><td colspan="2">1 μs测试</td><td></td></tr>
<tr><td colspan="2">100 μs测试</td><td></td></tr>
<tr><td colspan="2">200 μs测试</td><td></td></tr>
<tr><td colspan="2" rowspan="2">脉冲重复频率</td><td colspan="3" rowspan="2">警戒≥500 Hz、定量>1000 Hz</td><td colspan="2">警戒</td><td></td></tr>
<tr><td colspan="2">定量</td><td></td></tr>
<tr><td colspan="2" rowspan="4">极限改善因子</td><td colspan="3" rowspan="4">≥50 dB</td><td colspan="2">信噪比</td><td></td></tr>
<tr><td colspan="2">重复频率</td><td></td></tr>
<tr><td colspan="2">频谱仪分析带宽</td><td></td></tr>
<tr><td colspan="2">极限改善因子</td><td></td></tr>
<tr><td colspan="2">发射通道频谱特性</td><td colspan="3">符合规定中对所占频谱的要求</td><td colspan="2"></td><td></td></tr>
<tr><td colspan="2">谐波和杂散抑制</td><td colspan="3">≥40 dB</td><td colspan="2"></td><td></td></tr>
<tr><td colspan="2">故障检测和保护</td><td colspan="3">发生过温、过压、过流等时
可报警并实现自保;输出功率低时报警</td><td colspan="2"></td><td></td></tr>
<tr><td rowspan="17">发射功率
/W</td><td>通道号</td><td>1</td><td>2</td><td>3</td><td>4</td><td>5</td><td>6</td><td>7</td><td>8</td></tr>
<tr><td>功率</td><td></td><td></td><td></td><td></td><td></td><td></td><td></td><td></td></tr>
<tr><td>通道号</td><td>9</td><td>10</td><td>11</td><td>12</td><td>13</td><td>14</td><td>15</td><td>16</td></tr>
<tr><td>功率</td><td></td><td></td><td></td><td></td><td></td><td></td><td></td><td></td></tr>
<tr><td>通道号</td><td>17</td><td>18</td><td>19</td><td>20</td><td>21</td><td>22</td><td>23</td><td>24</td></tr>
<tr><td>功率</td><td></td><td></td><td></td><td></td><td></td><td></td><td></td><td></td></tr>
<tr><td>通道号</td><td>25</td><td>26</td><td>27</td><td>28</td><td>29</td><td>30</td><td>31</td><td>32</td></tr>
<tr><td>功率</td><td></td><td></td><td></td><td></td><td></td><td></td><td></td><td></td></tr>
<tr><td>通道号</td><td>33</td><td>34</td><td>35</td><td>36</td><td>37</td><td>38</td><td>39</td><td>40</td></tr>
<tr><td>功率</td><td></td><td></td><td></td><td></td><td></td><td></td><td></td><td></td></tr>
<tr><td>通道号</td><td>41</td><td>42</td><td>43</td><td>44</td><td>45</td><td>46</td><td>47</td><td>48</td></tr>
<tr><td>功率</td><td></td><td></td><td></td><td></td><td></td><td></td><td></td><td></td></tr>
<tr><td>通道号</td><td>49</td><td>50</td><td>51</td><td>52</td><td>53</td><td>54</td><td>55</td><td>56</td></tr>
<tr><td>功率</td><td></td><td></td><td></td><td></td><td></td><td></td><td></td><td></td></tr>
<tr><td>通道号</td><td>57</td><td>58</td><td>59</td><td>60</td><td>61</td><td>62</td><td>63</td><td>64</td></tr>
<tr><td>功率</td><td></td><td></td><td></td><td></td><td></td><td></td><td></td><td></td></tr>
<tr><td>总功率</td><td></td><td></td><td></td><td></td><td></td><td></td><td></td><td></td></tr>
<tr><td colspan="2">总功率</td><td colspan="7"></td></tr>
<tr><td colspan="2" rowspan="4">测试仪器</td><td colspan="3">名称</td><td colspan="2">型号</td><td colspan="2">编号</td></tr>
<tr><td colspan="3"></td><td colspan="2"></td><td colspan="2"></td></tr>
<tr><td colspan="3"></td><td colspan="2"></td><td colspan="2"></td></tr>
<tr><td colspan="3"></td><td colspan="2"></td><td colspan="2"></td></tr>
</table>

测试单位_____ 测试人员_____

附表 6.5　频谱特性测试记录

被试样品	名称	X 波段单偏振一维相控阵天气雷达系统		测试日期	
	型号			环境温度	℃
	编号			环境湿度	%
被试方				测试地点	

距离中心频率频谱线衰减量/dBc	频谱宽度/MHz		
	左频偏/MHz	右频偏/MHz	谱宽/MHz
−10			
−20			
−30			
−40			
−50			
测试仪器	名称	型号	编号

测试单位＿＿＿＿＿＿＿＿＿＿＿＿＿＿＿　　　测试人员＿＿＿＿＿＿＿＿＿＿＿＿＿＿＿＿＿

附表 6.6 接收通道技术性能检测记录

被试样品	名称	X 波段单偏振一维相控阵天气雷达系统		测试日期	
	型号			环境温度	℃
	编号			环境湿度	%
被试方				测试地点	

测试项目	指标要求	测试结果	备注
工作频率	9.3～9.5 GHz		
噪声系数	≤4 dB(从环形器后至 中频输出端测试)		
线性动态范围	≥95 dB		
最小可测功率(灵敏度)	≤−110 dBm(带宽 1 MHz)		
镜频抑制度	≥60 dB		
数字中频 A/D 位数	≥14 位		
最大脉冲压缩比	≥100		
故障检测和保护	发生本振故障,时钟故障, 噪声系数超限等情况时可报警		

测试仪器	名称	型号	编号

测试单位_____   测试人员_____

附表 6.7 动态范围测试记录

被试样品	名称	X 波段单偏振一维相控阵天气雷达系统		测试日期	
	型号			环境温度	℃
	编号			环境湿度	%
被试方				测试地点	
序号		输入信号功率/dBm		通道输出信号强度/dBm	
1					
2					
3					
4					
5					
6					
7					
8					
9					
10					
11					
12					
13					
14					
15					
16					
17					
18					
19					
20					
……					
动态范围上下拐点计算结果			通道曲线		
拟合直线斜率					
上拐点： 下拐点：					
动态范围测试结果					

动态范围曲线

测试单位＿＿＿＿＿＿＿＿＿＿＿＿＿＿＿＿＿ 测试人员＿＿＿＿＿＿＿＿＿＿＿＿＿＿＿＿＿

附表 6.8　波束控制、合成单元和信号处理单元技术指标检测记录

<table>
<tr>
<td rowspan="3">被试样品</td>
<td>名称</td>
<td colspan="2">X 波段单偏振一维相控阵天气雷达系统</td>
<td>测试日期</td>
<td></td>
</tr>
<tr>
<td>型号</td>
<td colspan="2"></td>
<td>环境温度</td>
<td>℃</td>
</tr>
<tr>
<td>编号</td>
<td colspan="2"></td>
<td>环境湿度</td>
<td>%</td>
</tr>
<tr>
<td>被试方</td>
<td colspan="3"></td>
<td>测试地点</td>
<td></td>
</tr>
<tr>
<td colspan="2">测试项目</td>
<td colspan="2">指标要求</td>
<td>测试结果</td>
<td>备注</td>
</tr>
<tr>
<td colspan="2">波束控制和合成形式</td>
<td colspan="2">数字域</td>
<td></td>
<td></td>
</tr>
<tr>
<td colspan="2">波束控制精度</td>
<td colspan="2">≤5%</td>
<td></td>
<td></td>
</tr>
<tr>
<td colspan="2">电扫方向上波束指向误差</td>
<td colspan="2">≤5%</td>
<td></td>
<td></td>
</tr>
<tr>
<td colspan="2">同时接收波束数</td>
<td colspan="2">≥16 个波束</td>
<td></td>
<td></td>
</tr>
<tr>
<td colspan="2">电扫方向发射第一副瓣电平</td>
<td colspan="2">≤−22 dB(窄发窄收)</td>
<td></td>
<td></td>
</tr>
<tr>
<td colspan="2">电扫方向接收第一副瓣电平</td>
<td colspan="2">≤−40 dB</td>
<td></td>
<td></td>
</tr>
<tr>
<td colspan="2">脉冲压缩主副瓣比</td>
<td colspan="2">≥40 dB</td>
<td></td>
<td></td>
</tr>
<tr>
<td colspan="2">距离库长度</td>
<td colspan="2">≤30 m</td>
<td></td>
<td></td>
</tr>
<tr>
<td colspan="2">距离库数</td>
<td colspan="2">≥5000 个</td>
<td></td>
<td></td>
</tr>
<tr>
<td colspan="2" rowspan="5">脉冲累计平均次数
16、32、64、128、256 可选</td>
<td colspan="2">16</td>
<td></td>
<td></td>
</tr>
<tr>
<td colspan="2">32</td>
<td></td>
<td></td>
</tr>
<tr>
<td colspan="2">64</td>
<td></td>
<td></td>
</tr>
<tr>
<td colspan="2">128</td>
<td></td>
<td></td>
</tr>
<tr>
<td colspan="2">256</td>
<td></td>
<td></td>
</tr>
<tr>
<td colspan="2">强度处理方式</td>
<td colspan="2">DVIP(数字视频积分)</td>
<td></td>
<td></td>
</tr>
<tr>
<td colspan="2">速度处理方式</td>
<td colspan="2">FFT/PPP 处理</td>
<td></td>
<td></td>
</tr>
<tr>
<td colspan="2">处理对数</td>
<td colspan="2">32、64、128、256 可选</td>
<td></td>
<td></td>
</tr>
<tr>
<td colspan="2">距离退模糊方法</td>
<td colspan="2">相位编码或其他等效方法</td>
<td></td>
<td></td>
</tr>
<tr>
<td colspan="2">速度退模糊方法</td>
<td colspan="2">双 PRF 或其他等效方法</td>
<td></td>
<td></td>
</tr>
<tr>
<td colspan="2">故障检测和保护</td>
<td colspan="2">IQ 数据、数据丢包、
参数输出等故障</td>
<td></td>
<td></td>
</tr>
<tr>
<td rowspan="4">测试仪器</td>
<td colspan="2">名称</td>
<td>型号</td>
<td colspan="2">编号</td>
</tr>
<tr>
<td colspan="2"></td>
<td></td>
<td colspan="2"></td>
</tr>
<tr>
<td colspan="2"></td>
<td></td>
<td colspan="2"></td>
</tr>
<tr>
<td colspan="2"></td>
<td></td>
<td colspan="2"></td>
</tr>
</table>

测试单位＿＿＿＿＿＿＿＿＿＿＿＿＿＿＿　　　　测试人员＿＿＿＿＿＿＿＿＿＿＿＿＿＿＿

附表 6.9　相控阵雷达监控与显示技术指标检测记录

被试样品	名称	X 波段单偏振一维相控阵天气雷达系统	测试日期	
	型号		环境温度	℃
	编号		环境湿度	%
被试方			测试地点	

名称	项目	检测结果	备注
雷达静态参数	雷达站号、站点名称		
	纬度、经度		
	天线高度(阵面中心高度)、地面高度		
	雷达类型、RC 版本号		
	工作频率		
	天线增益		
	水平波束宽度		
	垂直波束宽度		
	发射馈线损耗		
	接收馈线损耗		
	其他损耗		
雷达运行模式参数	日期、时间		
	体扫模式		
	控制权标志		
	系统状态		
	上传状态数据格式版本号		
	雷达标记		
雷达运行环境参数	阵面温度		
	各组件温度		
	底座温度		
	各组件电压		
	各组件电流		
	各组件功率		
	各组件工作状态		
雷达在线标定参数	水平通道滤波前强度		
	水平通道滤波后强度		
	水平通道峰值功率		
	水平通道平均功率		
	短脉冲系统标定常数		
	长脉冲系统标定常数		
	反射率期望值		
	反射率测量值		
	速度期望值		
	速度测量值		
	谱宽期望值		
	谱宽测量值		
	短脉冲宽度		
	长脉冲宽度		

测试单位＿＿＿＿＿＿＿＿＿＿＿＿＿＿＿＿　　　　　测试人员＿＿＿＿＿＿＿＿＿＿＿＿＿＿＿＿

附表6.10　相控阵雷达气象产品检测记录

被试样品	名称	X波段单偏振一维相控阵天气雷达系统		测试日期	
	型号			环境温度	℃
	编号			环境湿度	%
被试方				测试地点	

名称	项目	要求	检测结果	备注
气象产品	基本数据产品	PPI显示、RHI显示、CAPPI显示		
		垂直剖面显示组合反射率(CR)显示		
		最大值显示(MAX)		
	物理量产品	回波顶高(ET)		
		回波底高(EB)		
		1 h累积降水量(OHP)		
		3 h累积降水量(THP)		
		N小时累积降水量(NHP)		
		风暴总积累降水量(STP)		
		垂直积分液态水(VIL)		
		最强回波高度		
		质心高度		
	风场产品	速度方位显示(VAD)		
		速度方位显示风廓线(VWP)		
		风场反演		
	强天气识别产品	风暴结构分析(SS)		
		冰雹指数(HI)		
		风暴追踪信息(STI)		
		中尺度气旋(M)		
		龙卷涡旋特征(TVS)		
图形处理	多要素显示	多层CAPPI显示(强度值、速度值)		
		多仰角多画面显示		
		体扫多仰角PPI同时预览		
		体扫所有方位角RHI同时阅览		
		体扫无间隔RHI扫描显示预览		
		动画回放		
		图形放大、平滑、透明		
		图形存储和背景图加载		
		直方图显示		
		等值线显示		
	游标引导	通过游标录取并显示游标所在点的方位、高度、距离、回波强度等数据		
	PPI滑动RHI选择	通过在PPI上滑动选择指针方位角度，双击选中角度，可获取对应位置RHI		
	图像选择编辑工具	图片图像在线编辑、文字编辑，图像图形圈选功能、光标联动		
	软件运行环境	主流PC，Windows系列操作系统或Linux操作系统，10M/100M/1000M自适应以太网卡，TCP/IP或UDP协议		

测试单位_____　　　　测试人员_____

附表 6.11　标准输出控制器检查记录表

被试样品	名称	X 波段单偏振一维相控阵天气雷达系统		测试日期	
	型号			环境温度	℃
	编号			环境湿度	%
被试方				测试地点	
编号	检查项目	功能检查项目	检测方法	检查结果	备注
1	登录测试	登录界面	I		
		登录可取消界面	I		
		错误用户名密码登录提示	I		
		同一个账号不可多地方登录	I		
		用户注销后能再次登录	I		
2	软件界面	显示软件名称	I		
		菜单栏齐全/名称正确	I		
		参数界面显示	I		
		参数更新	I		
3	首页功能	标题栏显示	I		
		导航栏显示	I		
		软件运行模式	I		
		关键性能各项值与对应的日/月/季度，性能参数分析报告曲线图	I		
		运行环境正确,点击详情页面可跳转至附属设备界面	I		
		健康指数显示	I		
		基数据质控前后显示	I		
		数据上传情况监控	I		
		业务过程标识显示,点击详情页面是否跳转至业务过程界面,检查点击报表是否正常弹出报表页面	I		
4	雷达系统性能分析显示	给出雷达连续运行天数小时时间	I		
		具备系统标定日、月状态正确显示	I		
		显示正确标定参数,并提供曲线图	I		
		具备导出功能	I		
		提供显示列表功能	I		
		具备查询功能	I		
		具备曲线图放大、缩放功能	I		
5	业务过程	提供相位噪声记录			
		提供反射率标定记录			
		提供反射率曲线图			
		提供离线反射率标定期望值和实测值的差值			
		提供动态测试记录			
		提供动态曲线			
		提供太阳法测试记录			
		提供年业务过程统计图			
		提供相位噪声曲线图			

续表

被试样品	名称	X波段单偏振一维相控阵天气雷达系统		测试日期	
	型号			环境温度	℃
	编号			环境湿度	%
被试方				测试地点	

编号	检查项目		功能检查项目	检测方法	检查结果	备注
6	适配参数		正确的雷达静态参数查询显示	I		
			正确的雷达适配参数查询	I		
			提供正确的变更记录	I		
7	视频监控		选择屏幕数量功能	D		
			视频预览功能	D		
			抓图按钮功能	D		
			回放功能	D		
			全屏功能	D		
			提供视频监控方位、焦距、倍率、光圈、云台速度、预置点显示功能	D		
8	器件更换		器件更换信息界面	I		
			器件更换添加功能	I		
			器件更换查询功能	I		
9	雷达控制		综合控制栏权限按钮	D		
			雷达体扫模式显示	D		
			具备正确状态显示	D		
			一键开关机按钮状态显示	D		
10	附属设备(非必须)		雷达工作环境温度和湿度数据显示	I		
			UPS各项输入信息及UPS状态显示	I		
			显示空调A(空调B)开关、制冷、温度以及风向调节	I		
11	告警查询		勾选告警级别功能	I		
			选择告警源功能	I		
			选择分系统功能	I		
			时间段查询功能	I		
			查询功能	I		
			导出功能	I		
12	配置管理	用户管理	用户管理添加功能	I		
			用户管理修改功能	I		
			批量删除功能	I		
13		系统配置	告警源输入框	I		
			告警名称输入框	I		
			查询按钮功能	I		
14		日志查询	时间段选择	I		
			操作模块选择	I		
			查询按钮功能	I		
			操作类型选择	I		
15	数据上传监控		基数据上传监控	I		

注:D表示演示;I表示检查。

测试单位＿＿＿＿＿＿＿＿＿＿＿＿＿＿＿＿　　　　　测试人员＿＿＿＿＿＿＿＿＿＿＿＿＿＿＿＿＿＿＿

第 7 章　X 波段双线偏振一维相控阵天气雷达系统[①]

7.1　目的

规范 X 波段双线偏振(以下简称双偏振)一维相控阵天气雷达系统测试的内容和方法,通过测试与试验,检验其是否满足《X 波段双线偏振一维相控阵天气雷达系统功能规格需求书(试行)》(气测函〔2019〕141 号)(简称《需求书》)的要求。

7.2　基本要求

7.2.1　被试样品

提供 1 台或以上相同型号的、符合《需求书》要求的 X 波段双偏振一维相控阵天气雷达系统(简称相控阵雷达)及配套软件作为被试样品。

7.2.2　交接检查

除按照 QX/T 526—2019 中 4.3 进行交接检查外,还应进行相控阵雷达开机检查,以确定其能够正常工作。

7.2.3　测试要求

①检测的技术参数须达到《需求书》的要求;

②当检测结果不符合要求时应暂停测试,被试单位在 24 h 内查明原因、采取措施并恢复正常,可继续进行测试;

③对于难以测试的项目,被试单位可提供相关测试报告,认可后可列入测试报告;

④动态比对试验结束后,应对主要技术性能参数进行复测;

⑤测试仪表需满足相控阵雷达的测试要求,且检定/校准证书应均有效,信息记录在附表 B。测试中使用的仪表通常有信号发生器、频谱分析仪、示波器、噪声源、万用表等;

⑥本测试大纲未提及的内容,应符合 QX/T 526—2019、《需求书》等的相关要求。

7.3　技术性能测试与功能检查

检查或测试内容包括:①总体技术性能指标;②天线技术性能指标;③天线阵面和伺服系统技术性能指标;④发射通道技术性能指标;⑤接收通道技术性能指标;⑥波束控制与合成单元技术性能指标;⑦信号处理技术性能指标;⑧监控与显示技术指标;⑨气象产品要求。

7.3.1　总体技术性能指标测试和功能检查

应满足《需求书》表 1 的要求。测试框图如图 7.1。

———————————

① 本章作者:古庆同、陈志彬、许晓平、刘达新、齐涛。

图 7.1　系统指标测试框图

检测方法如下,检测结果记录在本章附表 7.1。

7.3.1.1　雷达体制

该雷达为双偏振相控阵体制雷达,通过设计保证。

7.3.1.2　工作频率

用频谱仪测试发射通道输出信号中心频率。测试框图如图 7.2。

图 7.2　工作频率测试框图

测试步骤:

①挑选任意发射通道进行测试,将待测通道与天线断开,按上图所示将频谱仪、衰减器连接至发射通道输出口;

②雷达上电,切换到发射模式,开启所测发射通道,其他通道关闭;

③频谱仪中心频率设置为 9.4 GHz,扫宽 200 MHz,Trace 选择最大保持,待频谱稳定后,观察频谱中心频率,如图 7.3 所示。

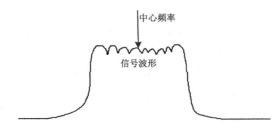

图 7.3　发射信号波形

7.3.1.3　整机寿命

通过设计以及维护保养的方式保证整机寿命可达到 15 年,不进行该项试验。

7.3.1.4　探测距离范围及近距离盲区范围

不同型号被试样品技术指标见表 7.1。

表 7.1　不同型号相控阵雷达性能指标

项目	性能指标		
	增强型	标准型	轻小型
探测距离范围	警戒≥150 km 定量≥75 km	警戒≥120 km 定量≥60 km	警戒≥100 km 定量≥50 km
近距离盲区范围	≤300 m		

测试方法 1：通过将发射信号延时模拟出一个点目标信号，再将该信号经天线耦合通道馈入接收系统，经后端处理后在显示界面显示目标距离。测试框图如图 7.4。

图 7.4　探测距离范围及盲区测试框图

测试步骤：

①按图 7.4 所示接线，雷达设置到警戒模式；

②在发射系统中将发射信号延时，模拟距离为(100 km/120 km/150 km)的点目标，接收为水平法向波束；

③运行雷达，在显示界面观察，该目标应该出现在水平接收波束上，距离为(100 km/120 km/150 km)，表明警戒模式下雷达探测距离范围满足距离指标要求；

④雷达设置到定量模式，将发射信号延时模拟距离为(50 km/60 km/75 km)的目标，接收为水平法向波束，运行雷达，观察显示界面，该目标应该出现在水平接收波束上，距离为(50 km/60 km/75 km)，表明定量模式下雷达探测距离范围满足指标要求；

⑤同样，按步骤④中的方法，判断雷达近距离盲区范围是否满足 300 m 的要求。

测试方法 2：在有天气过程时运行雷达，统计探测的天气数据，验证探测距离及近距离盲区范围。

测试步骤：

①将雷达架设在楼顶或专门的测试场地；

②有天气过程时，将雷达设置为警戒模式，开机运行连续扫描天气 2 h，统计天气数据，检查探测距离、近距离盲区范围；

③将雷达设置为定量模式，开机运行连续扫描天气 2 h，统计天气数据，检查探测距离、近距离盲区范围。

7.3.1.5　50 km 可探测的最小反射率因子

不同型号被试样品技术指标见表 7.2。

表 7.2　不同型号相控阵雷达性能指标

项目	性能指标		
	增强型	标准型	轻小型
50 km 处可探测的最小反射率因子(参考值)	≤3 dBz	≤12 dBz	≤16 dBz

测试方法 1：

采用机内模拟方式测试,通过将发射信号延时模拟出一个目标,再将该信号经天线耦合通道馈入接收系统,经过质控处理后在产品显示界面观察 50km 处的反射率因子是否达到相应型号的性能指标。

测试步骤：

①按图 7.4 方式接线；

②将发射信号延时模拟一个点目标,并使目标出现在法向接收波束上；

③运行雷达,在产品显示界面观察目标反射率因子值；

测试方法 2：

通过统计天气数据,观察 50 km 处的反射率因子最小值是否达到相应型号的性能指标。

测试步骤：

①将相控阵雷达架设到楼顶或者专门的架设场地；

②当有天气过程时,开机运行连续扫描天气 2 h,统计天气数据,观察 50 km 处的最小反射率因子值；

通过统计天气数据,观察 50 km 处的反射率因子最小值是否达到相应型号的性能指标。

由于并不是每次测试期间都会发生降水,测试中可通过检查近期观测的历史数据来判断。

7.3.1.6　参数测量范围

7.3.1.6.1　强度

通过发射信号延时模拟出一个点目标,再将该信号经天线耦合通道馈入接收系统,经后端处理后在显示界面观察该目标的强度。调整发射机内部数控衰减器以及外接可调衰减器来控制发射信号的强度,在显示界面观察目标的强度变化范围。

测试步骤：

①按图 7.4 方式接线；

②将发射信号延时模拟一个点目标,并使目标出现在法线接收波束上；

③运行雷达,在显示界面观察目标强度；

④调节发射系统内部的数控衰减器和外接可调衰减器,增大和减小模拟目标的强度,同时在显示界面观察目标强度变化,目标强度变化范围应该满足 $-15\sim80$ dBz。

7.3.1.6.2　速度

通过将发射信号延时,并且叠加一个相位值模拟一个有速度的点目标,再将该信号经天线耦合通道馈入接收系统,经后端处理后在显示界面观察该目标的速度。调整目标的速度值,在显示界面观察目标的强度变化范围。

测试步骤：

①按图 7.4 方式接线；

②将发射信号延时,并叠加相位值；

③运行雷达,在显示界面观察目标速度；

④调整叠加相位值改变目标的速度值,观察显示界面目标的速度变化,应该满足 $-48\sim48$ m/s的范围；

7.3.1.6.3　谱宽

测试方法 1：

在速度测试时,同时模拟谱宽信息,再将该信号经天线耦合通道馈入接收系统,经后端处理后在显示界面观察该目标的谱宽。

测试方法 2:

在晴天时探测成片地物,在有天气过程时探测不同类型云雨目标,在显示界面上观察谱宽输出结果。

测试步骤:

①将雷达架设到楼顶或者专门的测试场地;

②在晴天气时关闭地物滤除,扫描成片地物,观察地物谱宽信息,应该在 0 m/s 附近;

③在有天气过程时,打开地物滤除,持续扫描天气 2 h,统计天气数据,查看谱宽探测范围。

7.3.1.6.4　差分反射率因子

测试方法 1:

差分反射率因子可以通过雷达水平和垂直反射率因子计算得到,以 Z_{DR} 表示。

通过机内模拟信号进行测试,模拟具有一定差分反射率因子理论值的信号,将该信号经耦合通道馈入接收机,运行雷达后在观测界面查看雷达界面显示的差分反射率因子值,分别模拟 H 极化信号和 V 极化信号的幅度差范围为 −7.9~7.9 dB 的信号,在观测界面查看显示的差分反射率测量范围是否满足要求。

测试步骤:

①按图 7.4 所示接线;

②雷达正常开机,设置发射信号延时,设置 H 极化信号和 V 极化信号的幅度差为 7.9 dB;

③运行雷达,在显示界面对应距离库处随机选择 5 个方位角记录差分反射率值,计算 5 个点的平均值,记为雷达显示的差分反射率值;

④再分别模拟 H 极化信号和 V 极化信号幅度差为 4 dB、0 dB、−4 dB、−7.9 dB 的信号,同样测试并记录结果;

⑤查看差分反射率因子测试范围是否满足指标要求。

测试方法 2:

在有天气过程时运行相控阵雷达,统计相控阵雷达探测到的天气数据,验证差分反射率的探测范围。

测试步骤:

①将雷达架设到楼顶或者专门的测试场地;

②在有天气过程时,持续扫描天气 2 h,统计天气数据,查看差分反射率因子探测范围。

7.3.1.6.5　差分传播相位(差分传播相移)

设计保证:

$$PhiDP = 0.5 \times arg(RaXRb*) \tag{7.1}$$

式中,RaXRb* 的周期为 2π,所以 PhiDP 周期为 π,即满足 −90°~90°。

7.3.1.6.6　差分传播相位率

测试方法:将雷达架设在外场,实际探测云雨目标,采用检查雷达终端显示或记录的数据文件的方法,确认观测到的差分传播相位率的数值是否在指标要求范围内。

注:指标要求$-2\sim20°/km$,实际观测通常差分传播相位率范围一般为:$-2\sim10°/km$,需通过大量观测数据样本统计方可得到比较极限的观测范围数据。

7.3.1.6.7 相关系数

设计保证:

根据相关系数公式:

$$CC=\frac{|\mathrm{Chv}(0)|}{\sqrt{\mathrm{PhPv}}} \tag{7.2}$$

式中,Chv 为交叉相关函数,根据柯西不等式,$|\mathrm{Chv}(0)|\leqslant|\mathrm{PhPv}|$,可知 $CC\leqslant1$,交叉相关函数 $|\mathrm{Chv}(0)|$ 可为 0,当该值为 0 时,$CC=0$。

7.3.1.7 参数测量精度

7.3.1.7.1 强度

在强度探测范围测试中,发射系统发射一个脉冲延迟 t_d 的信号,模拟一个点目标,改变模拟目标的强度 P_r,在显示界面读取未定标的回波强度实际测量值 Z_1,并按照公式计算定标后的回波强度校准值 Z_2。

$$Z_2=10\lg\frac{1024(\ln2)\lambda^2}{\pi^3P_tG_tG_r\varphi\theta c\tau k^2}+10\lg P_r+20\lg R+2\delta R \tag{7.3}$$

式中,Z_2 为回波强度的标定值,单位:dBz;λ 为波长,单位:m;P_r 为模拟目标的强度值,单位:W;δ 为电磁波的路径衰减系数,单位:dB/m;R 为距离,$R=c\cdot t_d/2$,单位:m;P_t 为脉冲发射功率,单位:W;G_t 为天线发射增益,单位:dB;G_r 为天线接收增益,单位:dB;θ 为天线的水平波束宽度,单位:rad;φ 为天线的垂直波束宽度,单位:rad;τ 为发射脉冲宽度,单位:s;c 为光速,3×10^8 m/s;k 为与散射物质介电属性相关的常数。

改变延迟 t_d,重复上述过程以得到不同的回波强度值,经过多次测量统计实际测量值 Z_1 与标准值 Z_2 之间差值的系统误差。

测试步骤:

①按图 7.4 方式接线;

②将发射信号延时模拟一个点目标,设置信号强度为 P_{r1},接收 DBF 系数配置为指向法线方向;

③运行雷达,在显示界面观察目标强度 Z_1,改变发射信号强度为 P_{r1}',再次观测显示界面目标强度 Z_1';

④将延时设置为 200 μs,重复上述步骤(3),记录 P_{r1}''、Z_1'',P_{r1}'''、Z_1''';

⑤将雷达各参数以及 P_{r1}、P_{r1}'、P_{r1}''、P_{r1}''' 带入上式分别求出理论的强度 Z_2、Z_2'、Z_2''、Z_2''';

⑥计算 4 组实测值 Z_1 与理论值 Z_2 之间差值的系统误差,即为强度探测精度。

7.3.1.7.2 距离

测试方法:距离分辨率由发射信号带宽决定,距离分辨率 $\Delta R=c/2B$,c 为光速,B 为信号带宽。用频谱仪测试出发射信号的带宽即可得到距离分辨率。

测试步骤:

①将雷达正常运行,发射信号带宽设置为 5 MHz;

②接线方法如图 7.2 所示,发射通道上下变频输出端增加衰减器,连接频谱仪;

③通过雷达控制软件设置雷达参数,然后开始测试;

④频谱仪中心频率设置为发射频率,频率范围为 10 MHz,BW 为 AUTO,Trace 选择最大保持,观察频谱仪上的信号 3 dB 带宽 B,如图 7.5 所示;

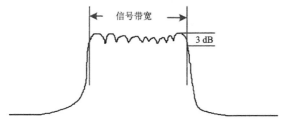

图 7.5　发射信号波形

⑤记录信号频带宽度,并保存截图;

⑥通过雷达距离分辨率计算公式,计算得出距离分辨率。

7.3.1.7.3　速度

测试方法 1:

信号源输出频率和雷达接收机里的工作频率存在微弱偏差,首先需要找到相应的零速度工作频率。将信号源的输出频率调整到零速度工作频率。在当前工作频率基础上增加多普勒频率 f_d,然后读取软件显示界面的速度图读数,比较实测值和理论值的差值即为速度测量精度。

理论计算公式如下:

$$f_d = -\frac{2V_2}{\lambda} => V_2 = -\lambda\frac{f_d}{2} \tag{7.4}$$

式中,λ 为雷达波长,$\lambda = \dfrac{c}{f_{c0}}$,其中 f_{c0} 为雷达工作频率;f_d 为多普勒频移(Hz)。

当 $f_d = \pm\dfrac{PRF}{2}$ 即可得到最大速度(m/s)。

测试仪器仪表:信号源,功率计。

测试框图,如图 7.4

测试步骤:

①将首先使用功率计和信号源校准射频馈线在雷达工作频率的损耗,并补偿到信号源幅度偏置中;

②设置信号源输出频率为雷达系统工作频率;

③通过雷达控制软件设置好雷达的 PRI,然后开始测试;

④开启信号源射频输出,在终端显示界面读取此时计算速度,然后微调信号源输出频率,直到速度在 0 附近正负波动(小于 1 m/s),记为速度零点,信号源频率为"速度零点频率";

⑤在信号源"速度零点频率"基础上,减去脉冲重复频率的 1/2(模拟最大多普勒频移 $-f_d$),并微调;

⑥通过终端显示软件读取并记录显示的最大正向速度值,记为 V_1;

⑦根据公式计算理论多普勒速度 V_2,对比并记录理论值 V_2 与实际测试值 V_1 的差即为速度误差(探测精度);

⑧在信号源"速度零点频率"基础上,增加脉冲重复频率的 1/2(模拟最大多普勒频移 f_d),

并微调,重复⑤⑥⑦步骤,测量负向最大速度值和速度误差(速度探测精度)。

测试方法 2:

在速度范围测试过程中,对比模拟的理论速度和显示界面显示的速度的差值。根据叠加的相位值可以计算出模拟的理论速度值为 V_1:

$$V_1 = \frac{\lambda \Delta \varphi}{4 \pi \, T_r}$$

式中,V_1 为多普勒速度,单位:m/s;λ 为波长,m;$\Delta \varphi$ 为相位角,单位:rad;T_r 为重复周期,单位:s。

对比理论速度 V_1 与显示界面显示的速度 V_2 的系统误差应该≤1 m/s。

7.3.1.7.4 谱宽

基于相控阵雷达水文气象测量的随机抽样理论可以量化出采样误差,在 SNR>20 dB 时,差分反射率 Z_{DR} 的采样误差(标准差 $SD(\sigma_w)$)理论值计算公式如下:

$$SD(\sigma_w) = \frac{\lambda^2}{16 \pi^2 \rho \sigma_v T^2 \, \sqrt{2M}} \big[(1-\rho^2)^2 \big]^{1/2} \tag{7.5}$$

式中,σ_v 为谱宽;T 为脉冲重复周期;λ 为雷达波长;M 为脉冲采样数。

驻留时间(Dwell Time)T_d 的计算公式为:

$$T_d = \frac{\theta_{AZ} \times 60}{n \times 360°} = M \times T \tag{7.6}$$

式中,θ_{AZ} 为雷达波束宽度;n 为雷达天线转速。

按照上述各参量的采样误差理论计算公式可获得对应驻留时间的谱宽理论误差范围。再通过实地天气测量数据可获得测量数据,将其与理论真值进行比较可以获得雷达系统观测谱宽的探测误差精度。

测试方法 1:

(1)首先根据理论公式获得谱宽在限定谱宽、信噪比以及相关系数的前提下的理论真值误差范围;

(2)选取基数据,计算各参量的标准差。为了获取较纯净的降水数据,使估计的测量误差更加准确,采用下列条件对数据进行选取:

①SNR>20 dB:缓解噪声的影响;

②0.97≤CC≤0.99:保证选取的数据多数来自降水;

③CC 的纹理<0.05:由于地物和生物回波的 CC 也可能满足上一条件,且在大面积降水回波中可能存在污染导致 CC 梯度变化较大,在连续性降水过程中,CC 的纹理通常不超过0.02,因此利用纹理可以排除这些影响;

④对挑选出的标准差数据按照谱宽 1~3、3~5 进行分级,每个参量得到两个等级的数据集,取每个数据集的众数代表该参量在这个数据等级下的测量误差。当测量误差与采样误差相当时,说明系统引入的误差较小,数据可靠性高,当差异较大时,数据可靠性降低;

(3)对理论值和实测值进行误差统计分析,得到谱宽的探测精度误差。

测试方法 2:

谱宽表征着有效照射体内不同大小的多普勒速度偏离其平均值的程度。谱宽的探测精度由速度探测精度决定,谱宽探测精度测试可以参考速度探测精度测试。

7.3.1.7.5　差分反射率因子

基于相控阵雷达水文气象测量的随机抽样理论可以量化出采样误差,在 SNR>20 dB 时,差分反射率 Z_{DR} 的采样误差(标准差)理论值计算公式如下:

$$SD(Z_{DR})=4.62\left(\frac{1-CC^2}{\sigma_{vn}M}\right)^{0.5} \tag{7.7}$$

式中,$\sigma_{vn}=\frac{4WT}{\lambda}$;$W$ 为谱宽;T 为脉冲重复周期;λ 为雷达波长;M 为脉冲采样数。

驻留时间 T_d 的计算公式为:

$$T_d=\frac{\theta_{AZ}\times60}{n\times360^\circ}=M\times T \tag{7.8}$$

式中,θ_{AZ} 为雷达波束宽度;n 为雷达天线转速。

按照上述各参量的采样误差理论计算公式可获得对应驻留时间的差分反射率因子理论误差范围。再通过实地天气测量数据可获得测量数据,将其与理论真值进行比较可以获得雷达系统观测差分反射率因子的探测误差精度。

测试方法 1:

(1)首先根据理论公式获得差分反射率因子在限定谱宽,信噪比以及相关系数的前提下的理论真值误差范围。

(2)选取基数据,计算各参量的标准差。为了获取较纯净的降水数据,使估计的测量误差更加准确,采用下列条件对数据进行选取。

①SNR>20 dB:缓解噪声的影响;

②0.97≤CC≤0.99:保证选取的数据多数来自降水;

③CC 的纹理<0.05:由于地物和生物回波的 CC 也可能满足上述条件,且在大面积降水回波中可能存在污染导致 CC 梯度变化较大,在连续性降水过程中,CC 的纹理通常不超过0.02,因此利用纹理可以排除这些影响;

④对挑选出的标准差数据按照谱宽 1~3、3~5 进行分级,每个参量得到两个等级的数据集,取每个数据集的众数代表该参量在这个数据等级下的测量误差。当测量误差与采样误差相当时,说明系统引入的误差较小,数据可靠性高,当差异较大时,数据可靠性降低;

(3)对理论值和实测值进行误差统计分析,得到差分反射率因子的探测精度误差。

测试方法 2:

通过机内模拟信号进行测试,模拟具有一定差分反射率因子理论值的信号,将该信号经耦合通道馈入接收机,运行雷达后在观测界面查看雷达界面显示的差分反射率因子与模拟值的误差值。

测试步骤:

(1)按图 7.4 方式接线。

(2)雷达正常开机,设置发射信号延时,设置 H 极化信号和 V 极化信号的幅度差为7.9 dB,此模拟信号的差分反射率因子理论值即为 7.9 dB。

(3)运行雷达,在显示界面对应距离库上随机选择 5 个方位角记录差分反射率值,计算 5个点的平均值,记为雷达显示的差分发射率因子值。

(4)按此方法分别模拟差分反射率因子为 4 dB、0 dB、−4 dB、−7.9 dB 进行测试,统计雷达显示结果。

（5）求出 5 次测试中理论值与显示值的误差平均值即为差分反射率因子测量精度。

7.3.1.7.6 差分传播相位移（差分传播相位）

基于相控阵雷达水文气象测量的随机抽样理论可以量化出采样误差，在 SNR>20dB 时，差分传播相位移 Φ_{DP} 的采样误差（标准差）理论值 $SD(\Phi_{DP})$ 计算公式如下：

$$SD(\Phi_{DP})=30.3\left(\frac{CC^{-2}-1}{\sigma_{vn}M}\right)^{0.5} \tag{7.9}$$

式中，$\sigma_{vn}=\dfrac{4WT}{\lambda}$；$W$ 为谱宽；T 为脉冲重复周期；λ 为雷达波长；M 为脉冲采样数。

驻留时间（Dwell Time）T_d 的计算公式为：

$$T_d=\frac{\theta_{AZ}\times 60}{n\times 360°}=M\times T \tag{7.10}$$

式中，θ_{AZ} 为雷达波束宽度；n 为雷达天线转速。

按照上述各变量的采样误差理论计算公式可获得对应驻留时间的差分传播相位移理论误差范围。再通过实地天气测量数据可获得测量数据，将其与理论真值进行比较可以获得雷达系统观测差分传播相位移的探测误差精度。

测试方法 1：

（1）首先根据理论公式获得差分传播相位在限定谱宽、信噪比以及相关系数的前提下的理论真值误差范围。

（2）选取基数据，计算各变量的标准差。为了获取较纯净的降水数据，使估计的测量误差更加准确，采用下列条件对数据进行选取：

①SNR>20 dB：缓解噪声的影响；

②0.97≤CC≤0.99：保证选取的数据多数来自降水；

③CC 的纹理<0.05：由于地物和生物回波的 CC 也可能满足上述条件，且在大面积降水回波中可能存在污染导致 CC 梯度变化较大，在连续性降水过程中，CC 的纹理通常不超过 0.02，因此利用纹理可以排除这些影响；

④对挑选出的标准差数据按照谱宽 1～3、3～5 进行分级，每个变量得到两个等级的数据集，取每个数据集的众数代表该变量在这个数据等级下的测量误差。当测量误差与采样误差相当时，说明系统引入的误差较小，数据可靠性高，当差异较大时，数据可靠性降低。

（3）对理论值和实测值进行误差统计分析，得到差分传播相位移的探测精度误差。

测试方法 2：

通过机内模拟信号进行测试，模拟具有一定差分传播相位理论值的信号，将该信号经耦合通道馈入接收机，运行雷达后在观测界面查看雷达界面显示的差分传播相位值与模拟值的误差值。

测试步骤：

（1）按图 7.4 方式接线。

（2）雷达正常开机，设置发射信号延时，设置 H 极化信号和 V 极化信号的相位差为 180°，此模拟信号的差分传播相位理论值即为 180°。

（3）运行雷达，在显示界面对应距离库处随机选择 5 个方位角记录差分传播相位值，计算 5 个点的平均值，记为雷达显示的差分传播相位值。

（4）按此方法分别模拟差分传播相位值为 90°、0°、-90°、-180°进行测试，统计雷达显示结果。

（5）求出 5 次测试中理论值与显示值的误差平均值即为差分传播相位测量精度。

7.3.1.7.7　差分传播相移率（差分传播相位）

基于相控阵雷达水文气象测量的随机抽样理论可以量化出采样误差，在 SNR＞20 dB 时，差分传播相移率 KDP 的采样误差（标准差）理论值计算公式如下：

$$SD(\Phi_{DP}) = 30.3 \left(\frac{CC^{-2} - 1}{\sigma_{vn} M} \right)^{0.5} \tag{7.11}$$

$$SD(KDP) = \frac{SD(\Phi_{DP})}{L} \sqrt{\frac{3}{[N - (1/N)]}} \tag{7.12}$$

式中，$\sigma_{vn} = \frac{4WT}{\lambda}$；$W$ 为谱宽；T 为脉冲重复周期；λ 为雷达波长；M 为脉冲采样数；L 为拟合路径长度；N 为 L 上采样点数。

驻留时间 T_d 的计算公式为：

$$T_d = \frac{\theta_{AZ} \times 60}{n \times 360°} = M \times T \tag{7.13}$$

式中，θ_{AZ} 为雷达波束宽度；n 为雷达天线转速。

按照上述各参量的采样误差理论计算公式可获得对应驻留时间的差分传播相移率理论误差范围。再通过实地天气测量数据可获得测量数据，将其与理论真值进行比较可以获得雷达系统观测差分传播相移率的探测误差精度。

测试方法 1：

（1）首先根据理论公式获得差分传播相移率在限定谱宽、信噪比以及相关系数的前提下的理论真值误差范围。

（2）选取基数据，计算各参量的标准差。为了获取较纯净的降水数据，使估计的测量误差更加准确，采用下列条件对数据进行选取：

①SNR＞20 dB：缓解噪声的影响；

②0.97≤CC≤0.99：保证选取的数据多数来自降水；

③CC 的纹理＜0.05：由于地物和生物回波的 CC 也可能满足上述条件，且在大面积降水回波中可能存在污染导致 CC 梯度变化较大，在连续性降水过程中，CC 的纹理通常不超过 0.02，因此利用纹理可以排除这些影响；

④对挑选出的标准差数据按照谱宽 1～3、3～5 进行分级，每个参量得到两个等级的数据集，取每个数据集的众数代表该参量在这个数据等级下的测量误差。当测量误差与采样误差相当时，说明系统引入的误差较小，数据可靠性高，当差异较大时，数据可靠性降低。

（3）对理论值和实测值进行误差统计分析，得到差分传播相移率的探测精度误差。

测试方法 2：

差分传播相位率是指在特定距离内水平和垂直偏振回波相位之间的差值，反映的是各向同性粒子和各向异性粒子的差异，表征的是差分传播相位的半斜率，其探测精度由差分传播相位探测精度决定，差分传播相位率的探测精度测试可以参考差分传播相位探测精度测试。

7.3.1.7.8　相关系数

基于相控阵雷达水文气象测量的随机抽样理论可以量化出采样误差，在 SNR＞20 dB 时，相关系数 CC 的采样误差（标准差）$SD(CC)$ 理论值计算公式如下：

$$SD(CC) = 0.53 \frac{1-CC^2}{(\sigma_{vn}M)^{0.5}} \tag{7.14}$$

式中，$\sigma_{vn} = \dfrac{4WT}{\lambda}$；$W$ 为谱宽；T 为脉冲重复周期；λ 为雷达波长；M 为脉冲采样数。

驻留时间 T_d 的计算公式为：

$$T_d = \frac{\theta_{AZ} \times 60}{n \times 360°} = M \times T \tag{7.15}$$

式中，θ_{AZ} 为雷达波束宽度；n 为雷达天线转速。

按照上述各参量的采样误差理论计算公式可获得对应驻留时间的相关系数理论误差范围。再通过实地天气测量数据可获得测量数据，将其与理论真值进行比较可以获得雷达系统观测相关系数的探测误差精度。

测试方法 1：

（1）首先根据理论公式获得相关系数在限定谱宽、信噪比以及相关系数的前提下的理论真值误差范围。

（2）选取基数据，计算各参量的标准差。为了获取较纯净的降水数据，使估计的测量误差更加准确，采用下列条件对数据进行选取：

①SNR＞20 dB：缓解噪声的影响；

②20.97≤CC≤0.99：保证选取的数据多数来自降水；

③CC 的纹理＜0.05：由于地物和生物回波的 CC 也可能满足上述条件，且在大面积降水回波中可能存在污染导致 CC 梯度变化较大，在连续性降水过程中，CC 的纹理通常不超过 0.02，因此利用纹理可以排除这些影响；

④对挑选出的标准差数据按照谱宽 1～3、3～5 进行分级，每个参量得到两个等级的数据集，取每个数据集的众数代表该参量在这个数据等级下的测量误差。当测量误差与采样误差相当时，说明系统引入的误差较小，数据可靠性高，当差异较大时，数据可靠性降低。

测试方法 2：

通过标准球定标法进行测试，标准的金属球相关系数为 1，通过雷达观测金属球查看雷达显示的相关系数与理论的偏差。

测试步骤：

（1）将雷达架设到楼顶或专门的测试场地，选择晴空天气，正常开启雷达。

（2）用无人机悬挂标准的金属球反射体，进入雷达探测区域，进行多次探测。

（3）统计每次雷达探测到的金属球相关系数值，求多组数据的平均值记为雷达探测的金属球相关系数值，对比雷达探测的金属球相关系数值与金属球理论相关系数的误差值即为相关系数测量精度。

7.3.1.8　系统相位噪声

将发射机输出信号经耦合通道馈入接收机，经下变频变为中频信号，送至数字中频接收机，经 A/D 变换，数字下变频和数字正交变换，得到 I、Q 两路正交信号，计算出相位角。取不少于 32 组的相位角计算标准差即为系统相位噪声。测试步骤：

（1）按上图 7.4 所示接线。

（2）雷达开机，通过自动校准功能测量接收机线性通道输出的 I、Q 信号幅度，通过软件标定功能,读取 64 个接收通道中的相位值,取波动最大的值并将结果存储。

(3)计算应经过不低于 32 次测量统计相位均方根误差即系统相位噪声。

7.3.1.9　地物杂波抑制比

测试方法 1:

在晴空天气时,关闭地物滤除功能,扫描地物,记录地物强度,再打开地物滤除功能,再次扫描同一片地物,记录地物强度,对比前后两次地物强度变化。要求所选择固定位置径向风速 $\leqslant 1 \text{ m/s}$。

测试步骤:

(1)将雷达架设到专门的测试场地。

(2)在晴天气时关闭地物滤除,扫描成片地物,观察地物回波,选择较强的地物目标(大于 50 dBz)记录强度 M。

(3)打开地物滤除功能,再次扫描同一片地物,记录此时地物强度 N。

(4)对比前后两次的地物强度变化值,$M-N$ 即为杂波抑制值,应该大于 50 dB。

测试方法 2:

通过机内信号模拟一个强度为 M(大于 50 dBz)的目标,打开地物滤除功能观察目标强度 N,$M-N$ 即为杂波抑制值,应该大于 50 dB。

7.3.1.10　收发单元通道幅相一致性

通过自动校准功能,采集发射接收通道的幅度相位值,对比各通道幅度相位一致性。

测试步骤:

(1)将雷达正常开启,运行至系统稳定。

(2)将发射接收通道幅相进行补平。

(3)运行自动校准功能,采集发射接收通道的幅度相位值,并计算各通道的幅度差、相位差。

(4)幅度波动应该小于 ±0.5 dB,相位波动均方根误差小于 6°。

7.3.1.11　输出参数

在 7.3.1.6 强度,速度,谱宽,差分反射率因子、差分传播相位、差分传播相位率、相关系数测量范围试过程中通过上位机观察。

7.3.1.12　电源要求

不同型号被试样品的技术指标见表 7.3。

表 7.3　不同型号相控阵雷达性能指标

项目	性能指标		
	增强型	标准型	轻小型
电源要求	三相 AC380×(1±10%)V, 50 Hz×(1±5%)Hz 或单相 AC220×(1±10%)V,50 Hz×(1±5%)Hz		单相 AC220×(1±10%)V, 50 Hz×(1±5%)Hz

测试方法:电源电压变化 ±10%,频率变化 ±5% 时,分别工作 1 h,若能正常工作,判定为合格。

测试步骤:

(1)把电压调为 242 V,频率 52.5 Hz,雷达正常开机 1 h,观察记录雷达运行状况。

（2）把电压调为 242 V,频率 47.5 Hz,雷达正常开机 1 h,观察记录雷达运行状况。

（3）把电压调为 198 V,频率 52.5 Hz,雷达正常开机 1 h,观察记录雷达运行状况。

（4）把电压调为 198 V,频率 47.5 Hz,雷达正常开机 1 h,观察记录雷达运行状况。

注 1:如电源为三相 AC380V 输入,则对应电压上限和下限分别为:418 V 和 342 V。

注 2:此处测试方法亦可现场测试工作输入电压值判断是否合格,或提供相关电源报告证明。

7.3.1.13　重量

不同型号被试样品的技术指标见表 7.4。

表 7.4　不同型号相控阵雷达指标要求

项目	性能指标		
	增强型	标准型	轻小型
重量	≤4 吨	≤3 吨	≤1.2 吨

将雷达关机断电,用吊机专用称重仪,将雷达吊起测量整机重量。若第三方测试报告中有此项测试,亦可接受。

7.3.1.14　环境要求

测试方法:在具有相关资质的第三方测试机构进行,各项指标应该满足功能规格需求书要求。提供第三方环境测试报告。

注:根据 GB/T6587 和《气象观测专用技术装备测试方法 环境适应性（试行）》（气测函〔2016〕5 号)等相关规定,重量超过 100 kg 的大型设备通常不进行振动、冲击和跌落试验。

7.3.1.15　架设方式

测试方法:查看雷达是否设计了固定和车载移动的安装方式,通过外观进行检查。

7.3.1.16　整机功耗

测试方法:雷达正常开机,测试设备输入电压,电流,计算出功耗即可。

雷达正常开机,测试设备输入电压,电流,计算功耗。

测试步骤:

（1）将雷达按正常工作状态设置并开启,运行 10 min,待运行状态稳定。

（2）用万用表测试雷达电源输入端电压 U,用钳流表测试电源输入端电流 I。

（3）计算 $P=U \cdot I$,即得出整机功耗,应≤10 kW。

注:此处测试方法亦可通过钳流表测试总功耗。

7.3.1.17　连续工作时间

雷达正常开机运行,24 h 后检查各状态。

测试步骤:

（1）雷达正常开机运行,记录雷达初始状态。

（2）不间断运行 24 h 后,检查雷达状态,若无异常即表明可连续运行 24 h。

7.3.1.18　微波辐射安全性

雷达正常开机运行,用辐射计检查漏能功率,按照要求,对雷达环境电磁场进行检查。应符合 GJB 5313—2004 要求。提供第三方电磁辐射测试报告。

7.3.1.19　安全标记

目测检查设备是否具有清晰、醒目的相关安全警示标记。

7.3.1.20　互换性

现场更换备件,更换完成开机检查设备状态如果能正常工作,表明雷达备份零件、部件、组件和功能单元均能在现场更换,无需调整而正常工作。

7.3.1.21　电磁兼容性

检查雷达整机是否具有市电滤波和防电磁干扰的能力,是否设置静电屏蔽、磁屏蔽、电磁屏蔽,模拟地线、数字地线和安全地线严格分开等。可提供第三方电磁辐射测试报告证明。

7.3.1.22　安全性

检查雷达是否具有安全性设计,确保雷达能按规定条件进行制造、安装、运输、贮存、使用和维护时的人身安全和设备安全。

7.3.1.23　防雷要求

检查设备安装铁塔的避雷针是否满足设计要求,测试避雷针接地电阻。可提供铁塔防雷测试报告。

7.3.1.24　绝缘性

用万用表测试雷达电源输入口的对地阻抗,绝缘电阻应大于 1 MΩ。或提供第三方测试报告。

7.3.1.25　其他

参考 7.3.1.14 环境测试要求,有关冲击、振动等符合国家有关部门规定。

7.3.1.26　外观

目测,检查外观应协调一致,外表面应无凹痕、碰伤、裂痕和变形等缺陷;镀涂层不起泡、龟裂和脱落;金属零件无锈蚀、毛刺及其他机械损伤。

7.3.1.27　标记与代号

目测,检查机柜、机箱、插件和线缆等应有统一的编号和标记,符合国家标准。印制板、主要元器件等应在相应位置印有与电路图中项目代号相符的标记。标记的文字、字母和符号应完整、规范、清晰和牢固,且便于识读。

7.3.1.28　环境噪声要求

将雷达正常开启,用噪声测试仪测试工作机房以及终端操作室的环境噪声,工作机房的噪声应不大于 85 dB,终端操作室噪声应不大于 65 dB。

7.3.1.29　雷达应有的铭牌包括的内容

目测,检查是否具有雷达的名称、型号(代号)、出厂编号、出厂年月、制造厂商标等相关铭牌。

7.3.2　天线技术指标

检查或测试内容包括:①天线形式;②频率;③天线极化方式;④波束水平宽度(法向);⑤波束垂直宽度(法向);⑥增益(法向);⑦第一副瓣电平(水平);⑧交叉极化隔离度;⑨水平方

向上双线偏振波束角度误差;⑩水平方向上双线偏振 3 dB 波束宽度差;⑪抗风能力(阵风)。检测结果记录在本章附表 7.2,并绘制天线方向图。

检查或测试要求:提供具有测试资质(军方认证、CNAS 认证或其他类似的认证资质)的单位出具的天线各项技术指标测试报告,其中抗风能力可提供设计说明。

7.3.3 天线阵面和伺服系统技术指标

检查或测试内容包括:①天线扫描方式;②天线阵面扫描范围;③天线阵面扫描速度;④天线阵面定位精度;⑤天线阵面控制精度;⑥天线阵面控制字长;⑦角度编码器字长;⑧安全与保护。检测结果记录在本章附表 7.3。

检查或测试要求:天线阵面控制字长,角度编码器字长,安全与保护三项指标为检查内容,其余为测试内容,伺服方面的指标提供测试报告。

7.3.3.1 天线阵面扫描方式

天线阵面可实现 PPI、RHI、体扫、扇扫、定点、用户自定义等扫描形式,在雷达整机上进行各种扫描模式演示。

7.3.3.2 天线阵面扫描范围

7.3.3.2.1 方位

测试方法:设置阵面方位扫描方式为匀速转动,查看水平转动范围是否达到 360°。

测试步骤:

①雷达正常开机;

②查看天线阵面方位转动范围。

7.3.3.2.2 俯仰电子扫描和俯仰机械调整

测试方法:雷达正常开机运行,通过显示界面观察俯仰探测范围。

测试步骤:

①雷达正常开机运行;

②查看天线阵面运动状态,若天线阵面俯仰指向固定不动,显示界面观察俯仰方向探测范围为 $-2°\sim60°$ 即表明俯仰向是电子扫描,而不是机械扫描;

③将雷达停机运转,调整天线阵面俯仰方向的角度(机械角度),通过数显角度仪测量并记录可调节的角度范围即为俯仰机械调整范围。

7.3.3.3 天线阵面扫描速度

设置天线阵面方位转动速度,通过软件记录天线转动圈数 N,旋转时间 T,转动速度 $V=(N\times360)/T$。分别测试最大速度,中间速度,最小速度即可,应满足 $0\sim36°/s$,误差不大于 5% 的要求。亦可提供第三方测试报告证明。

7.3.3.4 天线阵面定位精度

设置天线阵面指向任意方位,查看阵面实际指向方位和设置方位的差值,误差应 $\leqslant$ $0.1°$;俯仰方向定位使用象限仪测量定位,确认仪器精度误差。亦可提供第三方测试报告证明。

测试步骤:

①整机系统通电,上电,控制设置为位置模式;

②调节雷达的方位角度,通过编码器读取返回值;

③方位角度设置为 0°～360°,步进为 30°;

④分别将测量值记录表格中,计算出差值,即:测量值与预置值的差值;

⑤记录方位角最大差值;

⑥俯仰方向定位使用象限仪测量定位或者通过天线传感器测量俯仰角度获得,保证仪器精度误差≤0.1°

7.3.3.5 天线阵面控制精度

测试方法:设置天线阵面指向任意方位,测试输入的方位角度值与实际雷达方位角度值之差,误差≤0.1°。

测试步骤:

①整机系统通电,上电,控制设置为位置模式;

②调节雷达的方位角度,通过编码器读取返回值;

③方位角度设置为 0～360°,步进为 30°;

④分别将测量值记录表格中,计算出差值,即:测量值与预置值的差值;

⑤记录方位角最大差值,并计算求出误差的均方根值,即为方位控制精度。

亦可提供第三方测试报告证明。

7.3.3.6 天线阵面控制字长

通过软件设计保证天线控制字长为 14 位,编码器精度为 16 位,控制字为浮点型。

7.3.3.7 角度编码器字长

测试方法:通过设计保证角度编码器字长位 14 位。编码器精度为 16 位。

7.3.3.8 安全与保护

通过检查天线的外观来查看天线阵面是否具有辅助支撑机构,以保证其在运输架设时的安全性和稳定性。通过上位机界面检查是否具有故障监测以及伺服状态监测等状态监测功能。

7.3.4 发射通道技术指标

检查或测试内容包括:①发射通道形式;②工作频率;③脉冲峰值功率;④发射脉冲宽度;⑤脉冲重复频率;⑥改善因子;⑦发射通道频谱特性;⑧谐波杂散抑制;⑨故障检测与保护。检测结果记录在本章附表 7.4。

检查或测试要求:发射通道形式,故障检测与保护两项指标为检查内容,其余为测试内容。

测试框图:如图 7.6 所示。

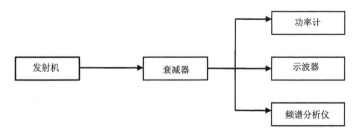

图 7.6 发射通道测试框图

7.3.4.1 发射通道形式

测试方法：发射通道设计为多个独立发射通道，发射通道均采用固态功放芯片，发射通道为全固态分布式。

7.3.4.2 工作频率

与总体技术指标中的频率测试方法和测试步骤一致，同 7.3.1.2。

7.3.4.3 脉冲峰值功率

不同型号被试样品的技术指标见表 7.5。

表 7.5 不同型号相控阵雷达的性能指标

项目	性能指标		
	增强型	标准型	轻小型
脉冲峰值功率（每个极化）	≥500 W	≥200 W	≥100 W

相控阵雷达的发射系统由多个独立发射通道组成，雷达总发射峰值功率为所有发射通道功率之和。测试每路的发射功率即可得到整机发射功率。检测结果记录在本章附表 7.5。

测试方法 1：

雷达总发射峰值功率为雷达所有发射通道功率之和。

测试仪器仪表：频谱仪。

测试步骤：

①按图 7.7 所示，进行测试连接；

图 7.7 发射功率测试连接框图

②通过标定软件分别控制测试水平极化和垂直极化 64 个发射通道的功率 $P_i(i=1,2,3,\cdots,64)$，每个通道功率可由频谱仪/显示得到；

③分别计算水平极化和垂直极化 64 个通道功率求和，得到水平极化发射功率（W）和垂直极化发射功率（W）。

测试方法 2：

相控阵雷达的发射系统由多个独立发射通道组成，雷达总发射峰值功率为所有发射通道功率之和。测试出每路的发射功率即可得到整机发射功率。

测试步骤：

①将雷达开机，设置到发射状态，连接频谱仪，将待测试的通道与天线断开，并连接到频谱仪，为避免损坏仪器，在测试点和频谱仪之间接上大功率衰减器；

②将雷达上电开机，打开发射通道；

③频谱仪中心频率设置为发射频率，带宽为 10 MHz，BW 为 AUTO，Trace 选择为最大保持，通过上位机控制开启待测通道的功率，然后记录频谱仪上的输出功率 P_1，减去测试线缆以及衰减器的损耗 P_2，计算出单路输出功率 P_t（W），所有通道的功率之和即为整机输出功率 P_t（W），增强型应≥500 W（57 dBm），标准型应 200 W（53 dBm），轻小型应 100 W（50 dBm），如

果发射机与天线之间有传输损耗,则发射功率需要增加相应损耗量;

④水平和垂直通道均要满足相关要求。

7.3.4.4　发射脉冲宽度

通过上位机参数设置界面设置脉冲宽度,用示波器测试发射机激励信号脉冲宽度。测试框图如图 7.8。

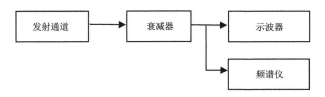

图 7.8　发射脉冲宽度测试框图

测试步骤:

①将雷达开机,设置到发射状态,如图 7.8 所示连接频谱仪或示波器;

②设置发射信号脉冲宽度,如 1 μs,在频谱仪或示波器上查看信号波形;

③设置发射信号脉冲宽度,如 20 μs,在频谱仪或示波器上查看信号波形;

④设置发射信号脉冲宽度,如 40 μs,在频谱仪或示波器上查看信号波形:

⑤设置发射信号脉冲宽度,如 100 μs,在频谱仪或示波器上查看信号波形。

7.3.4.5　脉冲重复频率

将雷达开机,测量发射机每秒钟所产生的射频脉冲(或脉冲串)的数目,设置到对应模式,打开发射通道,用频谱仪测试发射信号的脉冲重复频率。

测试步骤:

①将雷达开机,设置到发射状态,如图 7.2 所示连接频谱仪;

②将雷达正常开机后,设置到警戒模式;

③频谱仪中心频率设置为发射信号频率,SPAN 设置为约 5PRF,RBW 设置为 10 Hz,Trace 设置为平均,即可在频谱仪上观察到多根信号谱线;

④通过频谱仪的 Mark 功能,读取任意相邻谱线的频率间隔即为发射信号脉冲重复频率,应该大于 500 Hz;

⑤将雷达设置到定量模式,同样测试发射信号脉冲重复频率,应该大于 1000 Hz。

7.3.4.6　发射通道输出端极限改善因子

通过频谱仪测试输出信号的信噪比,再根据信噪比,频谱仪分析带宽,脉冲重复频率计算出极限改善因子,测试时选择任意发射通道测试即可。

测试步骤:

①将雷达开机,设置到发射状态,如图 7.2 所示连接频谱仪;

②频谱仪中心频率设置为雷达工作频率,雷达重频 PRF 设置为定量模式下的参数,SPAN 设置为约 5PRF,RBW 设置为 10 Hz,Trace 设置为平均;

③观察频谱仪上的信号谱线,通过频谱仪的 PeakSearch 功能捕捉信号谱线功率最大值 P_1,通过 Mark 功能,标记 PRF/2 处的功率值 P_2,两值的差 $P_1 - P_2$ 即为信噪比 S/N,相邻两根谱线的频率间隔即为脉冲重复频率 F;

④根据公式进行计算得出极限改善因子的值,应≥50 dB。计算公式为:$I=S/N+10\lg B-10\lg F$。

7.3.4.7 发射通道频谱特性

频谱分析仪设置适当的中心频率、扫频范围、扫频带宽、分辨带宽、视频带宽和扫描时间,分别测量不同脉冲宽度下的发射脉冲频谱,测试时选择任意发射通道测试。检测结果记录在本章附表7.6。

测试步骤:

①将雷达开机,设置到发射状态,如图7.2所示连接频谱仪。

②找出中心频率,在低于中心频率峰值 10 dBc、20 dBc、30 dBc、40 dBc、50 dBc 处记录频率值,并计算出发射信号的频谱宽度,如图7.9所示。

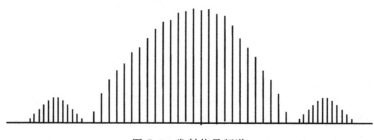

图 7.9 发射信号频谱

7.3.4.8 谐波杂散抑制

用频谱仪测试发射机输出信号中的谐波杂散强度值与载波信号的强度差值,测试时选择任意发射通道测试即可。

测试步骤:

①将雷达开机,设置到发射状态,如图7.2所示连接频谱仪;

②将频谱仪的测试频率范围设置为 1~20 GHz,RBW 设置为 3 kHz;

③观察频谱仪上的信号强度,载波功率与 1~20 GHz 带宽内的最高杂散的差值就是谐波和杂散抑制值。

7.3.4.9 故障检测和保护

将雷达开机,通过雷达显示界面查看是否具备发射通道过温、过压、过流,输出功率低等故障检测和保护功能。

7.3.5 接收通道技术性能指标测试和检查

检查或测试内容包括:①工作频率;②噪声系数;③线性动态范围;④最小可测功率;⑤镜频抑制度;⑥数字中频 A/D 位数;⑦最大脉冲压缩比;⑧故障检测和保护。测试框图如图 7.10。

检查或测试要求:数字中频 A/D 位数,故障检测和保护两项指标为检查内容,其余指标为测试内容检测结果。

图 7.10 接收通道测试框图

7.3.5.1　工作频率

测试方法:用信号源馈入 9.3～9.4 GHz 的单频信号至接收通道,用频谱仪在接收通道检测输出信号是否正常。测试框图如图 7.11。

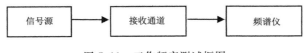

图 7.11　工作频率测试框图

测试步骤:

①将雷达开机,并设置到接收状态,如图 7.11 所示连接信号源,频谱仪;

②设置信号源输出频率为 9.3～9.5 GHz 频率区间内,选取一定的幅度(如 −70 dBm)的单频信号;

③在频谱仪观察输出信号频率,应为雷达正常工作时的中频信号频率。

7.3.5.2　噪声系数

测试方法 1:

噪声系数是接收机输入端信号噪声比与输出端信号噪声比的比值,表征测量接收机内部噪声的大小,通常用分贝表示,采用噪声系数测试仪直接进行测试,测试时选择任意接收通道测试。测试框图如图 7.12。

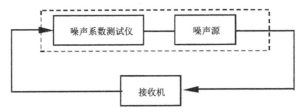

图 7.12　噪声系数测试框图

测试步骤:

①设置频谱仪工作在噪声系数测试模式;

②将噪声源输出直连接入频谱仪的输入端,配置频谱仪中心频点为雷达中频频点,进行校准;

③然后断开噪声源和频谱仪,按测试框图重新进行连接,噪声源作为输入,射频收发单元和上下变频单元作为被测组件,频谱仪测量被测组件噪声系数;

④频谱仪噪声系数模式下,测量设置为平均;

⑤分别配置被测组件工作频率和接收通道(水平极化通道或垂直极化通道),开始测量被测组件噪声系数;

⑥记录不同工作频率和通道的噪声系数读数,并保存截图。

测试方法 2:

测试步骤:

①将信号源输出连接到雷达整机的天线耦合网络输入端,配置信号源中心频点偏离雷达工作频点 1 MHz;

②根据链路预算设置信号源幅度,保障雷达数字接收机有 20 dB 以上的信噪比,同时射频

接收无饱和压缩,一般设置 0 dBm 输出;

③统计数字接收机信号功率,计算整机雷达的系统接收通道增益,记为 Gsys;

④然后关闭信号源,离线统计数字接收机的平均噪声功率,记为 N0;

⑤根据公式 NF＝N0−(−174＋10lg10(BW)＋Gsys),计算整机雷达的系统接收机噪声系数,BW 是统计噪声功率的带宽。

7.3.5.3　线性动态范围

接收机线性动态范围测量采用雷达内部信号源产生输入信号,经过耦合通道馈入接收机前端,在信号处理端读取输出信号强度数据,改变输入信号的功率,测量系统的输入输出特性。当系统处在线性区时,输入和输出是线性关系,即输入增加(减小)1 dB,输出也同步增大(减小)1 dB。由于系统的线性动态不可能无限大,当输入信号增大 1 dB,输出信号增大值小于 1 dB 时即进入了压缩区,当输入输出信号增加量相差 1 dB 时,此时对应的输入信号值即为动态范围上拐点。同理当输入信号减小 1 dB,输出信号减小量小于 1 dB 时即进入了压缩区,当输出信号压缩 1 dB 时对应的输入信号值即动态范围的下拐点。下拐点和上拐点所对应的输入信号强度差值为线性动态范围。

测试框图如图 7.13。检测结果记录在本章附表 7.8,并绘制动态范围曲线。

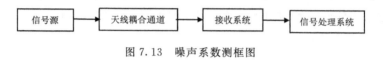

图 7.13　噪声系数测框图

测试步骤:

①将雷达开机,并设置到接收状态,如图 7.13 所示连线,用频谱仪监测输入信号强度;

②调整信号源的功率,先将输入信号设置到接近上拐点的功率值,运行雷达,在信号处理端读取输出信号强度;

③调整幅度范围以及衰减器使输入信号以 1 dB 为步进缓慢增大,读取输出信号强度,找到高端的 1 dB 压缩点,即上拐点 P_1;

④调整信号源的功率及衰减器使输入信号逐渐减小,在中间的线性区间以 10 dB 为步进衰减信号,同时记录输出信号强度,当接近下拐点时,以 1 dB 为步进减小信号,找到低端 1 dB 压缩点,即下拐点 P_2;

⑤$P_1−P_2$ 即为接收机线性动态范围,或者通过动态范围自动测试软件控制信号源输出幅度递增,同步通过频谱仪或信号处理系统读取接收通道中频输出信号强度或数字输出信号强度,直到输出幅度饱和,通过计算得到线性动态范围 D,并拟合数据曲线,拟合后的曲线应类似图 7.14;

⑥对于分布式接收机,若整机系统有 N 个收发通道,由此可得系统动态范围为 D_1:$D_1＝D＋10lg10(N)$。

7.3.5.4　最小可测功率(灵敏度)

测试说明:测试接收机接收微弱信号的能力,常用接收机输入端的最小可检测信号功率来表示。

测试方法:通过调整输入信号功率,在中频域或数字域统计接收机输出信号功率电平,以 1 MHz 带宽内功率大于接收机基底噪声 3 dB 时,对应输入信号功率记为灵敏度。测试场地

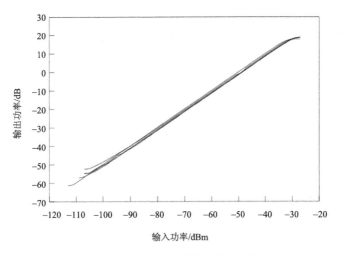

图 7.14　接收机动态测试曲线示例

应是干净的电磁环境,除被测接收机和信号源以外,没有其他频率相近或与接收机中频相近的能量源,最好在微波暗室内进行测试。

7.3.5.5　镜频抑制

用信号源从接收通道口输入偏离中心工作频率两倍中频频率的单频信号,用频谱仪在接收通道输出端测试中频信号的功率,此时的输出功率与正常工作时的信号功率差即为抑制比。

测试步骤:

①将雷达开机,并设置到接收状态,如图 7.11 所示连接信号源,频谱仪;

②信号源设置输出频率为工作频率减去 2 倍的中频频率,幅度为 -50 dBm 的单频信号;

③频谱仪中心频率设置为中频频率,查看输出信号幅度值 P_1;

④信号源设置输出频率为工作频率,幅度为 -50 dBm 的单频信号,同样观察接收机输出的中频信号幅度 P_2;

⑤通过计算 $P_2 - P_1$ 即为镜频抑制比。

7.3.5.6　数字中频 A/D 位数

选用≥14 位的 AD 芯片保证数字中频的位数。

7.3.5.7　最大脉冲压缩比

测试方法:用示波器测试中频输出信号的脉冲宽度 τ,用频谱仪测试中频信号的带宽 B,压缩比为 $\tau \cdot B$。

测试步骤:

①将雷达开机,按图 7.15 所示接线;

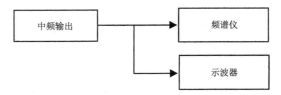

图 7.15　最大脉冲压缩比测试框图

②用频谱仪测试输出信号带宽 B;

③用示波器测试输出信号脉宽 τ,$\tau \cdot B$ 即为脉冲压缩比,应该≥100。

7.3.5.8 故障检测和保护

将雷达开机,通过雷达显示界面查看是否具备发生本振故障、时钟故障、噪声系数超限等故障检测和保护功能。

7.3.6 波束控制与合成单元技术指标

检查或测试内容包括:①波束控制与合成形式;②波束控制精度;③电扫方向上双线偏振波束角度误差;④电扫方向上双线偏振 3 dB 波束宽度误差;⑤同时接收波束数;⑥电扫方向发射第一副瓣电平;⑦电扫方向接收第一副瓣电平。检查或测试要求:波束控制与合成形式指标为检查内容,其余指标为测试内容。

检测结果记录在本章附表 7.9。

7.3.6.1 波束控制与合成形式

采用数字波束形成技术,硬件设计上保证每个发射通道都有数控衰减器与数控移相器,再通过软件设计来控制每个发射通道的幅度、相位,从而实现数字波束形成。

7.3.6.2 波束控制精度

测试方法:发射接收通道采用高精度步进衰减器,高精度步进移相器。幅度和相位的控制精度保证了模拟波束角度的精度达到 5% 以内。测试方法参考 7.3.6.3 双线偏振波束角度误差测试。波束控制精度公式如下:

$$\frac{(实测波束指向角度-理论波束指向角度)}{3.6°/1.8°/1°(轻小型/标准型/增强型)} \leqslant 5\%$$

7.3.6.3 双线偏振波束角度误差

测试说明:水平方向上双线偏振波束角度误差即为:水平极化波束指向角度与垂直极化波束指向角度的差值比上 3.6°/1.8°/1°(轻小型/标准型/增强型),要求误差≤5%;即公式如下:

$$水平方向上:\frac{(水平极化波束指向角度-垂直极化波束指向角度)}{3.6°/1.8°/1°(轻小型/标准型/增强型)} \leqslant 5\%$$

垂直方向上双线偏振波束角度误差即为:水平极化波束指向角度与垂直极化波束指向角度的差值比上 3.6°/1.8°/1°(轻小型/标准型/增强型),要求误差≤5%;即公式如下:

$$垂直方向上:\frac{(水平极化波束指向角度-垂直极化波束指向角度)}{1.8°/1.8°/1°(轻小型/标准型/增强型)} \leqslant 5\%$$

测试仪器仪表:矢量网络分析仪。

测试环境:微波暗室,测试框图见图 7.16。

测试步骤:

①按照近场扫描测试图 7.16 进行连接;

②调整探头至与天线水平极化方向一致;

③进行近场扫描测试,软件自动生成天线发射(接收)水平极化方向图,包括方位切面天线水平极化方向图和俯仰切面天线水平极化方向图;

④分别读取并记录天线发射(接收)方位切面天线水平极化方向图指向角度 Angle_HH_AZ 和俯仰切面天线水平极化方向图指向角度 Angle_HH_EL;

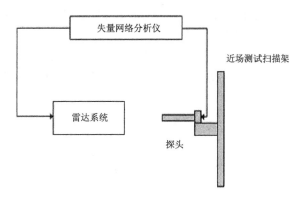

图 7.16　近场扫描测试连接框图

　　⑤调整探头至与天线垂直极化方向一致；

　　⑥进行近场扫描测试,软件自动生成天线发射(接收)垂直极化方向图,包括方位切面天线垂直极化方向图和俯仰切面天线垂直极化方向图；

　　⑦分别读取并记录天线发射(接收)方位切面天线垂直极化方向图指向角度 Angle_VV_AZ 和俯仰切面天线垂直极化方向图指向角度 Angle_VV_EL；

　　⑧计算水平方向上双线偏振波束角度误差为：$\dfrac{(\mathrm{Angle\_HH\_AZ}-\mathrm{Angle\_VV\_AZ})}{(轻小型/标准型/增强型)}$。

　　垂直方向上双线偏振波束角度误差为：$\dfrac{(\mathrm{Angle\_HH\_EL}-\mathrm{Angle\_VV\_EL})}{(轻小型/标准型/增强型)}$。

　　注:此处测试亦可直接提供有资质的第三方的天线测试报告证明。

7.3.6.4　双线偏振 3 dB 波束宽度差

　　测试说明:水平方向上双线偏振 3 dB 波束宽度差即为:水平极化 3 dB 波束宽度与垂直极化 3 dB 波束宽度的差值比上水平极化 3 dB 波束宽度与垂直极化 3 dB 波束宽度的均值,要求误差≤5％;即公式如下:

$$水平方向上：\frac{(水平极化\ 3\ dB\ 波束宽度-垂直极化\ 3\ dB\ 波束宽度)}{(水平极化\ 3\ dB\ 波束宽度+垂直极化\ 3\ dB\ 波束宽度)/2}\leqslant 5％$$

　　垂直方向上双线偏振 3 dB 波束宽度差即为:水平极化 3 dB 波束宽度与垂直极化 3 dB 波束宽度的差值比上水平极化 3 dB 波束宽度与垂直极化 3 dB 波束宽度的均值,要求误差≤5％;公式如下:

$$垂直方向上：\frac{(水平极化\ 3dB\ 波束宽度-垂直极化\ 3dB\ 波束宽度)}{(水平极化\ 3dB\ 波束宽度+垂直极化\ 3dB\ 波束宽度)/2}\leqslant 5％$$

　　测试步骤:

　　①按照近场扫描测试进行连接；

　　②调整探头至与天线水平极化方向一致；

　　③进行近场扫描测试,软件自动生成天线发射(接收)水平极化方向图,包括方位切面天线水平极化方向图和俯仰切面天线水平极化方向图；

　　④分别读取并记录天线发射(接收)方位切面天线水平极化方向图 3 dB 波束宽度 BW3dB_HH_AZ 和俯仰切面天线水平极化方向图 3 dB 波束宽度 BW3 dB _HH_EL；

　　⑤调整探头至与天线垂直极化方向一致；

⑥进行近场扫描测试,软件自动生成天线发射(接收)垂直极化方向图,包括方位切面天线垂直极化方向图和俯仰切面天线垂直极化方向图;

⑦分别读取并记录天线发射(接收)方位切面天线垂直极化方向图 3 dB 波束宽度 BW3dB_VV_AZ 和俯仰切面天线垂直极化方向图 3 dB 波束宽度 BW3dB_VV_EL;

⑧分别计算

水平方向上双线偏振 3 dB 波束宽度差:$\dfrac{(BW3\ dB\_HH\_AZ - BW3\ dB\_VV\_AZ)}{(BW3\ dB\_HH\_AZ + BW3\ dB\_VV\_AZ)/2}$;

垂直方向上双线偏振 3 dB 波束宽度差:$\dfrac{(BW3\ dB\_HH\_EL - BW3\ dB\_VV\_EL)}{(BW3\ dB\_HH\_EL + BW3\ dB\_VV\_EL)/2}$。

注:此处测试亦可直接提供有资质的第三方的天线测试报告证明。

7.3.6.5　同时接收波束数

测试方法:

模拟域:在微波暗室内,雷达正常开机后,通过近场扫描测试,软件自动生成天线接收方向图来判断其是否符合标准。在模拟域实现波束合成,并且每次测量为 1 个波束即可判断其为模拟波束合成 1 个波束;

数字域:同时接收波束数由波控技术与信号处理技术决定,在波束形成时采用宽发窄收模式,发射时发射一个宽波束(发射宽波束可通过近场扫描验证),接收时分 16 个(或≥16 个波束)窄波束同时进行接收。将雷达正常开启后,通过监控显示界面观察接收波束数量,应为16 个(或≥16 个波束),即可判断其为数字波束合成≥16 个波束。

7.3.6.6　电扫方向发射第一副瓣电平

测试说明:测量第一副瓣峰值电平与主瓣峰值电平的比值。在微波暗室内通过近场扫描的方式,测试天线水平极化方向图的第一副瓣电平和垂直极化方向图的第一副瓣电平。

测试步骤:

①近场扫描测试框图 7.16 进行连接;

②调整探头至与天线水平极化方向一致;

③通过控制软件将雷达切换到发射模式;

④进行近场扫描测试,软件自动生成天线发射水平极化方向图,包括方位切面天线水平极化方向图、俯仰切面天线水平极化方向图;

⑤读取并记录天线发射水平极化方向图第一副瓣电平,包括方位切面天线水平极化方向图第一副瓣电平、俯仰切面天线水平极化方向图第一副瓣电平;

⑥调整探头至与天线垂直极化方向一致;

⑦进行近场扫描测试,软件自动生成天线发射垂直极化方向图,包括方位切面天线垂直极化方向图、俯仰切面天线垂直极化方向图;

⑧读取并记录天线发射垂直极化方向图第一副瓣电平,包括方位切面天线垂直极化方向图第一副瓣电平、俯仰切面天线垂直极化方向图第一副瓣电平。

注:此处测试亦可直接提供有资质的第三方的天线测试报告证明。

7.3.6.7　电扫方向接收第一副瓣电平

测试说明:测量第一副瓣峰值电平与主瓣峰值电平的比值。在微波暗室内通过近场扫描的方式,测试天线水平极化方向图的第一副瓣电平和垂直极化方向图的第一副瓣电平。

测试步骤：

①按近场扫描测试框图 7.16 进行连接；

②调整探头至与天线水平极化方向一致；

③通过控制软件将雷达切换到接收模式；

④进行近场扫描测试，软件自动生成天线接收水平极化方向图，包括方位切面天线水平极化方向图、俯仰切面天线水平极化方向图；

⑤读取并记录天线接收水平极化方向图第一副瓣电平，包括方位切面天线水平极化方向图第一副瓣电平、俯仰切面天线水平极化方向图第一副瓣电平；

⑥调整探头至与天线垂直极化方向一致；

⑦进行近场扫描测试，软件自动生成天线接收垂直极化方向图，包括方位切面天线垂直极化方向图、俯仰切面天线垂直极化方向图；

⑧读取并记录天线接收垂直极化方向图第一副瓣电平，包括方位切面天线垂直极化方向图第一副瓣电平、俯仰切面天线垂直极化方向图第一副瓣电平。

注：此处测试亦可直接提供有资质的第三方的天线测试报告证明。

7.3.7　信号处理单元技术性能指标测试和检查

检查或测试内容包括：①脉冲压缩主副瓣比；②距离库长度；③距离库数；④脉冲累计平均次数；⑤强度处理方式；⑥速度处理方式；⑦相关系数处理方式；⑧处理对数；⑨距离退模糊方法；⑩速度退模糊方法；⑪故障检测和保护。

检查或测试要求：对脉压主副比进行测试，其余指标通过参数配置检查即可。

检测结果记录在本章附表 7.9。

7.3.7.1　脉冲压缩主副比

在 7.3.1.6 参数测量范围测试中的强度测试过程中，采集信号处理的强度数据，用软件分析脉压主副比。

测试步骤：

①参考 7.3.1.6 中强度探测范围的测试步骤；

②在显示界面看到模拟目标后，雷达停止运行；

③打开处理软件进行数据分析，查看目标的脉压主副比。

7.3.7.2　距离库长度

在雷达整机上测试，检查雷达参数配置，距离探测最大值与采样点数之比就是距离库长度。另外，回波界面上距离显示的最小间隔也即距离库长度。

测试步骤：

①打开上位机软件，在系统参数配置界面查看长脉冲采样点数 N；

②在回波显示界面，查看回波边界的距离值 M；

③距离库长度 $r = M/N$。

7.3.7.3　距离库数

测试方法：在雷达整机上测试即可，在雷达参数设置界面设置最大距离库数（采样点数），运行雷达，查看是否支持该参数设置。

7.3.7.4 脉冲累计平均次数

在雷达整机上测试,在雷达参数设置界面设置脉冲累计平均次数,运行雷达,查看是否支持该参数设置。

测试步骤:

①雷达开机,分别设置脉冲累计平均次数为 16、32、64、128、256,运行雷达;

②查看不同累计平均次数参数下回波状态是否正常。

7.3.7.5 强度处理方式

测试方法:非相参强度处理方式为 DVIP(数字视频积分),通过算法设计来保证。

相参强度处理方式为 FFT/PPP,通过算法设计来保证。

7.3.7.6 速度处理方式

速度处理方式为一阶相关或多阶相关。

7.3.7.7 处理对数

处理对数能够实现 32、64、128、256 可选,通过算法设计来保证。

7.3.7.8 距离退模糊方法

测试方法:设计保证,采用双向调制的方式来实现距离退模糊,通过算法设计来保证。降雨外场条件下,距离发生模糊,开启距离退模糊算法,实现距离退模糊效果图。

7.3.7.9 速度退模糊方法

测试方法:设计保证,采用了相位速度退模糊方法,将速度探测范围进行了扩展。降雨外场条件下,速度发生模糊,开启速度退模糊算法,实现速度退模糊效果图。

7.3.7.10 故障检测和保护

通上位机软件来查看是否具备 IQ 数据、数据丢包、参数输出等状态的实时监控。

7.3.8 监控与显示技术指标

检查或测试内容包括:本地、远程在线监测显示雷达自动测试结果、上传基础参数、附属设备状态参数等。①雷达静态参数;②雷达运行模式参数;③雷达运行环境参数;④雷达在线标定参数。检查结果记录在本章附表 7.10。

检查或测试要求:各项指标为检查内容。

7.3.8.1 雷达静态参数

测试方法:雷达正常开机运行,在上位机上查看是否正常上传各项雷达静态参数:雷达站号、站点名称、纬度、经度、天线高度、地面高度、雷达类型、RC 版本号、工作频率、天线增益、水平波束宽度、垂直波束宽度、发射馈线损耗、接收馈线损耗、其他损耗。

7.3.8.2 雷达运行模式参数

测试方法:雷达正常开机运行,在上位机上查看是否正常上传各项雷达运行模式参数:日期、时间、体扫模式、控制权标志、系统状态、上传状态数据格式版本号、雷达标记。

7.3.8.3 雷达运行环境参数

测试方法:雷达正常开机运行,在上位机上查看是否正常上传各项雷达运行环境参数:阵面温度、各组件温度、底座温度、各组件电压、各组件电流、各组件功率、各组件工作状态。

7.3.8.4　雷达在线标定参数

测试方法:雷达正常开机运行,在上位机上查看是否正常上传各项雷达在线标定参数:水平通道滤波前强度、水平通道滤波后强度、垂直通道滤波前强度、垂直通道滤波后强度、水平通道峰值功率、水平通道平均功率、垂直通道峰值功率、垂直通道平均功率、短脉冲系统标定常数、长脉冲系统标定常数、反射率期望值、反射率测量值、速度期望值、速度测量值、谱宽期望值、谱宽测量值、短脉冲宽度、长脉冲宽度、Z_{DR} 标定值、Φ_{DP} 标定值。

7.3.9　气象产品

检查或测试内容包括:①气象产品种类;②图形处理;③软件运行环境。

检查或测试要求:各项指标在试验实验中进行实际测试。检查结果记录在本章附表 7.11。

7.3.9.1　气象产品种类

气象产品种类属于雷达功能检查范畴,这里是检查各项气象产品是否满足要求。

检查步骤:

将相控阵雷达系统软件开启,回放历史天气过程数据或实时反演天气过程观测数据,检查各气象产品是否满足《需求书》指标要求,气象产品应包括如下内容:

①基本数据产品:PPI 显示、RHI 显示、CAPPI 显示、垂直剖面显示、组合反射率(CR)显示、最大值显示(MAX);

②基础量原始反射率因子(T)、反射率因子(Z)、径向速度(V)、谱宽(W)、差分反射率因子(Z_{DR})、差分相位移(Φ_{DP}),差分相移率 KDP、相关系数 CC;

③物理量产品:回波顶高(ET)、回波底高(EB)、1 h 累积降水量(OHP)、3 h 累积降水量(THP)、n 小时累积降水量(NHP)、风暴总积累降水量(STP)、垂直积分液态水(VIL)、最强回波高度、质心高度;

④风场产品:速度方位显示(VAD)、速度方位显示风廓线(VWP)、风场反演;

⑤强天气识别产品:风暴结构分析(SS)、冰雹指数(HI)、风暴追踪信息(STI)、中尺度气旋(M)、龙卷涡旋特征(TVS);

⑥偏振数据产品:粒子相态识别、融化层识别、双线偏振定量降水估测。

7.3.9.2　图形处理

测试方法:检查上位机软件是否具备各项功能即可。应该包含如下内容:

①多要素显示;

②多层 CAPPI 显示;

③多仰角多画面显示;

④体扫多仰角 PPI 同时预览;

⑤体扫所有方位角 RHI 同时阅览;

⑥体扫无间隔 RHI 扫描显示预览;

⑦动画回放;

⑧图形放大、平滑、透明;

⑨图形存储和背景图加载;

⑩直方图显示;

⑪等值线显示；

⑫游标引导：通过游标录取并显示游标所在点的方位、高度、距离、回波强度等数据；

⑬PPI滑动RHI选择：通过在PPI上选择指针方位角度，双击选中角度，可获取对应位置RHI；

⑭图像选择编辑工具：图片图像在线编辑、文字编辑，图像图形圈选功能；

⑮光标联动。

7.3.9.3　软件运行环境

测试方法：分别在主流PC,Windows系列操作系统或Linux操作系统上安装运行上位机软件，检查是否能够正常运行。

7.4　动态比对试验

动态比对试验内容包括：①数据完整性(或数据缺测率)；②数据可比较性；③设备可靠性和可维修性。试验期间填写动态比对试验值班日志，见附表C。如果雷达出现故障，还应填写设备故障维修登记表，见附表A。

7.4.1　数据完整性

测试方法：去除由于外界干扰(非设备原因)造成的数据缺测，对相控阵雷达数据缺测率进行评估。外场测试中以雷达做完一个体扫作为一个观测周期，一个观测周期计为一次观测，一个体扫不完整视为该次观测缺测。

测试步骤：

①计算缺测率，缺测率(%)＝(测试期内累计缺测次数/测试期内应观测总次数)×100%；

②评估指标，缺测率(%)≤2%。

7.4.2　数据可比较性

本测试主要是将相控阵雷达的探测资料与业务天气雷达的观测资料作对比，检查被试相控阵雷达对降水目标探测能力。原则上作为参考标准的业务天气雷达其工作频率(波长)应与被试雷达的工作频率相同，若实在没有相同波长的雷达在附近，可考虑用其他波段的业务天气雷达的资料作为参考比较，仅作定性分析。气象产品数据格式采用功能规格书规定的格式，数据格式见《需求书》附录2。

比较方法：

在相控阵雷达扫描数据所在的空间内，根据相控阵雷达的经度、纬度、海拔高度，算出每一个距离库的经度、纬度、海拔高度，同时根据参考的业务天气雷达的经纬度及海拔高度，找出参考的天气雷达扫描数据与相控阵扫描数据所在空间重叠的所有距离库的经纬度和海拔高度，即从雷达扫描的极坐标转为地球坐标，从而找出两部雷达在空间中相对应的点，用这些点进行比较。实际处理中可能很多点并不刚好完完全全重叠，但只要这两个点足够近(相距小于两部雷达库长相加的平均数)就可以认为这两个点具有可比性，组成一个比较点对。具体计算方法如下：

首先建立相应的雷达坐标系，如图7.17所示。设雷达站经度为λ_r，纬度为φ_r，天线海拔高度h_r。以雷达天线处为坐标原点，根据右手螺旋法则建立雷达坐标系。如图7.17所示，Z轴由地心通过原点指向天顶；取与Z轴垂直平面(雷达天线基座水平面)为参考平面，取通过雷达站的径圈平面与参考平面的交线为 Y 轴,指向正北;X 轴垂直于 Y 轴,指向东方。地心与参考平面之间的距离为 $R_e + h_r = R_0$。目标物 A 与地心之间的连线分别与参考平面和地球体的交点为 C 和 B,根据天气雷达测定目标位置的原理,曲线弧长 OA 为探测距离 L,它在 O 点处的切线方向与参考平面的夹角为仰角 α,OC 与 Y 轴顺时针方向的夹角为方位角 θ。显然,A 和 B 的经纬度相同,二者之间的距离 H 为海拔高度。

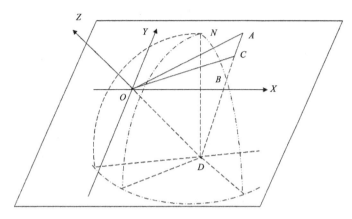

图 7.17　雷达坐标系示意

在实际计算中,进行比较的"数据对"可用雷达的仰角 α、方位角 θ 和距离库序号 n 进行表示 $P_1(\alpha_1, \theta_1, n_1) - P_2(\alpha_2, \theta_2, n_2)$。雷达观测数据通常以极坐标 (R, θ, α) 形式表示,其中:R 是探测斜距,θ 是方位角,α 是仰角。而计算各距离库间的距离需要用到该库的地理经纬度坐标,因而需要在极坐标和经纬度坐标进行转换。假设 (λ, φ, H) 分别是目标点 B 的经度、纬度和海拔高度,φ_r 是雷达站纬度,$\Delta\lambda = \lambda - \lambda_r$ 是 B 点和雷达站精度差,$\varphi = (90° - \varphi_B)$ 即 B 点的余纬,β 是 A、B 两点地心角,θ 为目标 B 的雷达观测方位角,R_m 为等效地球半径,取标准大气下实际地球半径的 4/3 倍,L 为 A、B 两点间的距离公式,h_r 为雷达天线高度,转换的数学公式如下:

$$\begin{cases} \varphi = \arcsin(\cos\beta\sin\varphi_r + \sin\beta\cos\varphi_r\cos\theta) \\ \lambda = \arcsin(\sin\theta\sin\beta / \cos\varphi) + \lambda_r \\ H = \sqrt{L^2 + (R_m + h_r)^2 - 2L(R_m + h_r)\cos(90° + \alpha)} - R_m \end{cases} \quad (7.16)$$

在试验验证期间,收集天气过程中相控阵雷达及业务天气雷达的数据,用以上对应点比较的方法对所有对应点数据进行统计,给出均值差、标准差、相关系数等统计信息,同时给出数据比较点对的散点图。

$$D = \frac{1}{n}\sum_{i=1}^{n}(X_i - Y_i) \quad (7.17)$$

$$\sigma = \sqrt{\frac{1}{n-1}\Big[\sum_{i=1}^{n}(X_i - Y_i)^2 - nD^2\Big]} \quad (7.18)$$

$$\rho = \frac{\sum_{i=1}^{n}X_iY_i - n\overline{X}\,\overline{Y}}{\sqrt{\sum_{i=1}^{n}X_i^2 - n\overline{X}^2}\sqrt{\sum_{i=1}^{n}Y_i^2 - n\overline{Y}^2}} \quad (7.19)$$

式中,D 为均值;σ 为标准差;ρ 为相关系数,X_i 和 Y_i 分别为两部雷达数据对的反射率因子数据点的数值, $\overline{X}$ 和 $\overline{Y}$ 分别为两部雷达数据对的反射率因子数据点的数值的平均值。均值差表征数据对的整体强弱情况,标准差表征数据对的离散程度,标准差越大分布越不集中。相关系数表征数据对变化趋势的一致程度,相关系数越大表明线性一致程度越高。

测试步骤:

①通过两部雷达的经纬度及海拔高度计算出被试相控阵雷达与参考雷达在空间中的数据点配对集合,记录各配对点的仰角,方位角,距离库编号等信息,计算时直接根据此信息进行检索;

②在采集到数据集合中找出在时间上基本一致的数据,根据步骤①中给出的配对点信息直接比较,比较的项目包括:目标方位、仰角、距离、面积、回波强度、径向速度等,可选取天气过程中的强回波块作为目标,如果比对的雷达不在同一个位置点,计算时要根据位置进行换算,比较换算后的方位,仰角,距离等项目是否基本一致,至少对比 15 组数据,此外应特别记录比对的雷达在一次天气演变过程的开始、维持、消亡三阶段的时间差异;

③按照规定时段分别将比对参数进行分组处理,计算各组的系统误差和标准差等,至少对比 15 组数据,分别在同一直角坐标系内制作回波强度和径向速度的雷达测量误差变化连续图形,以表示被试雷达的测量误差随时间的变化和散点分布图,进行定性分析;

④对比灾害性天气(冰雹,龙卷、飑线等)回波特征提取和报警的正确、漏报的情况,并分类进行统计;

⑤比对试验资料采集必须有暴雨、强对流、小雨、中雨、大雨等过程资料,同类天气过程资料比对次数不少于 3 次,比对试验时间应不少于 3 个月,并保证连续运行时间不少于一个月。

结果评判:

鉴于雷达探测的复杂性,雷达在不同位置所采集到的反射率因子等数据所受到的影响因素较多,这里只需给出定性分析结果,若无明显的差异可判断为合格。

7.4.3　设备可靠性和可维修性

7.4.3.1　可靠性试验

按照定时截尾试验方案,在 QX/T 526—2019 表 A.1 的方案类型中选用标准型或短时高风险两种试验方案之一,推荐选用标准型试验方案。

(1)标准型试验方案

采用生产方和使用方风险各为 20%,鉴别比为 3.0 的定时截尾试验方案,试验的总时间为规定 MTBF 下限值的 4.3 倍,接受故障数为 2,拒收故障数为 3。

试验总时间(T)为: $T = 4.3 \times 2000 \text{ h} = 8600 \text{ h}$。

若有 2 套相控阵雷达参加测试,每套平均试验(t)为: $t = 8600 \text{ h}/2 = 4300 \text{ h} = 180 \text{ d} \approx 6$ 个月。即 2 套雷达可靠性试验需要 180 d(约 6 个月),期间可以出现 2 次故障。3 台及以上参加测试以此类推。

(2)短时高风险试验方案

采用生产方和使用方风险各为 30%,鉴别比为 3.0 的高风险定时试验统计方案,试验的总时间为规定 MTBF 下限值的 1.1 倍,接受故障数为 0,拒收故障数为 1。

验总时间(T)为: $T = 1.1 \times 2000 \text{ h} = 2200 \text{ h}$。

若有 2 套相控阵雷达参加测试,每套平均试验时间 t 为: $t = 2200 \text{ h}/2 = 1100 \text{ h} = 46 \text{ d} \approx 1.5$

个月。即 2 套雷达可靠性试验需要 46 d(约 1.5 个月),期间不可出现故障。根据 QX/T 526—2019 的 5.3 规定,试验时间应至少 3 个月。

　　(3)故障的认定和记录

　　动态比对试验期间,按照 QX/T 526—2019 的 A.3 认定和记录故障。故障认定应区分责任故障和非责任故障,故障记录在动态比对试验的设备故障维修登记表中,见附表 A。出现一次故障记录一次,重复故障确认修复并经验证后只记录一次。

7.4.3.2　可维修性

　　相控阵雷达发生故障时,记录故障修复所需时间,统计平均维修时间(MTTR)。

7.4.3.3　评定指标

　　平均故障间隔时间(MTBF)≥2000 h;平均故障修复时间(MTTR)≤0.5 h。

7.5　结果评定

　　①所有测试项目中,按照本方案规定的方法进行测试;各测试项目,按照试验方法的指标要求进行是否合格的判定。

　　②被试相控阵雷达的性能参数测试,符合《需求书》技术性能指标要求的判为合格,若不符合指标要求的判为不合格;当测试的技术性能参数不符合《需求书》的指标时暂停测试,参试单位在 24 h 内查明原因、采取措施并达到要求,方可继续进行测试;同一参数发生测试不合格次数达到 3 次则该参数判为不合格,只要有技术性能参数不合格则被试产品将被判为不合格。

　　③被试相控阵雷达的功能和业务应用产品等检查项目,检查结果符合《需求书》技术指标要求的为合格;若不符合要求,允许生产方在测试过程更换样品及配件,重新检查合格,也可判为合格,否则为不合格。

　　④由第三方出具报告的测试或功能检查项目,报告中的测试或检查结果满足《需求书》技术指标要求的判为合格,否则为不合格。

本章附表

附表 7.1 总体技术指标测试记录表

<table>
<tr><td rowspan="3">被试样品</td><td>名称</td><td colspan="2">X 波段双偏振一维相控阵天气雷达系统</td><td>测试日期</td><td colspan="2"></td></tr>
<tr><td>型号</td><td colspan="2"></td><td>环境温度</td><td></td><td>℃</td></tr>
<tr><td>编号</td><td colspan="2"></td><td>环境湿度</td><td></td><td>%</td></tr>
<tr><td colspan="2">被试方</td><td colspan="2"></td><td>测试地点</td><td colspan="2"></td></tr>
<tr><td colspan="2">测试项目</td><td colspan="2">指标要求</td><td colspan="2">测试结果</td><td>结论</td></tr>
<tr><td colspan="2">雷达体制</td><td colspan="2">双线偏振体制</td><td colspan="2"></td><td></td></tr>
<tr><td colspan="2">工作频率</td><td colspan="2">9.3～9.5 GHz</td><td colspan="2"></td><td></td></tr>
<tr><td colspan="2">整机寿命</td><td colspan="2">≥15 a</td><td colspan="2"></td><td></td></tr>
<tr><td colspan="2" rowspan="3">探测距离范围</td><td colspan="2">轻小型:警戒≥100 km、定量≥50 km</td><td colspan="2">警戒</td><td></td></tr>
<tr><td colspan="2">标准型:警戒≥120 km、定量≥60 km</td><td colspan="2" rowspan="2">定量</td><td rowspan="2"></td></tr>
<tr><td colspan="2">增强型:警戒≥150 km、定量≥75 km</td></tr>
<tr><td colspan="2">近距离盲区范围</td><td colspan="2">≤300 m</td><td colspan="2"></td><td></td></tr>
<tr><td colspan="2" rowspan="3">50 km 处可探测的最小
反射率因子(参考值)</td><td colspan="2">轻小型:≤16 dBz</td><td colspan="2" rowspan="3"></td><td rowspan="3"></td></tr>
<tr><td colspan="2">标准型:≤12 dBz</td></tr>
<tr><td colspan="2">增强型:≤3 dBz</td></tr>
<tr><td rowspan="8">测量
范围</td><td>强度</td><td colspan="2">−15～80 dBz</td><td colspan="2"></td><td></td></tr>
<tr><td>速度</td><td colspan="2">±48 m/s</td><td colspan="2"></td><td></td></tr>
<tr><td>谱宽</td><td colspan="2">0～16 m/s</td><td colspan="2"></td><td></td></tr>
<tr><td>差分反射率因子</td><td colspan="2">−7.9～7.9 dB</td><td colspan="2"></td><td></td></tr>
<tr><td>差分传播相位</td><td colspan="2">−90°～90°,或−180°～180°</td><td colspan="2"></td><td></td></tr>
<tr><td>差分传播相位率</td><td colspan="2">−2～20°/km</td><td colspan="2"></td><td></td></tr>
<tr><td>相关系数</td><td colspan="2">0～1</td><td colspan="2"></td><td></td></tr>
<tr><td rowspan="9">参数
测量
精度</td><td>强度</td><td colspan="2">≤1 dB</td><td colspan="2"></td><td></td></tr>
<tr><td>距离</td><td colspan="2">≤30 m</td><td colspan="2"></td><td></td></tr>
<tr><td>速度</td><td colspan="2">≤1 m/s</td><td colspan="2"></td><td></td></tr>
<tr><td>谱宽</td><td colspan="2">≤1 m/s</td><td colspan="2"></td><td></td></tr>
<tr><td>差分反射率因子</td><td colspan="2">≤0.2 dB</td><td colspan="2"></td><td></td></tr>
<tr><td>差分传播相位</td><td colspan="2">≤3°</td><td colspan="2"></td><td></td></tr>
<tr><td>差分传播相位率</td><td colspan="2">≤0.2°/km</td><td colspan="2"></td><td></td></tr>
<tr><td>相关系数</td><td colspan="2">≤0.01</td><td colspan="2"></td><td></td></tr>
<tr><td colspan="2">系统相位噪声</td><td colspan="2">≤0.2°</td><td colspan="2"></td><td></td></tr>
<tr><td colspan="2" rowspan="3">地物杂波抑制比</td><td colspan="2" rowspan="3">≥50 dB</td><td colspan="2">关闭地物杂波滤除</td><td></td></tr>
<tr><td colspan="2">打开地物杂波滤除</td><td></td></tr>
<tr><td colspan="2">地物杂波抑制比</td><td></td></tr>
<tr><td colspan="2" rowspan="2">收发单元通
道幅相一致性</td><td colspan="2">幅度波动小于±0.5 dB</td><td colspan="2">幅度波动</td><td></td></tr>
<tr><td colspan="2">相位波动均方根误差小于±3°</td><td colspan="2">相位波动</td><td></td></tr>
</table>

续表

被试样品	名称	X波段双偏振一维相控阵天气雷达系统		测试日期	
	型号			环境温度	℃
	编号			环境湿度	%
被试方				测试地点	

测试项目		指标要求	测试结果	结论
输出参数		强度、速度、谱宽、差分反射率因子、差分传播相位、差分传播相位率、相关系数		
电源要求		增强型、标准型：三相 AC380×(1±10%)V,50 Hz×(1±5%)Hz 或单相 AC220×(1±10%)V,50 Hz×(1±5%)Hz;轻小型：单相 AC220×(1±10%)V,50 Hz×(1±5%)Hz		
重量		轻小型：≤1.2 t,标准型：≤3.0 t,增强型：≤4.0 t		
环境要求	工作温度	室外、车厢外装备：−40~50℃		
		室内、车厢内装备：0~40℃		
	贮存温度	−40~60℃		
	最大湿度(30 ℃)	室外：≤95%,室内：≤90%	室外：,室内：	
	工作高度	海拔高度：≤3000 m		
	冲击、振动、淋雨	符合国家有关部门规定,且满足野外运输要求		
	抗干扰	电源干扰、电磁干扰、无线电频率干扰		
架设方式		可固定架设也可车载移动式		
整机功耗(峰值)		≤10 kW		
连续工作时间		可24 h工作		
微波辐射安全性		雷达微波漏能功率密度应符合 GJB5313—2004 或GB8702—2014 的要求		
安全标记		雷达高压部位、微波泄漏部位、机械动部位应有清晰、醒目的安全警示标记		
互换性		雷达备份零件、部件、组件和功能单均能在现场更换,无需调整而正常工作		
安全性		雷达应有安全性设计,确保雷达按规定条件进行制造、安装、运输、贮存使用和维护时的人身安全和设备安全		
防雷要求		雷达站避雷针接地系统应与建筑物接地系统分开,避雷针应避开雷达的主要探测方向,其高度应使天线处于45°护角内,避雷针接地电阻应不大于 4 Ω。雷达电源线输入端应加装防雷滤波器,室外电缆一律采用屏蔽电缆		

被试样品	名称	X 波段双偏振一维相控阵天气雷达系统		测试日期	
	型号			环境温度	℃
	编号			环境湿度	%
被试方				测试地点	
测试项目		指标要求		测试结果	结论
绝缘性		雷达各初级电源与大地间绝缘电阻应大于 1 MΩ			
外观质量		外观应协调一致。外表面应无凹痕、伤、裂痕和变形等缺陷；镀涂层不起泡、龟裂和脱落；金属零件无锈蚀、毛刺及其他机械损伤			
雷达应有的铭牌		雷达的名称、型号（代号）；出厂编号；出厂年月；制造厂商标			

测试单位_____   测试人员_____

附表 7.2　天线技术性能指标检测记录

被试样品	名称	X 波段双偏振一维相控阵天气雷达系统		测试日期	
	型号			环境温度	℃
	编号			环境湿度	%
被试方				测试地点	
测试项目		指标要求		测试结果	结论
天线形式		双线偏振相控阵阵列天线			
频率		9.3~9.5 GHz			
天线极化方式		线性水平、垂直极化			
波束水平宽度（水平偏振和垂直偏振）（法向）		轻小型：≤3.6° 标准型：≤1.8° 增强型：≤1.0°			
波束垂直宽度（水平偏振和垂直偏振）（法向）		轻小型：≤1.8° 标准型：≤1.8° 增强型：≤1.0°			
增益（法向）		轻小型：≥36 dB 标准型：≥38 dB 增强型：≥42 dB			
第一副瓣电平（水平）		≤−23 dB			
交叉极化隔离度		≥30 dB			
水平方向上双线偏振波束角度误差		≤5%			
水平方向上双线偏振 3dB 波束宽度差		≤5%			
抗风能力（阵风）		无天线罩：8 级风工作，10 级风不损坏， 有天线罩：17 级风速下正常工作			

天线方向图（E 面）

天线方向图（H 面）

测试单位＿＿＿＿＿＿＿＿＿＿＿＿＿＿＿＿＿　　　　测试人员＿＿＿＿＿＿＿＿＿＿＿＿＿＿＿＿＿

附表 7.3　天线阵面和伺服系统技术指标检测记录

<table>
<tr><td rowspan="3">被试样品</td><td>名称</td><td colspan="2">X 波段双偏振一维相控阵天气雷达系统</td><td>测试日期</td><td></td></tr>
<tr><td>型号</td><td colspan="2"></td><td>环境温度</td><td>℃</td></tr>
<tr><td>编号</td><td colspan="2"></td><td>环境湿度</td><td>%</td></tr>
<tr><td colspan="3">被试方</td><td>测试地点</td><td></td></tr>
<tr><td colspan="2">测试项目</td><td>指标要求</td><td>测试结果</td><td>结论</td></tr>
<tr><td colspan="2">天线阵面扫描方式</td><td>PPI、RHI、体扫、扇扫、定点、用户自定义</td><td></td><td></td></tr>
<tr><td rowspan="3">天线阵面扫描范围</td><td>方位机械扫描</td><td>0～360°连续扫描</td><td></td><td></td></tr>
<tr><td>俯仰电子扫描</td><td>−2°～60°</td><td></td><td></td></tr>
<tr><td>俯仰机械调整</td><td>0～90°</td><td></td><td></td></tr>
<tr><td>天线阵面扫描速度</td><td>方位</td><td>0～36°/s,误差不大于 5%</td><td></td><td></td></tr>
<tr><td rowspan="2">天线阵面定位精度</td><td>方位</td><td>≤0.1°</td><td></td><td></td></tr>
<tr><td>俯仰</td><td>≤0.1°</td><td></td><td></td></tr>
<tr><td>天线阵面控制精度</td><td>方位</td><td>≤0.1°</td><td></td><td></td></tr>
<tr><td colspan="2">天线阵面控制字长</td><td>≥14 位</td><td></td><td></td></tr>
<tr><td colspan="2">角度编码器字长</td><td>≥14 位</td><td></td><td></td></tr>
<tr><td colspan="2">安全与保护</td><td>天线阵面应设有辅助支撑锁定机构,以保证其在运输架设时的安全性和稳定性。天线阵面的方位运转系统中应具有安全保护措施并具备锁定功能</td><td></td><td></td></tr>
</table>

测试单位＿＿＿＿＿＿＿＿＿＿＿＿＿＿＿＿　　　测试人员＿＿＿＿＿＿＿＿＿＿＿＿＿＿＿＿＿

附表 7.4　发射通道技术指标检测记录

被试样品	名称	X 波段双偏振一维相控阵天气雷达系统	测试日期	
	型号		环境温度	℃
	编号		环境湿度	%
被试方			测试地点	

测试项目	指标要求	测试结果		结论
发射通道形式	全固态分布式			
工作频率	9.3～9.5 GHz			
脉冲峰值功率 （每个极化）	轻小型：≥100 W 标准型：≥200 W 增强型：≥500 W			
发射脉冲宽度	1～200 μs(可选)	1 μs 测试		
		20 μs 测试		
		40 μs 测试		
		100 μs 测试		
脉冲重复频率	≥500 Hz(警戒) >1000 Hz(定量)	1.25 kHz(警戒)		
		2.77 kHz(定量)		
发射通道输出 端极限改善因子	≥50 dB	信噪比		
		重复频率		
		频谱仪分析带宽		
		极限改善因子		
发射通道频谱特性	符合相关规定中对所占频谱要求			
谐波和杂散抑制	≥40 dB			
故障检测和保护	发生过温、过压、过流 等情况时可报警并实现自保； 输出功率低时输出报警信号			

测试单位＿＿＿＿＿＿＿＿＿＿＿＿＿＿＿　　　　测试人员＿＿＿＿＿＿＿＿＿＿＿＿＿＿＿

附表 7.5 发射功率测试记录

	名称	X 波段双偏振一维相控阵天气雷达系统						测试日期	
被试样品	型号							环境温度	℃
	编号							环境湿度	%
被试方								测试地点	

	通道号	1	2	3	4	5	6	7	8
水平极化发射功率/W	功率								
	通道号	9	10	11	12	13	14	15	16
	功率								
	通道号	17	18	19	20	21	22	23	24
	功率								
	通道号	25	26	27	28	29	30	31	32
	功率								
	通道号	33	34	35	36	37	38	39	40
	功率								
	通道号	41	42	43	44	45	46	47	48
	功率								
	通道号	49	50	51	52	53	54	55	56
	功率								
	通道号	57	58	59	60	61	62	63	64
	功率								
	总功率								
垂直极化发射功率/W	通道号	1	2	3	4	5	6	7	8
	功率								
	通道号	9	10	11	12	13	14	15	16
	功率								
	通道号	17	18	19	20	21	22	23	24
	功率								
	通道号	25	26	27	28	29	30	31	32
	功率								
	通道号	33	34	35	36	37	38	39	40
	功率								
	通道号	41	42	43	44	45	46	47	48
	功率								
	通道号	49	50	51	52	53	54	55	56
	功率								
	通道号	57	58	59	60	61	62	63	64
	功率								
	总功率								

测试单位_____　　　　测试人员_____

附表 7.6　频谱特性测试记录

被试样品	名称	X 波段双偏振一维相控阵天气雷达系统		测试日期	
	型号			环境温度	℃
	编号			环境湿度	%
被试方				测试地点	
测试项目		指标要求	测试结果		结论
距离中心频率 频谱线衰减量/dBc		频谱宽度/MHz			
		左频偏	右频偏		谱宽
−10					
−20					
−30					
−35					
−40					
−50					

测试单位_____　　测试人员_____

附表 7.7　接收通道技术性能检测记录

<table>
<tr><td rowspan="3">被试样品</td><td>名称</td><td colspan="2">X 波段双偏振一维相控阵天气雷达系统</td><td>测试日期</td><td></td></tr>
<tr><td>型号</td><td colspan="2"></td><td>环境温度</td><td>℃</td></tr>
<tr><td>编号</td><td colspan="2"></td><td>环境湿度</td><td>%</td></tr>
<tr><td>被试方</td><td colspan="3"></td><td>测试地点</td><td></td></tr>
<tr><td colspan="2">测试项目</td><td colspan="2">指标要求</td><td>测试结果</td><td>结论</td></tr>
<tr><td colspan="2">工作频率</td><td colspan="2">9.3～9.5 GHz</td><td></td><td></td></tr>
<tr><td colspan="2">噪声系数</td><td colspan="2">≤4 dB</td><td></td><td></td></tr>
<tr><td colspan="2">接收系统动态范围</td><td colspan="2">≥95 dB</td><td></td><td></td></tr>
<tr><td colspan="2">最小可测功率(灵敏度)</td><td colspan="2">≤−110 dBm(带宽 1 MHz)</td><td></td><td></td></tr>
<tr><td colspan="2">镜频抑制度</td><td colspan="2">≥60 dB</td><td></td><td></td></tr>
<tr><td colspan="2">模数 A/D 变换位数</td><td colspan="2">≥14 位</td><td></td><td></td></tr>
<tr><td colspan="2">最大脉冲压缩比</td><td colspan="2">≥100</td><td></td><td></td></tr>
<tr><td colspan="2">故障检测和保护</td><td colspan="2">发生本振故障,时钟故障,噪声系数超限,双通道幅相一致性超限等情况时可报警</td><td></td><td></td></tr>
</table>

测试单位＿＿＿＿＿＿＿＿＿＿＿＿＿＿＿＿＿　　测试人员＿＿＿＿＿＿＿＿＿＿＿＿＿＿＿＿＿

附表 7.8　动态范围测试记录

被试样品	名称	X 波段双偏振一维相控阵天气雷达系统		测试日期	
	型号			环境温度	℃
	编号			环境湿度	%
被试方				测试地点	
序号	输入信号功率/dBm			通道输出信号强度/dBm	
1					
2					
3					
4					
5					
6					
7					
8					
9					
10					
11					
12					
13					
14					
15					
16					
17					
18					
19					
20					
……					
动态范围上下拐点计算结果			通道曲线		
拟合直线斜率					
上拐点:下拐点:					
动态范围测试结果					

动态范围曲线

测试单位＿＿＿＿＿＿＿＿＿＿＿＿＿＿　　　　测试人员＿＿＿＿＿＿＿＿＿＿＿＿＿＿

附表 7.9　波束控制与合成单元技术指标检测记录

<table>
<tr><td rowspan="3">被试样品</td><td>名称</td><td colspan="3">X 波段双偏振一维相控阵天气雷达系统</td><td>测试日期</td><td colspan="2"></td></tr>
<tr><td>型号</td><td colspan="3"></td><td>环境温度</td><td colspan="2">℃</td></tr>
<tr><td>编号</td><td colspan="3"></td><td>环境湿度</td><td colspan="2">%</td></tr>
<tr><td>被试方</td><td colspan="4"></td><td>测试地点</td><td colspan="2"></td></tr>
<tr><td>测试项目</td><td colspan="4">指标要求</td><td colspan="2">测试结果</td><td>结论</td></tr>
<tr><td>波束控制和合成形式</td><td colspan="4">模拟波束合成或者数字波束合成</td><td colspan="2"></td><td></td></tr>
<tr><td>波束控制精度</td><td colspan="4">≤5%</td><td colspan="2"></td><td></td></tr>
<tr><td rowspan="2">双线偏振波束
角度误差</td><td colspan="4">水平方向上双线偏振波束角度误差≤5%</td><td colspan="2"></td><td></td></tr>
<tr><td colspan="4">垂直方向上双线偏振波束角度误差≤5%</td><td colspan="2"></td><td></td></tr>
<tr><td rowspan="2">双线偏振 3dB
波束宽度差</td><td colspan="4">水平方向上双线偏振 3 dB 波束宽度差≤5%</td><td colspan="2"></td><td></td></tr>
<tr><td colspan="4">垂直方向上双线偏振 3 dB 波束宽度差≤5%</td><td colspan="2"></td><td></td></tr>
<tr><td>同时接收波束数</td><td colspan="2">模拟域:1 个</td><td colspan="2">数字域≥16 个波束</td><td colspan="2"></td><td></td></tr>
<tr><td rowspan="2">电扫方向发射
第一副瓣电平</td><td colspan="4">水平极化方向图的发射第一副瓣电平≤−23 dB</td><td colspan="2"></td><td></td></tr>
<tr><td colspan="4">垂直极化方向图的发射第一副瓣电平≤−23 dB</td><td colspan="2"></td><td></td></tr>
<tr><td rowspan="2">电扫方向接收
第一副瓣电平</td><td colspan="4">水平极化方向图的接收第一副瓣电平≤−23 dB</td><td colspan="2"></td><td></td></tr>
<tr><td colspan="4">垂直极化方向图的接收第一副瓣电平≤−23 dB</td><td colspan="2"></td><td></td></tr>
<tr><td>脉冲压缩主副瓣比</td><td colspan="4">≥40 dB</td><td colspan="2"></td><td></td></tr>
<tr><td>距离库长度</td><td colspan="4">≤30 m</td><td colspan="2"></td><td></td></tr>
<tr><td>距离库数</td><td colspan="4">≥5000 个</td><td colspan="2"></td><td></td></tr>
<tr><td rowspan="5">脉冲累计平均次数
16、32、64、
128、256 可选</td><td colspan="4">16</td><td colspan="2"></td><td></td></tr>
<tr><td colspan="4">32</td><td colspan="2"></td><td></td></tr>
<tr><td colspan="4">64</td><td colspan="2"></td><td></td></tr>
<tr><td colspan="4">128</td><td colspan="2"></td><td></td></tr>
<tr><td colspan="4">256</td><td colspan="2"></td><td></td></tr>
<tr><td>强度处理方式</td><td colspan="4">FFT/PPP 处理</td><td colspan="2"></td><td></td></tr>
<tr><td>速度处理方式</td><td colspan="4">FFT/PPP 处理</td><td colspan="2"></td><td></td></tr>
<tr><td>相关系数处理方式</td><td colspan="4">一阶相关或多阶相关</td><td colspan="2"></td><td></td></tr>
<tr><td>处理对数</td><td colspan="4">32、64、128、256 可选</td><td colspan="2"></td><td></td></tr>
<tr><td>距离退模糊方法</td><td colspan="4">相位编码或其他等效方法</td><td colspan="2"></td><td></td></tr>
<tr><td>速度退模糊方法</td><td colspan="4">双 PRF 或其他等效方法</td><td colspan="2"></td><td></td></tr>
<tr><td>故障检测和保护</td><td colspan="4">数据丢包,参数输出等故障</td><td colspan="2"></td><td></td></tr>
</table>

测试单位_____　　　　测试人员_____

附表 7.10　相控阵雷达监控与显示技术指标检测记录

被试样品	名称	X 波段双偏振一维相控阵天气雷达系统	测试日期	
	型号		环境温度	℃
	编号		环境湿度	%
被试方			测试地点	

测试项目		检查结果	结论
雷达静态参数	雷达站号		
	站点名称		
	纬度		
	经度		
	天线高度		
	地面高度		
	雷达类型		
	RC 版本号		
	工作频率		
	天线增益		
	水平波束宽度		
	垂直波束宽度		
	发射馈线损耗		
	接收馈线损耗		
	其他损耗		
雷达运行模式参数	日期		
	时间		
	体扫模式		
	控制权标志		
	系统状态		
	上传状态数据格式版本号		
	雷达标记		
雷达运行环境参数	阵面温度		
	各组件温度		
	底座温度		
	各组件电压		
	各组件电流		
	各组件功率		
	各组件工作状态		

续表

被试样品	名称	X波段双偏振一维相控阵天气雷达系统	测试日期	
	型号		环境温度	℃
	编号		环境湿度	%
被试方			测试地点	

测试项目		检查结果	结论
雷达在线标定参数	水平通道滤波前强度		
	水平通道滤波后强度		
	垂直通道滤波前强度		
	垂直通道滤波后强度		
	水平通道峰值功率		
	水平通道平均功率		
	垂直通道峰值功率		
	垂直通道平均功率		
	短脉冲系统标定常数		
	长脉冲系统标定常数		
	反射率期望值		
	反射率测量值		
	速度期望值		
	速度测量值		
	谱宽期望值		
	谱宽测量值		
	短脉冲宽度		
	长脉冲宽度		
	Z_{DR}标定值		
	Φ_{DP}标定值		

测试单位＿＿＿＿＿＿＿＿＿＿＿＿＿＿＿＿＿＿　　测试人员＿＿＿＿＿＿＿＿＿＿＿＿＿＿＿＿＿＿

附表 7.11　相控阵雷达气象产品检测记录

被试样品	名称	X 波段双偏振一维相控阵天气雷达系统		测试日期	
	型号			环境温度	℃
	编号			环境湿度	%
被试方				测试地点	
测试项目		要求		测试结果	结论
气象产品	基本数据产品	PPI 显示			
		RHI 显示			
		CAPPI 显示			
		垂直剖面显示组合反射率(CR)显示			
		最大值显示(MAX)			
	基础量	原始反射率因子(T)			
		反射率因子(Z)			
		径向速度(V)			
		谱宽(W)			
		差分反射率因子(Z_{DR})			
		差分相位移($\varPhi_{DP}$)			
		差分相移率(KDP)			
		相关系数(CC)			
	物理量产品	回波顶高(ET)			
		回波底高(EB)			
		1 h 累积降水量(OHP)			
		3 h 累积降水量(THP)			
		n h 累积降水量(NHP)			
		风暴总积累降水量(STP)			
		垂直积分液态水(VIL)			
		最强回波高度			
		质心高度			
	风场产品	速度方位显示(VAD)			
		速度方位显示风廓线(VWP)			
		风场反演			
	强天气识别产品	风暴结构分析(SS)			
		冰雹指数(HI)			
		风暴追踪信息(STI)			
		中尺度气旋(M)			
		龙卷涡旋特征(TVS)			
	偏振数据产品	粒子相态识别			
		融化层识别			
		双线偏振定量降水估测			

续表

被试样品	名称	X 波段双偏振一维相控阵天气雷达系统		测试日期	
	型号			环境温度	℃
	编号			环境湿度	％
被试方				测试地点	
测试项目		要求		测试结果	结论
图形处理要求	多要素显示	多层 CAPPI 显示(强度值、速度值)			
		多仰角多画面显示			
		体扫多仰角 PPI 同时预览			
		体扫所有方位角 RHI 同时阅览			
		体扫无间隔 RHI 扫描显示预览			
		动画回放			
		图形放大、平滑、透明			
		图形存储和背景图加载			
		直方图显示			
		等值线显示			
	游标引导	通过游标录取并显示游标所在点的方位、高度、距离、回波强度等数据			
	PPI 滑动 RHI 选择	通过在 PPI 上波动选择指针方位角度,双击选中角度,可获取对应位置 RHI			
	图像选择编辑工具	图片图像在线编辑、文字编辑,图像图形圈选功能、光标联动			
软件运行环境要求		主流 PC,Windows 系列操作系统或 Linux 操作系统,10M/100M/1000M 自适应以太网卡,TCP/IP 或 UDP 协议			

测试单位＿＿＿＿＿＿＿＿＿＿＿＿＿＿　　　测试人员＿＿＿＿＿＿＿＿＿＿＿＿＿＿＿＿

附表 7.12　标准输出控制器检查记录表

<table>
<tr><td rowspan="3">被试样品</td><td>名称</td><td>X 波段单偏振一维相控阵天气雷达系统</td><td>测试日期</td><td></td></tr>
<tr><td>型号</td><td></td><td>环境温度</td><td>℃</td></tr>
<tr><td>编号</td><td></td><td>环境湿度</td><td>%</td></tr>
<tr><td>被试方</td><td colspan="2"></td><td>测试地点</td><td></td></tr>
</table>

<table>
<tr><td>编号</td><td colspan="2">功能检查项目</td><td>检测方法</td><td>检测结果</td><td>结论</td></tr>
<tr><td rowspan="5">1</td><td rowspan="5">登录测试</td><td>登录界面</td><td>I</td><td></td><td></td></tr>
<tr><td>登录可取消界面</td><td>I</td><td></td><td></td></tr>
<tr><td>错误用户名密码登录提示</td><td>I</td><td></td><td></td></tr>
<tr><td>同一个账号不可多地方登录</td><td>I</td><td></td><td></td></tr>
<tr><td>用户注销后能再次登录</td><td>I</td><td></td><td></td></tr>
<tr><td rowspan="4">2</td><td rowspan="4">软件界面</td><td>显示软件名称</td><td>I</td><td></td><td></td></tr>
<tr><td>菜单栏齐全/名称正确</td><td>I</td><td></td><td></td></tr>
<tr><td>参数界面显示</td><td>I</td><td></td><td></td></tr>
<tr><td>参数更新</td><td>I</td><td></td><td></td></tr>
<tr><td rowspan="8">3</td><td rowspan="8">首页功能</td><td>标题栏显示</td><td>I</td><td></td><td></td></tr>
<tr><td>导航栏显示</td><td>I</td><td></td><td></td></tr>
<tr><td>软件运行模式</td><td>I</td><td></td><td></td></tr>
<tr><td>关键性能各项值与对应的日/月/季度,性能参数分析报告曲线图</td><td>I</td><td></td><td></td></tr>
<tr><td>运行环境正确,点击详情页面可跳转至附属设备界面</td><td>I</td><td></td><td></td></tr>
<tr><td>健康指数显示</td><td>I</td><td></td><td></td></tr>
<tr><td>基数据质控前后显示</td><td>I</td><td></td><td></td></tr>
<tr><td>数据上传情况监控</td><td>I</td><td></td><td></td></tr>
<tr><td></td><td></td><td>业务过程标识显示,点击详情页面是否跳转至业务
过程界面,检查点击报表是否正常弹出报表页面</td><td>I</td><td></td><td></td></tr>
<tr><td rowspan="7">4</td><td rowspan="7">雷达系统
性能分析
显示</td><td>给出雷达连续运行天数小时时间</td><td>I</td><td></td><td></td></tr>
<tr><td>具备系统标定日、月状态正确显示</td><td>I</td><td></td><td></td></tr>
<tr><td>显示正确标定参数,并提供曲线图</td><td>I</td><td></td><td></td></tr>
<tr><td>具备导出功能</td><td>I</td><td></td><td></td></tr>
<tr><td>提供显示列表功能</td><td>I</td><td></td><td></td></tr>
<tr><td>具备查询功能</td><td>I</td><td></td><td></td></tr>
<tr><td>具备曲线图放大、缩放功能</td><td>I</td><td></td><td></td></tr>
<tr><td rowspan="9">5</td><td rowspan="9">业务过程</td><td>提供相位噪声记录</td><td></td><td></td><td></td></tr>
<tr><td>提供反射率标定记录</td><td></td><td></td><td></td></tr>
<tr><td>提供反射率曲线图</td><td></td><td></td><td></td></tr>
<tr><td>提供离线反射率标定期望值和实测值的差值</td><td></td><td></td><td></td></tr>
<tr><td>提供动态测试记录</td><td></td><td></td><td></td></tr>
<tr><td>提供动态曲线</td><td></td><td></td><td></td></tr>
<tr><td>提供太阳法测试记录</td><td></td><td></td><td></td></tr>
<tr><td>提供年业务过程统计图</td><td></td><td></td><td></td></tr>
<tr><td>提供相位噪声曲线图</td><td></td><td></td><td></td></tr>
<tr><td colspan="6">注:I 表示检查</td></tr>
</table>

续表

被试样品	名称		X 波段单偏振一维相控阵天气雷达系统		测试日期	
	型号				环境温度	℃
	编号				环境湿度	%
被试方					测试地点	

编号			功能检查项目	检测方法	检测结果	结论
6	适配参数		正确的雷达静态参数查询显示	I		
			正确的雷达适配参数查询	I		
			提供正确的变更记录	I		
7	视频监控		选择屏幕数量功能	D		
			视频预览功能	D		
			抓图按钮功能	D		
			回放功能	D		
			全屏功能	D		
			提供视频监控方位、焦距、倍率、光圈、云台速度、预置点显示功能	D		
8	器件更换		器件更换信息界面	I		
			器件更换添加功能	I		
			器件更换查询功能	I		
9	雷达控制		综合控制栏权限按钮	D		
			雷达体扫模式显示	D		
			具备正确状态显示	D		
			一键开关机按钮状态显示	D		
10	附属设备(非必须)		雷达工作环境温度和湿度数据显示	I		
			UPS 各项输入信息及 UPS 状态显示	I		
			显示空调 A(空调 B)开关、制冷、温度以及风向调节	I		
11	告警查询		勾选告警级别功能	I		
			选择告警源功能	I		
			选择分系统功能	I		
			时间段查询功能	I		
			查询功能	I		
			导出功能	I		
12	配置管理	用户管理	用户管理添加功能	I		
			用户管理修改功能	I		
			批量删除功能	I		
13		系统配置	告警源输入框	I		
			告警名称输入框	I		
			查询按钮功能	I		
14		日志查询	时间段选择	I		
			操作模块选择	I		
			查询按钮功能	I		
			操作类型选择	I		
15	数据上传监控		基数据上传监控	I		
注:D 表示演示;I 表示检查						

测试单位＿＿＿＿＿＿＿＿＿＿＿＿＿＿　　　　　　测试人员＿＿＿＿＿＿＿＿＿＿＿＿＿＿

第 8 章　L 波段风廓线雷达[①]

8.1　目的

规范 L 波段风廓线雷达的测试内容和方法,检验其是否满足《L 波段风廓线雷达功能规格需求书》(气测函〔2019〕162 号)(简称《需求书》)的要求。

8.2　基本要求

8.2.1　被试样品

提供至少 1 套完整的、结构与外观、功能、技术性能均符合《需求书》要求的 L 波段风廓线雷达(简称雷达)及配套软件作为被试样品。

8.2.2　交接检查

除按照 QX/T 526—2019 的 4.3 进行外观、结构和成套性检查外,还应进行雷达开机检查,以确定被试样品能够正常工作。

8.2.3　测试要求

①检查与测试的技术性能参数须达到《需求书》的要求;

②当检查与测试的结果不符合要求时暂停测试,被试单位在 24 h 内查明原因、采取措施并达到要求,方可继续进行测试;

③对难以测试的项目,被试单位提供相关测试报告,认可后可列入测试报告;

④动态比对试验结束后,应对主要技术性能参数进行复测;

⑤测试仪表需满足雷达的测试要求,且检定/校准证书应均有效,信息记录在附表 B。测试中使用的仪表通常有信号发生器、频谱分析仪、矢量网络分析仪、功率计、噪声源、噪声测试仪、示波器、检波器、衰减器、万用表等;

⑥本测试方案未提及的内容,应符合 QX/T 526—2019、《需求书》等相关要求。

8.3　性能测试与功能检查

检查或测试《需求书》的 4 技术指标,内容包括:①总体技术性能;②天馈分系统;③发射分系统;④接收分系统;⑤数据处理、产品显示及应用终端系统;⑥监控与显示。

8.3.1　总体技术指标

所有检查与测试项目均应符合《需求书》4.1 总体技术指标要求,检测结果记录在本章附

---

①　本章作者:赵世颖、吴蕾、李瑞义。

表 8.1。

8.3.1.1　雷达体制

该雷达为 1 波段风廓线雷达,通过设计保证。

8.3.1.2　工作频率

用频谱仪测试发射通道输出信号中心频率。

8.3.1.3　整机寿命

通过设计以及维护保养的方式保证整机寿命可达到 15 年,不进行该项试验。

8.3.1.4　探测范围

根据数据处理及应用终端获得的实际观测数据和历史记录对测量范围进行评估,包括最高探测高度与起始探测高度、风速风向和大气虚温测量范围。

8.3.1.5　分辨率

根据数据处理及应用终端获得的实际观测数据和历史记录对风速风向及时间分辨率进行评估。

8.3.1.6　系统灵敏度

用外接信号源进行测量,仪器连接如图 8.1 所示。将信号源设置为连续波输出状态,调整频率使之在雷达终端谱显示时不折叠,降低信号源输出幅度,直到终端谱显示刚刚不能识别为止,记录此时信号源的输出功率值和衰减器的衰减量。按公式 $P_{rmin} = P_0 - L$ 计算,其中 P_{rmin} 是系统灵敏度,P_0 是信号源的输出功率,L 是衰减器的衰减量。

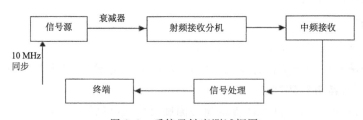

图 8.1　系统灵敏度测试框图

测试要求:

①测量过程中,需要记录信号处理参数;

②对测试环境和仪表的要求:

信号源的频率测量误差应在自频控剩余误差以内,信号源输出信号幅度和衰减器的误差应不大于 0.5 dBm,信号源的漏能功率应低于从正规通道进入接收机的信号功率;

信号源的输出信号应按产品具体规范要求调整,一般有连续波信号、脉冲调制信号等;

测试场地应是干净的电磁环境,除被测接收机和信号源以外,没有其他频率相近或与接收机中频相近的能量源,最好在屏蔽房或微波暗室内进行测试。

8.3.1.7　系统相干性

测试连接如图 8.2 所示,将发射机输出信号经定向耦合器、衰减器后送入接收机,接收机获得的 IQ 两路信号经信号处理送至终端。终端计算出 I、Q 两路信号的相交的标准差就是所求的相位噪声。取不少于 10 组的相角计算标准差(相位噪声)作为系统相干性的度量。

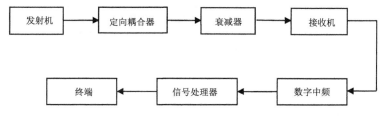

图 8.2　系统相干性测试框图

8.3.1.8　强度定标

检查雷达是否具备《需求书》4.7 规定的内容,包括每天发射总功率、系统灵敏度、动态范围、系统相干性检查、速度、收发通道强度等自动在线标定功能及回波强度自动定标功能;标定结果是否能够保存在记录文件中,用户可通过计算机中查看系统长期的标定记录。

对于回波强度的定标,注入接收前端的测试信号为频率综合器输出的射频信号,射频衰减器控制注入接收前端的测试信号的功率电平。接收分系统和信号处理分系统按正常流程处理信号,在固定的距离库(其中 I 型 1 km、2 km、3 km、4 km、5 km,II 型 0.5 km、1 km、1.5 km、2 km、2.5 km)检验其回波强度的测量值。选择不同的探测高度,比较回波强度测量值与根据注入信号计算的回波强度理论值。

回波强度理论值用公式(8.1)~公式(8.3)计算:

雷达气象方程:

$$10\lg Z = 10\lg[(2.69 \times 10^{16}\lambda^2)/(P_t\tau G^2\theta\varphi)] + P_r + 20\lg R + L_\sum + RL_{at}$$
$$= C + P_r + 20\lg R + RL_{at}$$
$$\text{其中 } C = 10\lg[(2.69 \times \lambda^2)/(P_t\tau\theta\varphi)] - 2G + 160 + L_\sum \tag{8.1}$$

晴空情况下:

$$P_r = \frac{P_t GL^2\lambda^2\theta^2 h\eta}{1024\pi^2(\ln^2)R^2}$$
$$P_A = \frac{7.3 \times 10^{-4} P_t G(c\tau/2)L^2\lambda^{5/3}}{R^2}C_n^2 \tag{8.2}$$

降水情况下:

$$P_R = \frac{\pi^3}{1024 \cdot \ln^2} \cdot \frac{P_t hG^2\theta\psi}{\lambda^2 R^2 L} \cdot \left|\frac{m^2-1}{m^2+2}\right| \cdot Z \tag{8.3}$$

式中,P_A 为晴空大气返回信号功率;P_R 为降水回波信号功率;P_t 为发射功率;G 为天线增益;Z 为反射率因子;λ 为波长;P_t 为发射功率;τ 为脉冲宽度;G 为天线增益;θ 和 ψ 为水平、垂直波束宽度;P_t 为返回信号功率;R 为探测距离;c 为光速;L 为馈线损耗。

雷达接收到的回波信号主要是来自晴空大气湍流散射 P_A,由公式(2)计算,在有降水时信号还包含降水信号 P_R,由公式(3)计算,因此降水时雷达返回信号 $P_r = P_A + P_R$。

8.3.1.9　速度定标

如图 8.3 所示,将频综或信号源输出信号注入接收系统输入端,采用移相(移相 0°、45°、90°、135°、180°、225°、270°、315°)或偏置频率(频移 ±25 Hz、±50 Hz、±75 Hz、±100 Hz)的方法分别测试不同的相位或频率偏移量,启动运行程序,将终端显示的速度值与理论值进行比较并记录。

图 8.3　速度定标测试示意

8.3.1.10　电源要求

采用交流电源 $380×(1±10\%)$ V 或 $220×(1±10\%)$ V、$50×(1±5\%)$ Hz。在雷达正常运行情况下检查雷达供电端口的输入电压参数即可。

测试步骤：

①雷达正常开机,确保雷达处在正常工作状态;

②用万用表测试供电电箱的单相电输入电压。

8.3.1.11　整机功耗

雷达正常开机,测试设备输入电压,电流,计算功耗。

测试步骤：

①将雷达按正常工作状态设置并开启,运行 10 min,待运行状态稳定;

②用万用表测试雷达电源输入端电压 U,用钳流表测试电源输入端电流 I;

③计算 $P=U·I$,即得出整机功耗,L 波段 I 型风廓线雷达功耗≤8 kW,L 波段 II 型风廓线雷达功耗≤3 kW。

8.3.1.12　校时

能通过卫星授时或网络授时校准雷达数据采集计算机的时间,授时精度优于 0.1 s。

8.3.1.13　气候环境

应满足下列要求：

①使用对环境无污染、不损害人体健康和设备性能的材料;

②具备防盐雾、防霉、防尘措施。

测试方法：

①低温:室外装置－40 ℃工作,室内装置 0°工作,采用 GB/T 2423.1 进行试验、检测和评定;

②高温:室外装置 50 ℃工作,室内装置 40°工作,全部设备 60 ℃贮藏,采用 GB/T 2423.2 进行试验、检测和评定;

③恒定湿热:室外装置 35 ℃,95\%,放置 48 h,通电后正常工作,室内装置 30 ℃,90\%,放置 48 h,采用 GB/T 2423.3 进行试验、检测和评定;

④抗风:装置可在持续风能力≥50 m/s;抗阵风能力≥55 m/s 环境正常工作;

⑤其他:具备防盐雾、防霉、防尘措施。采用 GB/T 2423.38 或 GB/T 4208 进行试验、检测和评定。

8.3.1.14　维修性

雷达结构布局的设计在保证可达性的条件下,确定最小可更换单元(LRU),采用更换最小可更换单元的方法进行维修。

雷达的各模块与组件还应设置必要的工作状态指示,便于维修时检测。

各模块、组件的装配采用插拔式结构,应具有良好的可达性,采用简单的通用工具即可进行维修操作。

雷达中凡是需要维护或修理的部件均应设置观察窗口或检测点,关键点参数测试点应满足故障诊断到组件级或功能模块级需求。

8.3.1.15　微波辐射安全

雷达正常开机运行,根据 GJB 5313—2004 的要求,用辐射计检查漏能功率,对雷达环境电磁场进行检查。

8.3.1.16　噪声安全

将雷达正常开启,用噪声测量仪器在雷达室外部分、雷达室内部分进行测量,其中室外的噪声应不大于 65 dB,室内噪声应不大于 55 dB。

8.3.1.17　防雷

按照 QX/T 2—2016 中的防雷规定检验防雷措施。

8.3.1.18　绝缘性

用最大量程为 500 V 的兆欧表测量电源引入端子与机壳间的绝缘电阻。

8.3.1.19　电磁兼容

检查雷达是否按照电磁兼容性设计标准要求进行,严格区分模拟区、数字区以及安全区的接线关系,是否采取有效的电磁屏蔽措施。

8.3.1.20　外观质量

目测检查雷达各分机外观应整洁、无变形、无破损和划伤等。雷达各组件除用耐腐蚀材料制造的外,其表面应有涂、敷、镀等工艺措施,镀涂层均匀,牢固,无起泡、龟裂和脱落,焊点均匀饱满,金属零件无锈蚀、毛刺及其他机械损伤。

8.3.1.21　随机材料

应提供说明书、使用手册、系统维护手册、定标手册、信号流图、备件清单等文件,为日常维护提供支持。提供的电路原理图,应当到元件一级,便于系统的检修。以上随机文件应同时提供纸质和电子版文件。

8.3.1.22　铭牌

目测,检查是否具有雷达的名称、型号(代号)、出厂编号、出厂年月、制造厂商标等相关铭牌。

8.3.2　天馈分系统

检查或测试内容包括:①天线类型;②方向图及波束参数;③天线增益;④电压驻波比、天线和馈线系统损耗;⑤天线罩损耗与指向误差;⑥屏蔽网隔离度。应满足《需求书》4.2 天馈系统的表 3 要求,检测结果记录在本章附表 8.2,并绘制天线方向图。

检查或测试要求:被试单位须提供被试风廓线雷达的天线远场(或紧缩场)测试报告,测试报告由具有资质的单位出具,测试报告内容及具体技术指标要求应符合《需求书》4.2 天馈分系统要求。

测试仪器包括:矢量网络分析仪、微波暗室。

8.3.2.1　天线类型

检查天线体制、天线类型和天线辐射单元分布结构。

8.3.2.2　方向图及波束参数

天线测试按照图 8.4 安置测量仪器和设备,辅助天线的极化方式与被测天线匹配,将信号源的频率设置为被测天线工作的中心频率;步进调整被测天线阵面,依次记录频谱分析仪接收电平,经测试软件得到方向图;波束宽度、最大副瓣电平与位置、远区副瓣等参数均可由方向图导出。

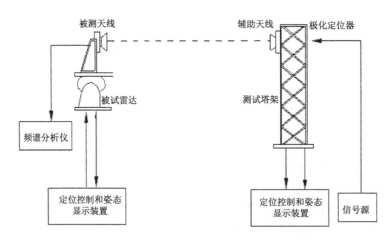

图 8.4　典型风廓线雷达远场测试框图

8.3.2.3　天线增益

测试步骤:

①在被测天线处用点源辐射天线替代,注入一功率,在辅助天线处测量接收功率,记为 P1;

②换用被测天线,注入相同的功率,调整被测天线的方位角和仰角,使辅助天线处测量的接收功率最大,记为 P2;

③计算天线增益:G＝10lg(P2/P1);

④将信号源频率依次设置为其他工作频率点,重复①～③的测试,以得到其他频率点上的天线增益。

8.3.2.4　电压驻波比、天线和馈线系统损耗

(1)电压驻波比(驻波系数)

测试天线馈线系统工作频带内的最大电压驻波比。测试框图见图 8.5。

图 8.5　电压驻波比测试框图

测试步骤:

①根据天馈系统工作频带设置矢量网络分析仪的测试频带,参数形式设置为电压驻波比;

②将开路器、短路器、负载分别接入矢量网络分析仪的端口 1,按仪器提示进行校准操作;

③将被测天馈系统接入矢量网络分析仪的端口 1 进行电压驻波比测试,找出频带范围内的最大值即为被测天馈系统的电压驻波比。

(2)天线和馈线系统损耗

测量天线和馈线系统工作频带范围内发射通道、接收通道损耗。

有多个发射、接收通道时,各个通道均需测量。发射支路馈线损耗定义为从功分器输入口至天线阵子单元入口处这一段馈线网络的损耗。接收支路的馈线损耗定义为从天线阵子单元出口处至接收机前端 T/R 开关输入口处这一段馈线的损耗。

8.3.2.5　屏蔽网隔离度

测试连接如图 8.6 所示。将两个天线单元分别连接在矢量网络分析仪的输出端和输入端,两个天线单元一个在屏蔽网内,一个在屏蔽网外。

首先在打开屏蔽网的情况下记录矢量网络分析仪的读数 P_1(dBm),然后关闭屏蔽网,记录矢量网络分析仪的读数 P_2(dBm),屏蔽网的单向隔离度为:$I = P_1 - P_2$(dB),双向隔离度为单向隔离度的 2 倍,即 $2 \times (P_1 - P_2)$(dB)。

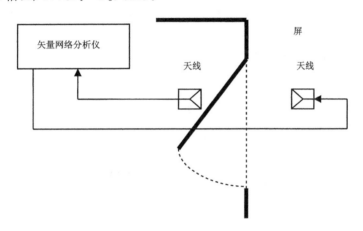

图 8.6　天线屏蔽网隔离度测试示意

8.3.3　发射分系统

查或测试内容包括:①T/R 组件;②发射(峰值)功率;③发射脉冲及重复周期;④发射频率与频谱。应符合《需求书》4.3 发射分系统表 4 的要求,检测结果记录在本章附表 8.3 和本章附表 8.4。

检查或测试要求:有多个工作模式时,需要逐一测量;有多个发射通道时,需要逐一测量;脉冲包络、频谱需要附图;记录并扣除测量仪表连接损耗。

测试仪器包括:大功率衰减器、频谱分析仪、功率计、示波器、检波器。

8.3.3.1　T/R 组件

T/R 组件的测试内容包括发射频谱、峰值功率。

发射频谱:T/R 组件输出经大功率衰减器接频谱仪,频谱仪设置为雷达工作频率、扫宽100 MHz,分别测量不同工作模式下的频谱。

T/R 发射峰值功率测试:T/R 组件输出经大功率衰减器接功率计,分别测量不同工作模式下的峰值功率。

检查 T/R 组件的幅/相一致性、噪声系数、接收增益、收/发隔离度等重要指标。

8.3.3.2 发射(峰值)功率

如图 8.7 测试连接。将大功率衰减器接在发射机输出端,用功率计分别测量不同组件、不同模式下的发射功率。对于多路发射系统,根据各路的测量结果,计算总发射峰值功率。

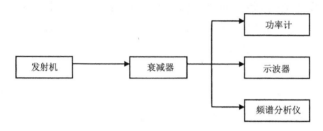

图 8.7 发射机性能测试示意

8.3.3.3 发射脉冲及重复周期

如图 8.7 测试连接。将大功率衰减器接在发射机输出端,用示波器分别测量不同模式下的发射脉冲宽度、脉冲幅度、脉冲上升时间、下降时间得到发射脉冲参数,如图 8.8。通过示波器测量两相继脉冲的间隔时间,即脉冲重复周期。

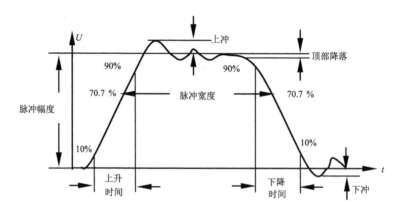

图 8.8 射频脉冲包络示意

8.3.3.4 发射频率与频谱

如图 8.7 测试连接。将大功率衰减器接在发射机输出端,用频谱分析仪测试发射频率。频谱分析仪设置适当的中心频率、扫频范围(200 MHz)、分辨带宽(300 kHz)和视频带宽(100 kHz),分别测量不同工作模式下的发射脉冲频谱,找出中心频率,在低于中心频率峰值 $-10\ \mathrm{dBc}$、$-20\ \mathrm{dBc}$、$-30\ \mathrm{dBc}$、$-35\ \mathrm{dBc}$、$-40\ \mathrm{dBc}$、$-50\ \mathrm{dBc}$ 处记录频率值,并计算出发射信号的频谱宽度,图 8.9 为射频脉冲频谱示意图。

8.3.4 接收分系统

检查或测试内容包括:①噪声系数;②接收机灵敏度;③动态范围;④接收机中频带宽;⑤频率综合器相位噪声检查。应符合《需求书》4.4 接收分系统的表 5 要求,检测结果记录在本章附表 8.5 和本章附表 8.6。

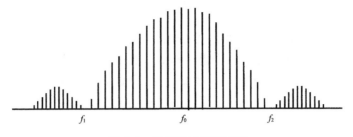

图 8.9　射频脉冲频谱示意

检查或测试要求：有多个工作模式时，需要逐一测量；有多个接收通道时，需要逐一测量。

测试仪器包括：信号源、频谱分析仪、噪声源、噪声系数分析仪。

8.3.4.1　噪声系数

噪声系数测试框图如图 8.10 所示。首先将噪声源与噪声系数分析仪连接，测试噪声源的噪声作为基准，然后将噪声源接在接收机前端的低噪声放大器入口处，接收机的模拟中频输出端接噪声系数分析仪。此时噪声系数分析仪的读数即为接收机噪声系数。

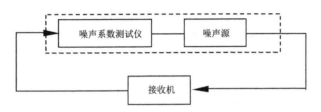

图 8.10　噪声系数测试框图

8.3.4.2　接收机灵敏度

测试接收机接收微弱信号的能力，用接收机输入端的最小可检测信号功率表示。如图 8.11 所示，将信号源接在接收机前端的低噪声放大器入口处，接收机的模拟中频输出端接频谱分析仪。频谱分析仪设置合适的中心频率、扫频范围（100 MHz）、分辨带宽（300 kHz）和视频带宽（100 Hz）。测试时，首先关闭信号源，在频谱分析仪上测得噪声电平 P_1（dBm），再打开信号源，调整信号源的输出功率，使频谱分析仪的读数为（$P_1 + 3$）dBm，此时信号源的输出功率值即为接收机的灵敏度。

图 8.11　接收机灵敏度测试示意

对测试环境和仪表的要求：

①信号源的频率测量误差应在自频控剩余误差以内，信号源输出信号幅度和衰减器的误差应不大于 0.5 dBm，信号源的漏能功率应低于从正规通道进入接收机的信号功率；

②信号源的输出信号应按产品具体规范要求来调整，一般有连续波信号、脉冲调制信号等；

③测试场地应是干净的电磁环境，除被测接收机和信号源以外，没有其他频率相近或与接收机中频相近的能量源，最好在屏蔽房或微波暗室内进行测试。

8.3.4.3 动态范围

接收系统是指从接收机前端,经数字中频到信号处理器。测试连接示意图如图 8.12 所示。采用机外信号源,在测得系统最小可测功率 $P_{r\min}$ 的基础上,逐渐加大接收系统的输入功率,在数据终端读取输出功率,并依次记录数值,直到终端输出功率出现 1 dB 压缩点,此时接收系统的输入功率为 $P_{r\max}$(dBm);则接收系统的动态范围表示为:$R = P_{r\max} - P_{r\min}$,根据测试结果,绘制动态范围曲线。

图 8.12　接收系统动态范围测试示意

8.3.4.4 接收机中频带宽

(1)模拟中频带宽

模拟中频带宽是指接收机模拟中频输出级的带宽。频谱分析仪设置合适的中心频率、扫频范围(50 MHz)、分辨带宽(1 MHz)和视频带宽(30 Hz)。用频谱分析仪的"最大保持"功能,改变射频信号源的频率,在频谱分析仪上即可显示出幅频曲线。测出低于中心频率点 3 dB 两边频率 f_1 和 f_2,则接收机的模拟中频带宽为 $f_2 - f_1$。

(2)数字中频带宽

数字中频带宽是指接收机数字中频输出级的带宽。测试连接示意图如图 8.13 所示。将信号源连接到数字中频接收机的输入端,设置合适的中频频率;改变信号源频率,记录终端输出信号下降 3 dB 时的两边频率 f_1 和 f_2,则接收机的数字中频带宽为 $f_2 - f_1$。

图 8.13　接收机数字中频带宽测试示意

8.3.4.5 频率综合器相位噪声检查

查验频率综合器分机测试报告。

8.3.5 数据处理、产品显示及应用终端系统

检查或测试内容包括:①信号处理;②数据与格式;③产品显示;④质量控制;⑤业务过程;⑥故障告警与诊断控制;⑦数据传输;⑧远程控制。应符合《需求书》表 6 要求,检查结果记录在本章附表 8.7。

测试要求:

①通信接口测试,检查接口是否包含 VGA、串口、USB、光口和网口;

②处理能力测试,CPU 处理能力。

测试方法:

①通信命令测试:使用电脑模拟数据源,连接串口、网口等通信端口,与数据处理和产品输出单元通信,检测对应端口是否正常通信;

②满负荷运行数据采集处理软件和终端显示软件,测试 CPU 利用率或者采用第三方测试软件测试 CPU 处理能力。

8.3.5.1　信号处理

信号处理参数在雷达整机上进行测试,检查配置参数。通过运行雷达控制软件,检查工作波形是否可以设置为常规普通脉冲,可以即为具备常规模式;查看雷达控制软件,工作波形是否可以设置为相位编码或其他脉冲压缩波形,可以即为具备脉冲压缩模式。

①查看雷达控制软件,在时域积累数设置界面输入 1~1024 之间的任意数值,输入正常且雷达能够正常工作,即时域积累相干数满足要求;

②查看雷达控制软件,在 FFT 点数设置界面输入 128、256、512、1024、2048 任意数值,输入正常且雷达正常工作,即 FFT 点数满足要求;

③查看不同工作模式的径向数据的高度分层,库长即为每个高度层间隔,应满足 120 m/240 m（Ⅰ型）、60 m/120 m（Ⅱ型）的要求;

④查看所有工作模式的高度分层数（距离库数）,所有高度层数和应满足不小于 100 的要求。

8.3.5.2　数据与格式

①文件名称:检查文件命名规则是否符合《需求书》附录 A 中 1 要求;

②数据类型:检查观测数据是否分为基数据、谱数据、观测要素数据、图形图像数据、定标数据和状态数据;

③数据格式:检查基数据、功率谱数据、定标文件、状态文件、观测要素和网络通信命令文件是否符合《需求书》附录 A 中 2—6 要求。

8.3.5.3　产品显示

检查雷达数据产品是否可正确显示,数据产品种类是否符合要求。

①基本数据产品:功率谱、径向、实时采样高度上产品、半小时平均采样高度上产品、一小时平均采样高度上产品等数据文件;

②图形产品:水平风随时间—高度变化图、垂直风随时间—高度变化图、Cn2 值随时间—高度变化图等;

③产品视图显示:单视图,双视图显示及视图切换是否正常;

④数据查询:支持时间查询、数据类型查询。

8.3.5.4　质量控制

检查质量控制方法是否包括功率谱数据质量控制、基数据质量控制和产品数据质量控制等,质量控制流程是否合理,检查是否可以查看质控后数据产品。

①被试单位应提供详细的质量控制流程,检查质量控制流程是否合理;

②谱线级数据质量控制:对获取的风廓线雷达功率谱数据,进行滑动平均、地物杂波抑制、间歇性杂波抑制、去模糊、降水检验与抑制等操作,识别出大气信号,输出识别的径向数据,并在数据中编入检验结果功率谱,数据质量控制应包含噪声处理和地物杂波处理;

③廓线级数据质量控制:对识别出的径向数据,进行均匀一致性处理及检验、中值检验等操作,根据几何关系合成廓线,并进行时间—空间一致性检验,输出廓线数据并编入质量控制标识。

8.3.5.5　业务过程

业务过程应包括日常维护、系统维修、故障管理和测试定标等业务过程,具有人机交互界面,方便用户和维护人员使用。

　　①日常维护:维护记录、每月的维护情况和历史查询功能;

　　②系统维修:系统维修、更换器件记录、月更换器件统计和年更换器件统计和查询功能;

　　③雷达标定:月定标情况显示和定标提示以及部分关键指标如发射功率、发射波形、动态范围等统计显示,包括极值、均值、方差和离散度等,用于对定标状态和定标结果进行分析;

　　④故障管理:对系统出现的故障和报警时间、报警内容、报警结束时间和故障等级等内容进行记录,方便分析设备各分系统的故障情况,检查是否能对雷达故障、文件上传异常、环境及视频监控异常、数据处理异常及痕迹监控等进行统计查询管理。

8.3.5.6　故障告警与诊断分析

　　检查是否能够根据雷达各系统运行状态做出相应的告警条件设置、告警等级设置和告警通知设置等进行雷达告警监控和执行。

8.3.5.7　数据传输

　　检查数据传输是否包括数据传输监控、上传情况统计、上传文件查询,下载等功能。

8.3.5.8　远程控制

　　检查用户是否能够通过远程对雷达进行控制,包括开机、关机、运行和观测模式参数配置等功能。

8.3.6　监控与显示

　　检查或测试内容包括:①状态监视器;②环境监控;③视频监控,④关键技术参数在线监测,应符合《需求书》要求表 7 要求,检查结果记录在本章附表 8.8～8.10。

8.3.6.1　状态监视器

　　应具有采集各分系统主要部件(天馈、发射、接收、信号处理、标定、数据处理及应用终端、配电等)状态监控、报警及对雷达整机、各分系统电源通/断的远程控制,工作模式控制(预留)、本系统与雷达通信链路检查、控制日志记录等功能。

8.3.6.2　环境监控

　　应具有对雷达运行环境及附属设备状态参数进行在线采集、监测、显示并记录上传等功能。包括:机房温湿度、发射机温度、空调运行状态、UPS 运行参数、发电机状态、市电、机房视频等设备的监测和控制管理等。

8.3.6.3　视频监控

　　应具有实现雷达室内和室外周边环境监控,并具备数据存储、回放等。

8.3.6.4　关键技术参数在线监测

　　检查是否实现对影响雷达正常运行的各分机系统关键参数、雷达配置参数、运行状态参数和业务标定参数进行单独提取监控和指标,以分析雷达运行的综合运行状况功能。

8.4　动态比对试验

　　动态比对试验内容包括:①数据完整性(或数据缺测率);②探测性能评估;③设备可靠性和可维修性。试验期间填写动态比对试验值班日志,见附表 C。

　　试验站点应选择在具有 L 波段业务探空的气象观测站进行,配备全天空成像仪等辅助设备进行数据分析。

8.4.1　数据完整性

去除由于外界干扰(非设备原因)造成的数据缺测,对雷达数据缺测率进行评定。

计算方法:缺测率(%)＝(试验期内累计缺测次数/试验期内应观测总次数)×100%。

评定指标:缺测率(%)≤2%。

8.4.2　探测性能评估

包括探测高度统计、被试样品自身比对、气球测风比对。

8.4.2.1　探测高度统计

被试样品连续工作时间应不少于 3 个月、2 个气候区的,用实际探测数据进行最大探测高度统计。在有天气过程期间,最大探测高度应不小于雷达设计探测高度。

注:雷达的探测高度与天气条件有关,主要取决于大气的湍流折射指数的大小。影响的主要因素是大气中的水汽,当大气中的水汽含量较大时,雷达将有较高的探测高度,被测空气中的水汽较少时,探测高度较低。试验时应合理选择天气条件。

8.4.2.2　自比对

对五波束测量体制的被试风廓线雷达,可以用任意成正交的两个倾斜波束与垂直波束组成一个三波束风廓线雷达,在同一个扫描周期内(通常为 2 min)可以得到两个风向风速和一个垂直气流速度的值。

在实际比对时,通常用比对双方的东西、南北两个风速分量和一个垂直气流速度之间的误差分别进行统计计算,不对风向和风速进行单独的误差计算。

比对数据通常应不少于 1000 组,首先制作时间对应两个水平风速分量和垂直速度之间误差的分布曲线,观察两者之间的误差分布情况。

风速分量和垂直速度间的误差应分组统计,通常分 0～5 m/s、5～10 m/s、10～20 m/s、20～30 m/s 和 30 m/s 以上五组,计算各组误差的系统误差和标准偏差。

按照附录 A 的要求和方法进行数据处理和评定。

8.4.2.3　气球测风比对

采用与高空气象探测的空中风向风速比对的方法进行。作为比对标准的高空探测系统应能提供秒间隔对探空仪的定位数据,推荐采用卫星导航高空探测系统。

试验时,被试样品应连续探测,期间施放气球并携带探空仪。比对试验应不少于 60 次,以每次施放气球的开始和结束的时间为依据,采用时间同步的方法,用探空系统秒数据与被试雷达连续记录的风向风速数据进行对比。

按照附录 B 的要求和方法进行数据处理和评定。

8.4.2.4　评估指标

被试样品自比对和与气球定位测风比对结果按照附录 A 中 A.3 和附录 B 中 B.3 的规定进行评定;被试样品与同类雷达测风在自然大气条件下风向风速比对结果,与探空仪的测风结果所得系统误差和标准偏差形成误差区间后,在进行是否合格的判定时,应考虑比对标准的误差影响适当放宽。若被试样品与比对标准之间存在系统误差,其绝对值超过被试样品技术指标最大允许半宽时,应查明原因,或判定为两者之间没有可比较性。

必要时,可用风向风速或温度比对的个例,制作比对曲线或多次比对的误差曲线分布图,针对某些现象和被试样品的特性进行分析和说明。

8.4.3 可靠性和可维修性

8.4.3.1 可靠性试验

按照定时截尾试验方案,在 QX/T 526—2019 表 A.1 的方案类型中选用标准型或短时高风险两种试验方案之一,推荐选用标准型试验方案。

(1)标准型试验方案

采用生产方和使用方风险各为 20%,鉴别比为 3.0 的定时截尾试验方案,试验的总时间为规定 MTBF 下限值的 4.3 倍,接受故障数为 2,拒收故障数为 3。

试验总时间(T)为:$T = 4.3 \times 2000\ h = 8600\ h$。

若有 2 套雷达参加测试,每套平均试验(t)为:$t = 8600\ h/2 = 4300\ h = 180\ d \approx 6$ 个月。即 2 套雷达可靠性试验需要 180 d(约 6 个月),期间可以出现 2 次故障。3 台及以上参加测试的试验时间以此类推。

(2)短时高风险试验方案

采用生产方和使用方风险各为 30%,鉴别比为 3.0 的高风险定时试验统计方案,试验的总时间为规定 MTBF 下限值的 1.1 倍,接受故障数为 0,拒收故障数为 1。

验总时间(T)为:$T = 1.1 \times 2000\ h = 2200\ h$。

若有 2 套雷达参加测试,每套平均试验时间 t 为:$t = 2200\ h/2 = 1100\ h = 46\ d \approx 1.5$ 个月。即 2 套雷达可靠性试验需要 46 d(约 1.5 个月),期间不可出现故障。根据 QX/T 526—2019 的 5.3 规定,试验时间应至少 3 个月。

(3)故障的认定和记录

动态比对试验期间,按照 QX/T 526—2019 的 A.3 认定和记录故障。故障认定应区分责任故障和非责任故障,故障记录在动态比对试验的设备故障维修登记表中,见附表 A。

8.4.3.2 可维修性

雷达发生故障时,记录故障修复所需时间,统计平均维修时间(MTTR)。

8.4.3.3 评定指标

①按照试验方案中可接收的故障数判断可靠性是否合格;

②平均故障修复时间(MTTR)≤0.5 h 为合格。

8.5 结果评定

所有项目均按照本方法进行测试,测试结果符合《需求书》要求的判定为合格,否则为不合格。

各功能和业务应用产品等项目,检查结果符合《需求书》要求的为合格。若不符合要求,允许被试单位在测试过程修改或增加,重新检查合格的,也可判为合格,否则为不合格。

本章附表

附表 8.1　总体技术指标测试记录表

<table>
<tr><td rowspan="3">被试样品</td><td>名称</td><td colspan="2">L 波段风廓线雷达</td><td>测试日期</td><td></td></tr>
<tr><td>型号</td><td colspan="2"></td><td>环境温度</td><td>℃</td></tr>
<tr><td>编号</td><td colspan="2"></td><td>环境湿度</td><td>%</td></tr>
<tr><td colspan="2">被试方</td><td colspan="2"></td><td>测试地点</td><td></td></tr>
<tr><td colspan="2">测试项目</td><td colspan="2">指标要求</td><td>测试结果</td><td>结论</td></tr>
<tr><td colspan="2">雷达体制</td><td colspan="2">相控阵天线</td><td></td><td></td></tr>
<tr><td colspan="2">工作频率</td><td colspan="2">1270～1295 MHz;1300～1375 MHz</td><td></td><td></td></tr>
<tr><td colspan="2">整机寿命</td><td colspan="2">≥15 a</td><td></td><td></td></tr>
<tr><td rowspan="4">探测范围</td><td>最高探测高度</td><td colspan="2">≥6 km(Ⅰ型);≥3 km(Ⅱ型)</td><td></td><td></td></tr>
<tr><td>起始探测高度</td><td colspan="2">≤150 m(Ⅰ型);≤100 m(Ⅱ型)</td><td></td><td></td></tr>
<tr><td>风速、风向测量范围</td><td colspan="2">0～60 m/s;0°～360°</td><td></td><td></td></tr>
<tr><td>大气虚温测量范围</td><td colspan="2">223～323 K</td><td></td><td></td></tr>
<tr><td rowspan="2">分辨率</td><td>风速、风向</td><td colspan="2">0.2 m/s;0.5°</td><td></td><td></td></tr>
<tr><td>时间</td><td colspan="2">三波束≤3 min,五波束≤6 min</td><td></td><td></td></tr>
<tr><td colspan="2">系统灵敏度</td><td colspan="2">≤-146 dBm</td><td></td><td></td></tr>
<tr><td colspan="2">高度分辨率(低模)</td><td colspan="2">120 m(Ⅰ型);60m(Ⅱ型)</td><td></td><td></td></tr>
<tr><td colspan="2">高度分辨率(高模)</td><td colspan="2">240 m(Ⅰ型);120 m(Ⅱ型)</td><td></td><td></td></tr>
<tr><td colspan="2">系统相干性</td><td colspan="2">≤0.1°</td><td></td><td></td></tr>
<tr><td colspan="2">强度标定</td><td colspan="2">≤0.5 dB</td><td></td><td></td></tr>
<tr><td colspan="2">速度标定</td><td colspan="2">≤0.1 m/s</td><td></td><td></td></tr>
<tr><td colspan="2">电源要求</td><td colspan="2">380/220×(1±10%)V、50×(1±5%)Hz</td><td></td><td></td></tr>
<tr><td colspan="2">整机功耗</td><td colspan="2">≤8 kW(Ⅰ型),≤3 kW(Ⅱ型)</td><td></td><td></td></tr>
<tr><td rowspan="8">环境要求</td><td rowspan="2">工作温度</td><td colspan="2">室外装备:-40～50 ℃</td><td></td><td></td></tr>
<tr><td colspan="2">室内装备:0～40 ℃</td><td></td><td></td></tr>
<tr><td>贮存温度</td><td colspan="2">-45～60 ℃</td><td></td><td></td></tr>
<tr><td rowspan="2">恒定湿热</td><td colspan="2">室外装备:相对湿度 95%,环境温度 35°,48 h</td><td></td><td></td></tr>
<tr><td colspan="2">室内装备:相对湿度 90%,环境温度 30°,48 h</td><td></td><td></td></tr>
<tr><td>抗风</td><td colspan="2">抗持续风能力≥50 m/s;
抗阵风能力≥55 m/s</td><td></td><td></td></tr>
<tr><td>其他</td><td colspan="2">防水、防霉、防盐雾</td><td></td><td></td></tr>
<tr><td colspan="2">校时</td><td colspan="2">能通过卫星授时或网络授时校准雷达数据采集计算机的时间,授时精度优于 0.1 s</td><td></td><td></td></tr>
<tr><td colspan="2">维护性要求</td><td colspan="2">各模块、组件的装配采用插拔式结构,应具有良好的可达性,采用简单的通用工具即可进行维修操作。雷达系统中凡是需要维护或修理的部件均应设置观察窗口或检测点,关键点参数测试点应满足故障诊断到组件级或功能模块级需求</td><td></td><td></td></tr>
</table>

续表

被试样品	名称	L 波段风廓线雷达		测试日期	
	型号			环境温度	℃
	编号			环境湿度	%
被试方				测试地点	

测试项目	指标要求	测试结果	结论
微波辐射安全性	应符合 GJB 5313—2004 的要求		
噪声安全	雷达工作时,室外的噪声应不大于 65 dB,室内噪声应不大于 55 dB		
防雷要求	按照 QX/T 2—2016 中的防雷规定检验防雷措施		
绝缘性	用最大量程为 500 V 的兆欧表测量电源引入端子与机壳间的绝缘电阻		
电磁兼容性	是否按照电磁兼容性设计标准要求进行,严格区分模拟区,数字区,以及安全区的接线关系,是否采取有效的电磁屏蔽措施		
外观质量	应整洁、无变形、无破损和划伤等。雷达各组件除用耐腐蚀材料制造的外,其表面应有涂、敷、镀等工艺措施,镀涂层均匀,牢固,无起泡、龟裂和脱落,焊点均匀饱满,金属零件无锈蚀、毛刺及其他机械损伤		
随机材料	供说明书、使用手册、系统维护手册、定标手册、信号流图、备件清单等文件,电路原理图,应当到元件一级		
铭牌	雷达的名称、型号(代号);出厂编号;出厂年月;制造厂商标		

测试单位＿＿＿＿＿＿＿＿＿＿＿＿＿＿＿　　　　测试人员＿＿＿＿＿＿＿＿＿＿＿＿＿＿＿＿

附表 8.2 天馈分系统测试记录表

被试样品	名称	L 波段风廓线雷达系统		测试日期		
	型号			环境温度		℃
	编号			环境湿度		%
被试方				测试地点		
测试项目		指标要求		检测结果		结论
天线类型		模块化相控阵天线				
波束参数	波束宽度	≤4.5°(Ⅰ型) ≤7.5°(Ⅱ型)				
	极化方式	线极化				
	最大副瓣电平	≤−20 dBc				
天线增益		≥30 dB(Ⅰ型) ≥25 dB(Ⅱ型)				
电压驻波比		≤1.3				
发射馈线损耗		≤3 dB				
接收馈线损耗		≤4 dB				
屏蔽网隔离度		>40 dB				

天线方向图(E 面)

天线方向图(H 面)

测试单位_____   测试人员_____

附表 8.3　发射分系统测试记录表

被试样品	名称	L 波段风廓线雷达系统				测试日期			
	型号					环境温度			℃
	编号					环境湿度			%
被试方						测试地点			
测试项目		指标要求					测试结果		备注
设备类型		全固态模块化脉冲发射机							
T/R 组件	发射频率	1270～1295 MHz 和 1300～1375 MHz							
	峰值功率	≥6 kW(Ⅰ型);≥2 kW(Ⅱ型)							
发射脉冲宽度		0.8 μs 和 1.6 μs×子脉冲数(Ⅰ型); 0.4 μs 和 0.8 μs×子脉冲数(Ⅱ型)							
脉冲上升时间、下降时间		上升沿≥100 ns 且≤200 ns 下降沿≥10 ns 且≤50 ns							
脉冲重复周期		10～200 μs							
最大占空比		≥8%							
发射频谱宽度		≤35 MHz							
发射功率/W	TR 组件号	1	2	3	4	5	6	7	8
	低模								
	高模 1								
	高模 2								
	TR 组件号	9	10	11	12	13	14	15	16
	低模								
	高模 1								
	高模 2								
	TR 组件号	17	18	19	20	21	22	23	24
	低模								
	高模 1								
	高模 2								
	总功率								

测试单位＿＿＿＿＿＿＿＿＿＿＿＿＿＿　　　测试人员＿＿＿＿＿＿＿＿＿＿＿＿＿＿

附表 8.4　频谱特性测试记录

被试样品	名称	L 波段风廓线雷达系统		测试日期	
	型号			环境温度	℃
	编号			环境湿度	%
被试方				测试地点	

距离中心频率 频谱线衰减量/dBc	频谱宽度/MHz		
	左频偏	右频偏	谱宽
−10			
−20			
−30			
−40			
−50			

脉冲包络图(脉宽:μs)

测试单位＿＿＿＿＿＿＿＿＿＿＿＿＿＿＿＿　　　　测试人员＿＿＿＿＿＿＿＿＿＿＿＿＿＿＿＿＿＿＿

附表 8.5　接收分系统测试记录表

<table>
<tr><td rowspan="3">被试样品</td><td>名称</td><td colspan="4">L 波段风廓线雷达系统</td><td>测试日期</td><td colspan="2"></td></tr>
<tr><td>型号</td><td colspan="4"></td><td>环境温度</td><td colspan="2">℃</td></tr>
<tr><td>编号</td><td colspan="4"></td><td>环境湿度</td><td colspan="2">%</td></tr>
<tr><td>被试方</td><td colspan="5"></td><td>测试地点</td><td colspan="2"></td></tr>
<tr><td colspan="2">测试项目</td><td colspan="4">指标要求</td><td colspan="2">测试结果</td><td>备注</td></tr>
<tr><td colspan="2">噪声系数</td><td colspan="4">≤1.5 dB</td><td colspan="2"></td><td></td></tr>
<tr><td colspan="2">灵敏度</td><td colspan="4">≤−111 dBm(Ⅰ型);
≤−108 dBm(Ⅱ型)</td><td colspan="2"></td><td></td></tr>
<tr><td colspan="2">动态范围</td><td colspan="4">≥92 dB</td><td colspan="2"></td><td></td></tr>
<tr><td colspan="2">中频带宽</td><td colspan="4">与脉冲宽度匹配</td><td colspan="2"></td><td></td></tr>
<tr><td colspan="2">频综短稳</td><td colspan="4">优于 10^{-11}/ms</td><td colspan="2"></td><td></td></tr>
<tr><td colspan="2">频综相位噪声</td><td colspan="4">≤−120 dBc/Hz(@1 kHz)</td><td colspan="2"></td><td></td></tr>
<tr><td colspan="2"></td><td colspan="4"></td><td colspan="2"></td><td></td></tr>
<tr><td rowspan="6">接收机噪声系数</td><td>TR 组件号</td><td>1</td><td>2</td><td>3</td><td>4</td><td>5</td><td>6</td><td>7</td><td>8</td></tr>
<tr><td>噪声系数</td><td></td><td></td><td></td><td></td><td></td><td></td><td></td><td></td></tr>
<tr><td>TR 组件号</td><td>9</td><td>10</td><td>11</td><td>12</td><td>13</td><td>14</td><td>15</td><td>16</td></tr>
<tr><td>噪声系数</td><td></td><td></td><td></td><td></td><td></td><td></td><td></td><td></td></tr>
<tr><td>TR 组件号</td><td>17</td><td>18</td><td>19</td><td>20</td><td>21</td><td>22</td><td>23</td><td>24</td></tr>
<tr><td>噪声系数</td><td></td><td></td><td></td><td></td><td></td><td></td><td></td><td></td></tr>
</table>

测试单位＿＿＿＿＿＿＿＿＿＿＿＿＿＿　　　测试人员＿＿＿＿＿＿＿＿＿＿＿＿＿＿＿＿＿

附表 8.6　动态范围测量记录及计算结果(机内、机外信号源)

被试样品	名称	L 波段风廓线雷达系统	测试日期	
	型号		环境温度	℃
	编号		环境湿度	％
被试方			测试地点	
相干积累数:　　相干积累:　谱平均数:				
序号	输入信号功率/dBm		通道输出信号强度/dBm	
1				
2				
3				
4				
5				
6				
7				
8				
9				
10				
11				
12				
13				
14				
15				
16				
17				
18				
……				
动态范围上下拐点计算结果			通道曲线	
拟合直线斜率				
拟合均方根误差				
上拐点:　　下拐点:				
动态范围测试结果				

动态范围曲线

测试单位＿＿＿＿＿＿＿＿＿＿＿＿＿＿＿＿　　　　测试人员＿＿＿＿＿＿＿＿＿＿＿＿＿＿＿＿＿

附表8.7　数据处理、产品显示及应用终端系统检测记录表

被试样品	名称	L波段风廓线雷达系统		测试日期		
	型号			环境温度		℃
	编号			环境湿度		%
被试方				测试地点		
测试项目		技术要求		测试结果		结论
处理方法		脉冲压缩、快速傅立叶变换（FFT）/PPP				
处理参数		FFT点数、相干积累、非相干积累				
距离库数		≥500				
库长		≤30 m				
探测高度范围		150 m～15 km				
文件命名格式		符合《需求书》附录A1文件命名要求				
数据类型		包含基数据、谱数据、观测要素数据、图形图像数据、定标数据、状态数据等				
数据格式		检查基数据、功率谱数据、定标文件、状态文件、观测要素和网络通信命令文件是否满足《需求书》附录A2－6要求				
基本数据产品		包含功率谱、径向、实时采样高度上产品、半小时平均采样高度上产品、一小时平均采样高度上产品等数据文件				
图形产品		包含水平风随时间—高度变化图、垂直风随时间—高度变化图、Cn^2值随时间—高度变化图等				
产品视图显示		单视图，双视图显示及视图切换是否正常				
数据查询		支持时间查询、数据类型查询				
谱线级数据质量控制		噪声处理和地物杂波处理				

续表

被试样品	名称	L 波段风廓线雷达系统	测试日期	
	型号		环境温度	℃
	编号		环境湿度	％
被试方			测试地点	

测试项目	技术要求	测试结果	备注
廓线级数据质量控制	进行时间—空间一致性检验， 输出廓线数据并编入质量控制标识		
定标	标定完成情况提示		
	关键指标如发射功率、相干性、动态范围等统计显示		
	标定参数状态显示		
维护	日常维护记录显示		
	添加维护记录		
	日常维护完成率月统计		
	历史查询		
维修	器件更换统计表		
	查询,下载,添加统计信息		
	更换详情月统计		
	年度更换累计次数统计		
故障管理	历史告警统计		
	告警信息查询		
	分系统故障统计		
	故障告警月累计		
故障告警与 诊断分析	告警条件设置		
	告警等级设置		
	告警通知设置		
	故障统计查询		
数据传输	上传监控状态显示		
	上传情况月统计		
	上传文件查询,下载		
远程控制	开始探测		
	停止探测		
	观测模式		
	控制记录		

测试单位＿＿＿＿＿＿＿＿＿＿＿＿＿＿　　　　测试人员＿＿＿＿＿＿＿＿＿＿＿＿＿＿＿＿

附表 8.8 监控与显示系统功能检测记录表

被试样品	名称	L 波段风廓线雷达系统		测试日期	
	型号			环境温度	℃
	编号			环境湿度	%
被试方				测试地点	
测试项目		指标要求		测试结果	结论
状态监视器		是否具有采集各分系统主要部件(天馈、发射、接收、信号处理、标定、数据处理及应用终端、配电等)状态信号			
环境监控		是否具有对雷达运行环境及附属设备状态参数进行在线采集、监测、显示并记录上传功能			
视频监控		是否具有实现雷达室内和室外周边环境监控,并具备数据存储、回放等功能			
关键技术参数监测		静态参数			
		运行参数			
		标定参数			

测试单位＿＿＿＿＿＿＿＿＿＿＿＿＿＿＿＿＿　　　　测试人员＿＿＿＿＿＿＿＿＿＿＿＿＿＿＿＿＿＿＿

附表 8.9 固定式雷达监控点检查表

被试样品	名称	L 波段风廓线雷达系统		测试日期	
	型号			环境温度	℃
	编号			环境湿度	%
被试方				测试地点	

分系统	监控信号(分布式)	监控信号(集中式)	检查结果	结论
天馈分系统	行列转换开关状态	波束控制单元状态		
	天线驻波值	波束控制单元电源电压值		
	天线反射功率值	天线驻波值		
	波束指向状态	天线反射功率值		
	/	波束指向状态		
发射分系统	推动级组件电源状态	发射机电源状态		
	推动级组件电源电压值	发射机电源电压值		
	推动级组件温度值	发射机温度值		
	推动级组件输出功率状态	发射机输出功率值		
	推动级组件占空比值	发射机占空比值		
	推动级输入功率状态	发射机反射功率值		
	TR 收发开关状态(N 路)	射频开关状态		
	TR 模块温度值(N 路)	发射机工作脉宽值		
	TR 模块输出功率状态(N 路)	发射机驻波状态		
	TR 模块反射功率值(N 路)	发射机输入状态		
	TR 模块工作电源状态(N 路)	发射机输出状态		
	TR 输入功率状态(N 路)	/		
	推动级工作脉宽值	/		
	TR 移相状态	/		
接收分系统	接收组件供电状态	频综电源电压值		
	接收组件供电电压值	接收通道电源电压值		
	激励信号输出值	激励信号输出值		
	本振信号输出状态	本振信号输出状态		
	晶振输出状态	/		
信号处理分系统 (数字中频内部)	直流电源状态	直流电源值		
	A/D 采样时钟状态	A/D 采样时钟状态		
监控分系统	监控组合监控状态	室外环境温度值		
	推动级组件监控状态	机房温度值		
	TR 组件监控状态	状态监视器状态		
	标定组合监控状态	标定组合监控状态		
	空调监控状态	空调监控状态		
	视频监控状态	室内外环境视频监控状态		
标定分系统	DDS 产生器供电电压状态	标定单元电源电压值		
通信分系统	网络连接状态	网络连接状态		
数据处理及应用 终端分系统	数据处理终端计算机状态	数据处理终端计算机状态		
配电分系统	UPS 状态	UPS 状态		
无线电声学探测 (RASS)分系统	音频功放输出状态	音频功放输出状态		

测试单位_____   测试人员_____

附表 8.10　可移式风廓线雷达监控点检查表

被试样品	名称	L 波段风廓线雷达系统		测试日期	
	型号			环境温度	℃
	编号			环境湿度	%
被试方				测试地点	
分系统		监控信号		检查结果	结论
天馈系统		波束指向状态			
		T/R 开关状态			
		天线开关电源状态			
		波控控制板状态			
发射分系统		发射分系统脉冲宽度状态			
		发射分系统电源状态			
		发射分系统驻波状态			
		发射分系统工作温度状态			
		发射分系统功率输出值			
接收分系统		高频头 T/R 开关状态			
		接收组件状态			
		本振组件状态			
		频综输出状态			
		标频组件状态			
		晶振组件状态			
		接收机电源电压状态			
信号处理分系统		数字中频内部 A/D 采样时钟状态			
UPS 监测		UPS 监测			

测试单位＿＿＿＿＿＿＿＿＿＿＿＿＿＿＿　　测试人员＿＿＿＿＿＿＿＿＿＿＿＿＿＿＿＿

第 9 章　双模气象气球[①]

9.1　目的

规范双模气象气球测试的内容和方法,通过测试与试验,检验其是否满足《双模气象气球功能需求书》(气测函〔2023〕3 号)(简称《需求书》)的要求。

9.2　基本要求

9.2.1　被试样品

提供 210 套或以上同一型号的双模气象气球(简称气球或平漂气球)作为被试样品,测试过程中须具备自动充气装置。

9.2.2　试验场地

选择 2 个或以上试验场地,尽量选择接近被试样品使用环境要求的气象参数极限值。试验场地通常选择在两个不同气候区的国家级探空站,业务观测放球结束后进行平漂气球的测试试验。

9.2.3　测试设备

测试中所用的主要仪器设备清单见表 9.1 所示,所有仪器设备的检定/校准证书应均有效。

表 9.1　测试用仪器设备清单

序号	仪器设备名称	推荐型号或量程	序号	仪器设备名称	推荐型号或量程
1	纤维卷尺	10 m	9	拉力机/低温箱	Z010-Zwick/Roell
2	测厚计	(0~1)mm	10	移液管	5 mL
3	电子拉力机	T2000	11	滴定管	25mL
4	气球爆破体积测定仪	SZJ-04A	12	游标卡尺	0~150 mm
5	臭氧老化试验装置	2MR-2R	13	游标卡尺	0~300 mm
6	热空气老化箱	GT-7017-NM	14	辐射量测定仪	
7	电子秤	KD-321	15	裁刀和裁片机	0.05 mm
8	紫外线加速老化试验机	UV/Basic			

注:若无表中推荐型号,需选择指标与推荐型号一致或更优的仪器设备替代。

[①]　本章作者:李欣、罗皓文、范行东。

9.3　静态测试

9.3.1　外观和结构

9.3.1.1　外观

以目测和手动操作为主,检查被试样品外观与结构,应满足《需求书》中 5.1 颜色、5.2 外观中表 1 和表 2 的要求,检查结果记录在本章附表 9.1 和本章附表 9.2。

9.3.1.2　规格尺寸

气球质量测试方法:将气球内多余的滑石粉倒掉,并排出空气。在室温条件下将气球、充气球咀放在台秤上称量,记下测得的数值。每个外球、内球应称量 3 次,结果取 3 次测量值的中值;结果应精确到 1 g。每个充气球咀应称量 3 次,结果取 3 次测量值的中值;结果应精确到 1 g。测试结果记录在本章附表 9.2。

气球尺寸测试方法:将球柄平放在测量台上,用分度值为 1 mm 的量尺测量球柄最短处,记录球柄长度,将球柄压平,测量球柄中部的宽度并记录。排出气球内部空气后,伸直平放在测量台上,在不受外力状态下测量气球球柄根部至气球顶部的距离,用分度值为 1 mm 量尺测量,记录球身长度。在不受外力状态下,用分度值不大于 0.1 mm 的游标卡尺测量充气球咀的线性尺寸。每个气球的球柄长度、球柄宽度、球身长度、充气球咀各项线性尺寸各测量 3 次,结果取 3 次测量值的中值。每个充气球咀各项线性尺寸测量 3 次,结果取 3 次测量值的中值。测试结果记录在本章附表 9.2。

9.3.2　测量性能

对气球的各种理化性能进行测试,应满足《需求书》6.1 理化性能的要求,检查结果记录在本章附表 9.3。具体测试方法见附录 C～附录 H。

9.4　动态比对试验

在至少 2 个不同气候区域选取国家级探空站,每个站施放 90 次,采取卫星导航探空仪与平漂气球捆绑施放的方式对气球上升段和平漂段指标进行试验。每次试验过程中将气球运行情况记录在本章附表 9.4,主要有放球时间、终止时间、最大探测高度和最远探测距离等,判定是否满足业务要求。

9.4.1　升空性能

9.4.1.1　要求

①上升段平漂气球的升速在(300～450)m/min 内,外球升空高度 25000 m 以上的球炸率 >80%,外球平均球炸高度应在 26000 m 以上;

②外球升至 26000 m 以上的高度球炸后,内球进入平漂状态(内球在垂直方向上的上升或下降速度小于 0.5 m/s 且持续时间大于 60 s 或高度在 18000 m 持续时间 1.5 h 以上),平漂成功率≥80%(例如 100 个球,大于 26000 m 有 80 个,然后在 26000 m 以上的样本上计算平漂成功率:80×80%=64 个平漂即达标),并持续平漂 4 h 以上,4 h 平漂成功率≥75%(例如 100 个球,80 个平漂,在 80 个平漂的基础上,计算 4 h 平漂成功率:大于 4 h 的次数/80)。气球平漂段 4 h 内平漂高度大于 18000 m,即为平漂成功。

9.4.1.2 试验方法

通过与探空仪一起施放,观察探空数据,计算平漂成功率,试验结果记录在本章附表9.4。外球球炸高度计算方法如下:

①检查放球最高点的海拔高度,如果最大高度<18000 m,则认为高度不足,平漂施放失败,不再进一步统计计算,只统计分析最大高度≥18000 m 的数据;

②从放球时间开始算起,以每 5 个点为一个小组,取该小组数据海拔高度的中值作为该小组数据的值。以每 6 个小组数据作为一个大组,将这 6 个小组数据进行一次曲线拟合,计算拟合曲线的斜率;

③如果第 $x_{(i+2)}$ 大组和 $x_{(i)}$ 大组,两大组数据的斜率符号发生了变化,则以 $x_{(i+2)}$ 组数据的第一条数据作为起始点,计算之前 2 min 和之后 2 min 的最高点,以此作为外球球炸高度;

④如果第 $x_{(i+2)}$ 大组和 $x_{(i)}$ 大组斜率相差超过 40%,并且第 $x_{(i+2)}$ 大组和 $x_{(i-1)}$ 大组斜率相差也超过 40%,则以 $x_{(i+2)}$ 组数据的第一条数据作为外球球炸高度;

⑤如上述两条无法确认外球球炸高度,且斜率在 ±0.1 范围内,则判定内球已经进入平飘状态,那么从此时刻取前半小时内各个大组数据斜率变化最大的那组斜率中点作为外球球炸高度。

9.4.2 统计计算

每次试验按要求填写本章附表9.4。

动态比对试验完成后,汇总统计本章附表9.4各试验项目。各试验数据的记录应剔除由于冰雹、雷雨、大风、接收设备故障、仪器变性等非气球原因所造成的探测终止;但探空高度在25000 m 以上的时次参与高度统计。

9.4.3 可靠性

动态比对试验在本章附表9.4详细记录气球外球球炸高度、内球平漂高度及平漂时间,当遇有平漂失败时,应记录失败原因和排查处理情况。动态比对试验结束后统计气球平漂成功率,作为可靠性检验指标。

9.5 结果评定

9.5.1 单项评定

以下各项均合格的,视该被试样品合格,有一项不合格的,视为不合格。

①静态测试被试样品静态测试合格后,方可进行动态比对试验;

②动态比对试验:

升空高度:高度 26000 m 以上≥80% 为合格,

平漂成功率:平漂成功(内球在垂直方向上的上升或下降速度小于 0.5 m/s 且持续时间大于 60 s 或高度在 18000 m 持续时间 1.5 h 以上)≥80% 为合格,

4 h 平漂成功率:4 h 平漂成功率≥90% 为合格。

9.5.2 总评定

被试样品符合以上评定结果时,视该型号被试样品为合格,否则不合格。

本章附表

附表 9.1 气球外观检查

被试样品	名称	双模气象气球		测试日期	
	型号			环境温度	℃
	编号			环境湿度	%
被试方				测试地点	

检查项目			技术要求	检查结果	结论
类别		项目			
气球严重缺陷	101	孔洞、裂口	不允许存在,也不允许修补		
	102	油污、胶块			
	103	打不开的粘折			
	104	长划痕	不允许存在长度超过补丁直径一半的划痕		
	105	杂色	不允许因过硫、锈水或阳光直射造成的杂色		
	106	杂质、锈点、短划痕	在气球中部不允许存在		
气球轻度缺陷	201	杂质	除中部外,允许有不影响球皮伸张的杂质,允许用补丁修补		
	202	气泡、薄点	允许有直径不大于 2 mm,不集中、不显著薄的气泡、薄点存在,直径超过 2 mm 或虽不大于 2 mm,但显著薄的气泡、薄点,允许用补丁修补		
	203	变色、脱色	允许有不损害气球性能的染色、脱色及防老剂引起的变色		
	204	流痕、胶条	允许有不影响球皮伸张的流痕、胶条		
	205	短划痕、厚薄不均、锈点	轻微短划痕、不明显的厚薄不均、锈点允许用补丁修补		
	206	局部变形	允许有不明显的、不起皱的以及在硫化时由蘑菇顶造成的局部变形		
	207	球偏	将气球自然平放摆直,球偏离底部中心的距离不大于球身总长的 5%		
气球补丁	补丁直径		800 g(外球)	≤30 mm		
			1000 g(内球)	≤30 mm		
	补丁总数		800 g(外球)	≤3 个		
			1000 g(内球)	≤4 个		
	中部补丁		800 g(外球)	≤2 个		
			1000 g(内球)	≤2 个		
	补丁边缘间距		800 g(外球)	≥20 mm		
			1000 g(内球)	≥20 mm		

注 1:未规定的外观缺陷按表中类似的情况判断;

注 2:外观轻度缺陷允许修补。补丁应平整牢固,材质与球皮相同,厚度不大于 0.1 mm。

测试单位_____ 测试人员_____

附表 9.2　静态测试记录表

<table>
<tr><td rowspan="3">被试样品</td><td>名称</td><td colspan="2">双模气象气球</td><td>测试日期</td><td colspan="3"></td></tr>
<tr><td>型号</td><td colspan="2"></td><td>环境温度</td><td colspan="3">℃</td></tr>
<tr><td>编号</td><td colspan="2"></td><td>环境湿度</td><td colspan="3">%</td></tr>
<tr><td>被试方</td><td colspan="3"></td><td>测试地点</td><td colspan="3"></td></tr>
<tr><td colspan="2">检查项目</td><td colspan="2">技术要求</td><td colspan="2">检查结果</td><td>结论</td></tr>
<tr><td colspan="2">气球颜色</td><td colspan="2">胶乳本色</td><td colspan="2"></td><td></td></tr>
<tr><td colspan="2">充气球咀</td><td colspan="2">应平面平整,曲面无变形;各部件应无损伤,无污染,无毛刺,无残损,连接件、紧固件无松动,牢固、可靠;与气球组装简便易行,连接紧密不漏气</td><td colspan="2"></td><td></td></tr>
<tr><td rowspan="8">气球</td><td rowspan="2">质量/g</td><td colspan="2">800 g(外球)</td><td>800±50</td><td></td><td></td></tr>
<tr><td colspan="2">1000 g(内球)</td><td>1000±60</td><td></td><td></td></tr>
<tr><td rowspan="2">长度/mm</td><td colspan="2">800 g(外球)</td><td>2300±200</td><td></td><td></td></tr>
<tr><td colspan="2">1000 g(内球)</td><td>2500±250</td><td></td><td></td></tr>
<tr><td rowspan="2" colspan="1">球柄</td><td rowspan="2">宽度/mm</td><td colspan="2">800 g(外球)</td><td>≤100</td><td></td><td></td></tr>
<tr><td colspan="2">1000 g(内球)</td><td>≤100</td><td></td><td></td></tr>
<tr><td colspan="1" rowspan="2">长度/mm</td><td colspan="2">800 g(外球)</td><td>≥110</td><td></td><td></td></tr>
<tr><td colspan="2">800 g(内球)</td><td>≥110</td><td></td><td></td></tr>
<tr><td rowspan="12">充气球咀</td><td rowspan="2">质量/g</td><td colspan="2">自动放球机相配</td><td>153±2</td><td></td><td></td></tr>
<tr><td colspan="2">简易放球机相配</td><td>132±2</td><td></td><td></td></tr>
<tr><td rowspan="2">上外直径/mm</td><td colspan="2">自动放球机相配</td><td>Φ60±0.3</td><td></td><td></td></tr>
<tr><td colspan="2">简易放球机相配</td><td>Φ60±0.3</td><td></td><td></td></tr>
<tr><td rowspan="2">下内直径/mm</td><td colspan="2">自动放球机相配</td><td>Φ73±0.3</td><td></td><td></td></tr>
<tr><td colspan="2">简易放球机相配</td><td>Φ73±0.3</td><td></td><td></td></tr>
<tr><td rowspan="2">高度/mm</td><td colspan="2">自动放球机相配</td><td>152±0.5</td><td></td><td></td></tr>
<tr><td colspan="2">简易放球机相配</td><td>152±0.5</td><td></td><td></td></tr>
<tr><td rowspan="2">出气口直径/mm</td><td colspan="2">自动放球机相配</td><td>(Φ3±0.1)×6</td><td></td><td></td></tr>
<tr><td colspan="2">简易放球机相配</td><td>(Φ3±0.1)×6</td><td></td><td></td></tr>
<tr><td colspan="2" rowspan="2">标识、包装、运输和贮存</td><td colspan="2" rowspan="2">标识应清晰、完整,且标注在明显位置。标明产品名称、型号、规格、数量、承制方名称、生产日期。包装时应排出球内空气,气球内外保持适量隔离剂。包装箱应为有足够强度的硬纸板箱,且内衬有防潮材料,每个包装箱内应放入产品检验合格证及产品使用说明书各 1 份。装箱后的平漂气球可航空、铁路、公路和水路运输,产品贮存期(质量保证期)为 24 个月</td><td colspan="2" rowspan="2"></td><td rowspan="2"></td></tr>
<tr></tr>
<tr><td colspan="2" rowspan="4">测试仪器</td><td colspan="2">名称</td><td colspan="2">型号</td><td>编号</td></tr>
<tr><td colspan="2"></td><td colspan="2"></td><td></td></tr>
<tr><td colspan="2"></td><td colspan="2"></td><td></td></tr>
<tr><td colspan="2"></td><td colspan="2"></td><td></td></tr>
</table>

测试单位＿＿＿＿＿＿＿＿＿＿＿＿＿＿＿＿＿　　　　测试人员＿＿＿＿＿＿＿＿＿＿＿＿＿＿＿＿＿

附表 9.3　测量性能测试记录表

<table>
<tr><td rowspan="3">被试样品</td><td>名称</td><td colspan="2">双模气象气球</td><td>测试日期</td><td colspan="2"></td></tr>
<tr><td>型号</td><td colspan="2"></td><td>环境温度</td><td colspan="2">℃</td></tr>
<tr><td>编号</td><td colspan="2"></td><td>环境湿度</td><td colspan="2">%</td></tr>
<tr><td colspan="2">被试方</td><td colspan="2"></td><td>测试地点</td><td colspan="2"></td></tr>
<tr><td colspan="2">测试项目</td><td colspan="2">技术要求</td><td colspan="2">测试结果</td><td>结论</td></tr>
<tr><td rowspan="2">拉伸性能</td><td>老化前</td><td colspan="2">拉伸强度≥18 MPa,拉断伸长率≥650%</td><td colspan="2"></td><td></td></tr>
<tr><td>老化后</td><td colspan="2">拉伸强度≥17 MPa,拉断伸长率≥590%</td><td colspan="2"></td><td></td></tr>
<tr><td colspan="2">爆破性能</td><td colspan="2">外球爆破直径≥6.50 m,内球爆破直径≥7.50 m,外球球柄残余量≤65 g</td><td colspan="2"></td><td></td></tr>
<tr><td colspan="2">残余氯化钙</td><td colspan="2">外球内球均≤0.08%</td><td colspan="2"></td><td></td></tr>
<tr><td colspan="2">臭氧老化</td><td colspan="2">外球≥2 h,内球≥4 h,试样在规定时间内不发生龟裂、穿孔或断裂</td><td colspan="2"></td><td></td></tr>
<tr><td colspan="2">紫外老化</td><td colspan="2">外球拉伸强度≥3.6 MPa 内球拉伸强度≥6.6 MPa,拉断伸长率≥626%</td><td colspan="2"></td><td></td></tr>
<tr><td rowspan="4">测试仪器</td><td colspan="2">名称</td><td>型号</td><td colspan="3">编号</td></tr>
<tr><td colspan="2"></td><td></td><td colspan="3"></td></tr>
<tr><td colspan="2"></td><td></td><td colspan="3"></td></tr>
<tr><td colspan="2"></td><td></td><td colspan="3"></td></tr>
</table>

测试单位＿＿＿＿＿＿＿＿＿＿＿＿＿＿＿＿　　　　测试人员＿＿＿＿＿＿＿＿＿＿＿＿＿＿＿＿＿＿

附表9.4　动态比对试验记录表

被试样品	名称	双模气象气球		测试日期		
	型号			环境温度		℃
	编号			环境湿度		％
被试方				测试地点		
放球时间				终止时间		
最大探测高度				最远探测距离		
天气				外球球炸高度		
内球平漂高度				平漂时间		
测试项目	技术要求			测试结果		结论
上升段升速	300～450 m/min					
外球升空高度	外球升空高度 25000 m 以上的球炸有效率＞80％,平均球炸高度应在 26000 m 以上					
平漂成功率	外球爆炸后,内球在 1 h 内,平漂高度大于 18000 m 为平漂状态,平漂成功率≥80％					
4 h 平漂成功率	平漂 4 h 以上,平漂高度大于 18000 m,且平漂成功率≥75％					
失败原因及排查处理情况						

注:各项记录应剔除由于冰雹、雷雨、大风、接收设备故障、仪器变性等非气球原因所造成的探测终止。

测试单位_____　　测试人员_____

参考资料

BD 420003—2015　北斗/全球卫星导航系统(GNSS)测量型天线性能要求及测试方法

BD 420022—2019　北斗/全球卫星导航系统(GNSS)测量型接收机观测数据质量评估方法

GB 4208—2008　外壳防护等级(IP 代码)

GB 4943.1—2011　信息技术设备　安全　第 1 部分:通用要求

GB 5080.7—1986　设备可靠性试验　恒定失效假设下的失效率与平均无故障时间的验证试验方案

GB 8702—2014　电磁环境控制限值

GB/T 16491—2008　电子式万能试验机

GB/T 17626.2—2018　电磁兼容　试验和测量技术　静电放电抗扰度试验

GB/T 17626.3—2016　电磁兼容　试验和测量技术　射频电磁场辐射抗扰度试验

GB/T 17626.4—2018　电磁兼容　试验和测量技术　电快速瞬变脉冲群抗扰度试验

GB/T 17626.5—2019　电磁兼容　试验和测量技术　浪涌(冲击)抗扰度试验

GB/T 17626.6—2017　电磁兼容　试验和测量技术　射频场感应的传导骚扰抗扰度

GB/T 17626.8—2006　电磁兼容　试验和测量技术　工频磁场抗扰度试验

GB/T 17626.11—2008　电磁兼容　试验和测量技术　电压暂降、短时中断和电压变化的抗扰度试验

GB/T 2423.1—2008　电工电子产品环境试验　第 2 部分:试验方法　试验 A:低温

GB/T 2423.2—2008　电工电子产品环境试验　第 2 部分:试验方法　试验 B:高温

GB/T 2423.3—2016　环境试验　第 2 部分:试验方法　试验 Cab:恒定湿热试验

GB/T 2423.4—2008　电工电子产品环境试验　第 2 部分:试验方法　试验 Db:交变湿热(12 h+12 h 循环)

GB/T 2423.5—2019　环境试验　第 2 部分:试验方法　试验 Ea 和导则:冲击

GB/T 2423.17—2008　电工电子产品环境试验　第 2 部分:试验方法　试验 Ka:盐雾

GB/T 2423.21—2008　电工电子产品环境试验　第 2 部分:试验方法　试验 M:低气压

GB/T 2423.25—2008　电工电子产品环境试验　第 2 部分:试验方法　试验 Z/AM:低温低气压综合试验

GB/T 2423.37—2006　电工电子产品环境试验　第 2 部分:试验方法　试验 L:沙尘

GB/T 2423.38—2008　电工电子产品环境试验　第 2 部分:试验方法　试验 R:水试验方法和导则

GB/T 2423.56　环境试验—2018　第 2 部分:试验方法　试验 Fh:宽带随机振动和导则

GB/T 24343—2009　工业机械电气设备　绝缘电阻试验规范

GB/T 26328—2010　生物化学分析仪器用干涉滤光片

GB/T 2941—2006　橡胶物理试验方法试样制备和调节通用程序

GB/T 33700—2017　地基导航卫星遥感水汽观测规范

GB/T 37467—2019　气象仪器术语

GB/T 39399—2020　北斗卫星导航系统测量型接收机通用规范

GB/T 6587—2012　电子测量仪器通用规范

GB/T 7762—2014　硫化橡胶或热塑性橡胶　耐臭氧龟裂　静态拉伸试验

GJB 151B—2013　军用设备和分系统电磁发射和敏感度要求与测量

GJB 1961A—2018　浸渍法军用气象气球规范

GJB 3310—1998 雷达天线分系统性能测试方法 方向图

GJB 6556.5—2008 军用气象装备定型试验方法 第 5 部分:可靠性和维修性

GJB 6556.8—2008 军用气象装备定型试验方法 第 8 部分:数据录取和处理

GJB 899A—2009 可靠性鉴定和验收试验

JJF 1059.1—2012 测量不确定度评定与表示

JJF 1094—2002 测量仪器特性评定

QX/T 252—2014 电离层术语

QX/T 491—2019 地基电离层闪烁观测规范

QX/T 526—2019 气象观测专用技术装备测试规范 通用要求

世界气象组织,气象仪器和观测方法指南(第七版),2008

中国气象局综合观测司,前向散射能见度仪功能规格需求书(试行),气测函〔2011〕78 号

中国气象局综合观测司,高空观测规范,气测函〔2012〕278 号

中国气象局综合观测司,风廓线雷达(L 波段)出厂和现场测试大纲(试行),气测函〔2013〕315 号

中国气象局综合观测司,气象观测专用技术装备测试方法 天气雷达(试行),气测函〔2016〕156 号

中国气象局综合观测司,气象观测专用技术装备测试方法 总则(修订),气测函〔2017〕36 号

中国气象局综合观测司,气象观测专用技术装备测试方法 风廓线雷达(试行),气测函〔2017〕185 号

中国气象局综合观测司,新一代天气雷达系统出厂和现场验收测试大纲(修订),气测函〔2018〕70 号

中国气象局综合观测司,X 波段双线偏振多普勒天气雷达系统功能规格需求书(第一版),气测函〔2019〕36 号

中国气象局综合观测司,拉曼和米散射气溶胶激光雷达功能需求书(第一版),气测函〔2019〕119 号

中国气象局综合观测司,全固态 Ka 波段毫米波测云仪(基本型)功能规格需求书,气测函〔2019〕141 号

中国气象局综合观测司,X 波段单偏振一维相控阵天气雷达系统功能规格需求书(试行),气测函〔2019〕141 号

中国气象局综合观测司,X 波段双线偏振一维相控阵天气雷达系统功能规格需求书(试行),气测函〔2019〕141 号

中国气象局综合观测司,L 波段风廓线雷达功能规格需求书,气测函〔2019〕162 号

中国气象局综合观测司,地基微波辐射计功能规格需求书,气测函〔2020〕10 号

中国气象局综合观测司,全固态 Ka 波段毫米波测云仪(基本型)测试方案,气测函〔2020〕148 号

中国气象局综合观测司,双模气象气球功能规格需求书,气测函〔2023〕3 号

中国气象局综合观测司,地基导航卫星水汽电离层综合探测系统功能规格需求书,气测函〔2023〕43 号

附录 A　风廓线雷达测风自比较的数据处理和评定

A. 1　风速分量的计算

大气运动是随时间变化的三维矢量,每一时刻,都可分解为东西、南北和垂直方向的呈正交的 V_x、V_y、V_z 三个分量,并可满足如下关系

$$\begin{cases} V_x\sin\theta + V_z\cos\theta = V_{RE} \\ V_y\sin\theta + V_z\cos\theta = V_{RN} \\ V_z = V_{RH} \end{cases} \tag{A. 1}$$

设 V_{RE}、V_{RN}、V_{RH} 分别代表东西、南北和垂直方向风廓线雷达所测的气流径向速度,由公式(A. 1)进一步推导可得三个矢量的计算公式:

$$\begin{cases} V_x = \dfrac{V_{RE} - V_{RH}\cos\theta}{\sin\theta} \\ V_y = \dfrac{V_{RN} - V_{RH}\cos\theta}{\sin\theta} \\ V_z = V_{RH} \end{cases} \tag{A. 2}$$

三波束风廓线雷达所测两个风速分量和垂直气流速度可用公式(A. 2)计算。

五波束风廓线雷达组成"两部"三波束风廓线雷达时,每一次五波束的顺序扫描都可得到被测大气的两个南北分量、东西分量和垂直气流速度。

上述假设的"两部"雷达所测风速分量和垂直气流的值其实是同一部雷达的测量结果,可用于评定被试样品本身的测量性能。

A. 2　误差的计算和分离

计算误差时,应假设用其中一个三波束组合计算结果为参考标准,以确定各项差值计算的顺序。应首先计算按照被试样品测量周期为基本单元的各次差值。

若被试样品技术指标规定的输出风向风速和垂直气流速度的平均(平滑)时间,是被试样品多个测量周期的平均值,还应按照规定的平均(平滑)时间,先将对应各测量周期的误差取平均值,然后再进行误差计算。

"两部"三波束风廓线雷达之间的误差用同一个扫描周期的数据计算,包括南北和东西两个水平风速分量和一个垂直气流速度。每个扫描周期都可得到三个差值。

按照风速大小对各组差值进行分组处理,计算各组差值的系统误差和标准偏差。

对各组误差中随机误差的标准偏差进行误差分离,用公式(A. 3)计算。

$$S_{FZ} = \frac{\sqrt{2}}{2} S_{ZB} \tag{A. 3}$$

式中,S_{FZ} 为被试风廓线仪风速分量或垂直气流随机误差的标准偏差;S_{ZB} 为用自身比较方法得

到的综合标准偏差。

A. 3　试验结果和评定

A. 3. 1　在同一直角坐标内分别制作"两部"三波束雷达测量的南北、东西两个风速分量和垂直气流速度之间误差随时间变化的曲线,定性说明"两部"雷达所测风速分量和垂直气流速度之间的关系和误差分布特性。

A. 3. 2　用各组风速分量和垂直气流速度间的系统误差说明被试样品五波束测量特性的一致性。若大多数分组的系统误差绝对值大于被试样品技术指标规定风速(或速度)最大允许误差半宽的 1/5 应查明原因。必要时,可测量波束指向角和方向图,以判定五波束的特性是否一致。

注:由于"两部"三波束风廓线雷达的测量结果出于同一部五波束雷达,两者测量特性相同,在多次测量的情况下,它们之间的系统误差应归于零。若不归于零,最可能的原因是五个波束中有不正常的情况。

A. 3. 3　若通过 A. 3. 2 的判定,被试样品五波束的特性一致,没有异常情况,用各分组的标准偏差与被试样品技术指标比较判定其动态测量误差是否合格。各组标准偏差中有一组的超出了允许值,即判定为被试样品的动态测量误差不合格,否则为合格。

附录 B　风廓线雷达与气球定位测风
比对试验数据处理方法和要求

B. 1　比对试验的数据同化

B. 1. 1　比对数据应以不同高度分层统计，以被试风廓线雷达的厚度风层为基准，将气球定位测风的秒间隔数据按照不同高度置于各个分层内。可根据统计样本大小的需要，将风廓线雷达的相邻两个或多个厚度分层合成处一层处理，以增加分层的样本量。

注：在通常情况下，风廓线雷达给出的风速分量的对应高度为厚度层的中间高度，应根据被试样品采用模式的脉冲宽度确定层的厚度。将各层的中间高度加厚度的一半作为该厚度层的上限高度，减厚度的一半作为下限高度。

B. 1. 2　气球定位测风在采用导航测风探测系统时高度由卫星定位高度给出，若为地心坐标高度，应转换为与风廓线雷达测量相同的站心坐标高度。

B. 1. 3　采用导航测风作为参考标准时，气球定位数据应采用导航卫星定位的秒间隔原始数据，定位所得探空仪各时刻经度、纬度和高度的秒间隔数据，应转换为以观测点为原点的站心坐标系方位、仰角和距离。

若采用测风雷达定位测风，应采用测风雷达对探空仪定位的秒间隔数据。

B. 1. 4　在计算各分层的风向风速之前应先计算探空仪空间位置对应站心坐标水平面投影点至观测点间的水平距离 s，用公式（B. 1）计算。

$$s = L\cos\alpha \tag{B. 1}$$

式中，L 为观测点至气球空中位置的斜距离；α 为探空仪空中位置对于观测点的仰角。

用公式（B. 2）计算各投影点在站心坐标平面的坐标 $d_i(x_i, y_i)$。

$$\begin{cases} x_i = s_i \cdot \sin\beta_i \\ y_i = s_i \cdot \cos\beta_i \end{cases} \tag{B. 2}$$

用公式（B. 3）计算每相邻两个秒间隔的风速分量。

$$\begin{cases} vx_i = \dfrac{\sum\limits_{i=1}^{n}(x_{i+1} - x_i)}{\Delta t} \\[3mm] vy_i = \dfrac{\sum\limits_{i=1}^{n}(y_{i+1} - y_i)}{\Delta t} \end{cases} \tag{B. 3}$$

式中，vx_i 为南北方向上的风速分量；vy_i 为东西方向上的风速分量；Δt 为两相邻定位点的时间差。

用公式（B. 4）分别计算各分层两个风速分量的平均值 $\overline{V}_{Xi}$ 和 $\overline{V}_{Yi}$。

$$\begin{cases} \overline{V}_{Xi} = \dfrac{\sum\limits_{i=1}^{n} vx_i}{n} \\[4mm] \overline{V}_{Yi} = \dfrac{\sum\limits_{i=1}^{n} vy_i}{n} \end{cases} \tag{B.4}$$

式中,n 为各分层计算平均值所用的风速分量的个数。

用公式(B.5)计算各分层的风速值 V_i。

$$V_i = \sqrt{\overline{V}_{xi}^2 + \overline{V}_{Yi}^2} \tag{B.5}$$

风向的计算,应先用公式(B.6)计算在某一象限的角度值 D'。

$$D'_i = \arctan \frac{\overline{V}_{Yi}}{\overline{V}_{Xi}} \tag{B.6}$$

然后作以下判断,求出实际风向 D_i:

若 $\Delta x > 0 : D_i = D'_i + 180°$;

若 $\Delta x < 0 : \Delta y \geqslant 0, D_i = D'_i + 360°$;

若 $\Delta x < 0 : \Delta y < 0, D_i = D'_i$;

若 $\Delta x = 0 : \Delta y > 0, D_i = 270°$;

若 $\Delta x = 0 : \Delta y < 0, D_i = 90°$;

若 $\Delta x = 0 : \Delta y = 0$,为静风。

各分层用风廓线雷达测得风向和风速值减去气球定位测风相应分层的风向和风速求得风向和风速的差值。对多次比对施放各相同分层的差值一起统计,计算系统误差和标准偏差,作为比对试验的结果。

B.2 各厚度层的误差分离

B.2.1 误差影响量的考虑

风廓线雷达属于主动遥感测风,施放气球测风属于空间定位测风,在进行误差处理时应考虑以下因素:

①测量原理的差异;

②采样空间不同;

③对风场湍流的动态响应不同;

④在求取平均值进行比较时平均方法不同;

⑤测量方法本身的误差。

在进行误差处理和合格判定时,应考虑上述因素造成的附加误差影响。

B.2.2 误差的分离

在与气球测风比较时,其综合结果中应去除风场散布和气球测风本身的误差影响,才是被试样品测风本身的误差。被试风廓线仪与气球测风比较所得风向或风速标准偏差用公式(B.7)计算。

$$S_{FJ} = \sqrt{S_Z^2 - S_S^2 - S_J^2} \tag{B.7}$$

式中，S_{FJ} 为被试风廓线仪风向或风速误差的标准偏差；S_Z 为与气球定位测风比对所得风向或风速误差的综合标准偏差；S_S 为风场散布的风向或风速标准偏差；S_J 为气球测风本身的标准偏差。

B.3 对比对试验结果的评定

B.3.1 比对试验的结果以各高度分层的系统误差和标准偏差为依据进行评定。若无法获得多风场散布和气球定位测风本身误差的影响量数据，通常只给出定性分析和说明。

B.3.2 用各厚度分层的系统误差说明两种测风方法所得风向风速的可比较性，若系统误差的绝对值不超过技术指标规定风向风速允许误差的 1/3，通常应评定为两种测风方法所得风向风速具有可比较性。

B.3.3 用各厚度分层的标准偏差说明两者测风方法间的误差散布大小，若两种测风方法间的风向风速的综合标准偏差不超过被试样品技术指标规定风向风速允许误差的两倍，也应评定为两种测风方法所得风向风速分量数据具有可比较性。

B.3.4 对于不符合 B.3.2 和 B.3.3 的情况应进行分析，采用将每次比对施放试验所得风向风速误差随高度分布图形说明误差散布的情况。

风速值在 5 m/s 或以下的比对数据应单独统计，必要时在试验报告中特别说明。

附录C 气球拉伸性能的测定(老化前)

C.1 原理

在上夹持器恒速移动的拉力试验机上,将哑铃状标准试样进行拉伸。按要求在不断拉伸试样过程中或在其断裂时记录所用的拉力以及伸长率。

C.2 试样和试验环境

哑铃状试样如图 C.1 所示。试样试验长度为(25.0±0.5) mm。试样的其他尺寸由裁刀给出(见表 C.1)。实验室温度应为(23±2) ℃,相对湿度为(50±10)%。每个样本的试样数量不应少于 3 片。

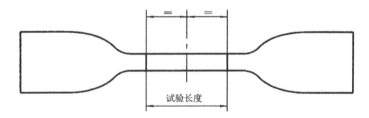

试验长度

图 C.1 哑铃状试样示意

C.3 试验仪器

C.3.1 裁刀和裁片机

裁刀和裁片机应符合 GB/T 2941—2006 的规定。试验用的 1 型裁刀尺寸、规格,应符合表 C.1 和图 C.2 的要求,裁刀狭小平行部分任一点宽度偏差不应超过 0.05 mm。裁刀如图 C.2 所示,裁刀 A~F 各尺寸见表 C.1。

表 C.1 裁刀尺寸   单位:mm

裁刀类型	A 总长度 (最短)a	B 端部宽度	C 狭小平行 部分长度	D 狭小平行 部分宽度	E 外过渡 边半径	F 内过渡 边半径
1 型	115	25.0±1.0	33.0±2.0	6.0±0.4	14.0±1.0	25.0±2.0
注:a 为确保试样只有两端部与夹持器接触,有助于避免"肩部断裂",可使总长度稍大些。						

C.3.2 测厚计

测厚计由放置试样或制品的平整坚硬的基座平台和一个可在试样上施加(22±2)kPa 压力、直径为(2~10)mm 的扁平圆形压足组成,分度值不大于 0.002 mm。

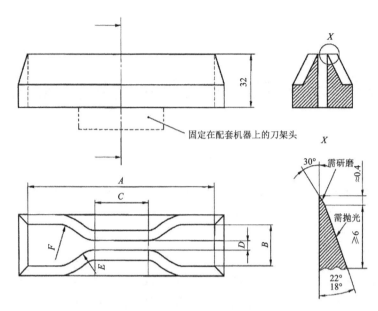

图 C.2　哑铃状试样用裁刀

C.3.3　拉力试验机

拉力试验机应符合 GB/T 16491—2008 的规定,试验机级别 1 级,试验机中使用的引伸计级别 1 级,上夹持器位移速度应为(500±50)mm/min 的装置。

C.4　试样的制备

试样应从气球球身中部(球身四等分的中间两部分),使用 C.3.1 规定的 1 型裁刀沿气球轴线方向裁切,试样应平整,边缘光滑,裁取试样应在球身周长上等距离分布。

C.5　样品和试样的调节与标记

C.5.1　硫化和试验之间的时间间隔

硫化和试验之间的时间间隔应不少于 16 h。在硫化与试验之间的时间间隔内,样品和试样应尽可能完全地加以防护,使其不受可能导致其损坏的外来影响,例如,应避光、隔热等。

C.5.2　样品的调节

在裁取试样前,气球样品应在 C.2 规定的条件下调节至少 8 h。

C.5.3　试样的调节

试样应按 GB/T 2941—2006 中 6.1 的规定进行调节。

C.5.4　试样的标记

应用适当的标记器按图 C.1 的要求,在试样的狭小平行部分,打上两条平行的标线。每条标线(如图 C.2 所示)应与试样中心等距且与试样长轴方向垂直。试样在进行标记时,不应发生变形。

C. 6 试样的测量

在试样标记的长度范围内,用测厚计测量其中部和两端的厚度。取三个测量值的中值计算横截面积。在任何一个试样中,狭窄部分的三个厚度测量值都不应大于厚度中位数的±2%。若两组试样进行对比,每组厚度中值不应超出两组的厚度平均值的7.5%。取裁刀狭窄部分刀刃间的距离作为试样的宽度。

C. 7 试验步骤

将试样匀称地置于上、下夹持器上,使拉力均匀分布在横截面上。根据试验需要,可安装一个伸长测量装置,开启试验机,在整个试验过程中,连续监测试验长度和力的变化,按试验项目的要求进行记录,并精确到±2%。

如果试样在狭小平行部分之外发生断裂(图C.2),则该试验结果应予以舍弃,并应另取一试样重复试验。

注:采取目测时,应避免视觉误差。

C. 8 试验结果的计算

C. 8. 1 拉伸强度

拉伸强度按式(C.1)计算:

$$TS = \frac{F_m}{Wt} \tag{C. 1}$$

式中,TS 为拉伸强度,单位:MPa;F_m 为试样断裂时记录的力,单位:N;W 为裁刀狭小平行部分宽度,单位:mm;t 为试验长度部分的厚度,单位:mm。

C. 8. 2 拉断伸长率

拉断伸长率按式(C.2)计算:

$$E_b = \frac{100(L_b - L_0)}{L_0} \tag{C. 2}$$

式中,E_b 为拉断伸长率,单位:%;L_b 为试样断裂时的标距,单位:mm;L_0 为试样的初始标距,单位:mm。

C. 9 试验结果的表示

如果在同一试样上测定几种拉伸应力应变性能,则式(C.1),式(C.2)拉伸应力应变性能的试验数据可视为独立得到的,并按此分别予以计算。

在所有情况下,试验结果应以每一样本性能的中值表示。

试验结果记录在第9章的本章附表9.3。

附录 D　气球拉伸性能的测定(老化后)

D.1　原理

试样在常压下置于规定温度的热空气老化试验箱(简称老化箱)内,经一定时间后,测定试样的拉伸性能。

D.2　试验仪器

D.2.1　老化箱应符合以下要求:

①具有强制空气循环装置,空气流速 0.5~1.5 m/s;

②箱内应装有可转动的试验架,试验架可自由装取;

③温度控制装置,其精度为±1 ℃;

④箱内温度场分布应符合温度偏差为±1 ℃的要求;

⑤老化箱应具有连续鼓风装置,箱内空气置换率为(3~10)次/h;

⑥试样进入老化箱前,老化箱应加热到(100±1) ℃;

⑦在加热室结构中,不得使用铜或铜合金;

D.2.2　裁刀和裁片机按附录 C 中 C.3.1 的规定;

D.2.3　测厚计按附录 C 中 C.3.2 的规定;

D.2.4　拉力试验机按附录 C 中 C.3.3 的规定。

D.3　试样

D.3.1　试样为哑铃状标准试样,应符合附录 C 中 C.2 的规定。

D.3.2　用 D.2.2 规定的裁刀沿气球柄轴线方向裁切,试样应平整,边缘光滑,裁取试样应在球身周长上等距离分布,每个样本的试样数量不应少于三片。

D.4　试验条件

D.4.1　老化条件为(100±1) ℃,8 h。

D.4.2　试样从老化箱取出后,应在室内自然温度环境下调节 16 h。

D.4.3　不同配方的试样,不应放入同一热空气老化箱中进行试验。

D.4.4　试样的最小表面积正对气流以避免干扰空气流速。

D.5　试验步骤

D.5.1　按 D.3 的规定裁样并编号,测量试样厚度。

D. 5. 2 试样在老化箱内的间距不小于 10 mm，试样与箱内壁的距离不小于 50 mm。

D. 5. 3 调节老化箱至 100 ℃，把装有试样的试验架放入箱内转轴上，关闭箱门。启动按钮，使试验架转动，使箱内温度 5 min 内达到规定温度并稳定时，开始计时。计时 8 h 后，取出试样，按附录 C 中 C.9 规定的环境下调节 16 h。

D. 5. 4 试样热空气老化后的拉伸性能测定按附录 C 的 C.8 进行。

D. 6 试验结果的计算

同附录 C.9。

D. 7 试验结果的表示

在所有情况下，试验结果应以每一样本性能的中值表示。试验结果记录在第 9 章的本章附表 9.3。

附录 E　气球爆破性能的测定

E.1　原理

在室温条件下通过测定充入外球、内球各自单独至破裂时的空气体积,计算气球的爆破直径与球柄残余质量。

E.2　试验仪器

①电子称、探空气球爆破体积测定仪。探空气球爆破体积测定仪由节流装置和差压、压力、温度变送器及控制显示装置等组成;

②探空气球爆破体积测定仪的不确定度不大于 2.0%。

E.3　试样

平漂双模气球成品(外球、内球)。

E.4　试验步骤

①将气球球柄套在爆破装置的球柄套上并扎紧,气球悬挂于空中,悬挂高度应大于气球爆破时的直径;

②300 g 及以上规格气球用探空气球爆破体积测定仪测定;

③充气直至气球破裂,在整个充气过程中:充气速率为(90~150)m³/h,差压值为(0.2~0.45)MPa;

④外球球柄残余质量测定(气球破裂后球柄自然状态),按附录 C 相应质量测定方法的要求进行。

E.5　试验结果

试验数据从试验仪器上读取或打印出来。爆破直径按式(E.1)计算:

$$D=\sqrt[3]{\frac{6V}{\pi}} \tag{E.1}$$

式中,D 为气球爆破直径,单位:m;V 为气球爆破时的体积,单位:m³;π 为圆周率。

计算结果记录在第 9 章的本章附表 9.3。

附录 F　气球残余氯化钙的测定

F.1　原理

用一定量的水煮沸试样,使其残存的氯化钙溶解于水中。在碱性条件下(pH≥12)钙离子与钙指示剂形成酒红色的络合物,其稳定常数小于钙离子与乙二胺四乙酸二钠(EDTA)所形成的络合物稳定常数。在此溶液中滴加 EDTA,原与钙离子络合的钙指示剂被全部释放出来,并呈现出游离钙指示剂的颜色。由 EDTA 的用量即可计算出试样中氯化钙的含量。

其反应如下:

Ca²⁺	+	In	→	CaIn		
		纯蓝		酒红		
CaIn	+	Y	→	CaY	+	In

式中,In 为钙指示剂;Y 为 EDTA。

F.2　试剂

所有试剂应具有确认的分析纯的质量,在测定过程中所使用的水应为蒸馏水或纯度相当的水。实际用量如下:

①氢氧化钠:2 mol/L;

②钙指示剂和氯化钠含量:称取 1 g 钙指示剂和 100 g 氯化钠在研钵中充分研磨均匀;

③EDTA 标准溶液:0.01 mol/L,按 GB 601 配制;

④三乙醇胺:质量分数为 30%。

F.3　试样

①试样应从气球中部(球长四等分的中间两部分)裁取;

②将试样抖去隔离剂并剪碎成 2 cm×2 cm 左右大小。

F.4　步骤

用分辨力为 0.01 g 的天平称取剪碎后的试样 20 g 于 300 mL 的烧杯中,加入 150 mL 水。在电炉上加热煮沸 5 min,并随时搅拌,冷却后过滤于 300 mL 锥形瓶中。每次用 20～30 mL 水洗涤试样 3 次(用玻璃棒挤压试样),洗涤液过滤后并入锥形瓶的原滤液中,在全部滤液中加入 5 mL 的三乙醇胺及 0.1 g 钙指示剂,用氢氧化钠溶液调节呈酒红色后,再加入 5 mL 氢氧化钠溶液,使滤液的 pH 值不小于 12。用 EDTA 标准溶液滴定至滤液由酒红色变为纯蓝色即为终点。

F. 5　试验结果

气球胶膜中氯化钙含量以质量百分数计,可由式(F.1)计算:

$$CaCl_2 = \frac{MV \times 0.111}{W} \times 100 \tag{F.1}$$

式中,M 为 EDTA 标准溶液的摩尔浓度,单位:mol/L;V 为滴定时消耗 EDTA 标准溶液的体积,单位:ml;W 为试样质量,单位:g;0.111 为每毫摩尔氯化钙的克数,单位:g/mmol。

试验结果取两次测定结果的算术平均值,精确到小数后第二位。两次测定结果的绝对差值不大于 0.005%。测试结果记录在第 9 章的本章附表 9.3。

附录 G 气球臭氧老化试验方法

G.1 原理

试样在静态拉伸变形下置于臭氧环境中，与臭氧作用而发生变化，使试样表面产生臭氧龟裂，而导致试样穿孔、断裂。利用人工模拟或强化大气中的臭氧等条件对试样进行试验。可评价该试样的耐臭氧性能。

G.2 试验装置

臭氧老化试验装置应符合 GB/T 7762 的有关规定。

G.2.1 试验箱

试验箱应该是密闭无光照的，能恒定控制试验温度差在±2 ℃，试验箱室的内壁、导管和安装试样的框架等应使用不易分解臭氧的材料（如铝）制成。试验箱设有观察试样表面变化的窗口，可安装灯光方便检查试样。

G.2.2 臭氧化空气发生器

可以采用以下任一种臭氧发生器：

①紫外灯；

②无声放电管。

当采用无声放电管时，为避免氮氧化合物的生成，最好使用氧气。臭氧化氧气或臭氧化空气可用空气稀释到所要求的浓度。用以产生臭氧或稀释用的空气，应先通过活性炭净化，并使其不含有影响臭氧浓度、臭氧龟裂和臭氧测定的污染物。

从发生器出来的臭氧化空气必须经过一个热交换器，并将其调节到试验所规定的温度和相对湿度后才输入试验箱内。

G.2.3 试样架

在所要求的伸长长度下用夹具固定试样的两端，与臭氧化空气接触时，试样的长度方向要与气流方向基本平行。夹具应由不容易分解臭氧的材料（如铝）制成。

G.3 试样

①按附录 C 中 C.3.1 规定的裁刀裁取试样；

②试样应从气球球身中部（球身四等分的中间两部分），沿气球轴线方向裁切，试样应平整、边缘光滑，裁取试样应在球身周长上等距离分布；

③每个样本的试样数量不应少于 5 片。

G.4 试验条件

①臭氧浓度为:$(30\pm5)\times10^{-8}$(体积分数);

②试验箱内温度为(40 ± 2) ℃;

③臭氧化空气的相对湿度不超过 65%;

④试验箱内含臭氧空气的平均流速不小于 8 mm/s,最适宜流速为 12～16 mm/s;

⑤气球试样在拉伸 500% 的条件下进行臭氧老化。

G.5 试样调节

G.5.1 未拉伸试样的调节

试样硫化后到进行试验之间的最短时间间隔不少于 16 h。

G.5.2 拉伸试样的调节

试样在拉伸后应在无光、无臭氧试验室中调节至少 48 h,试验室温度应符合附录 C 中 C.2 的规定。

G.6 试验步骤

①试样按 G.5.1 的规定调节;

②标好试样的标距线,在试样夹持器上将试样拉伸至要求的伸长率,再按 G.5.2 的规定进行调节;

③开启臭氧试验机,设定试验温度和臭氧浓度;

④当试验温度和臭氧浓度达到设定值时,将试样放入试验箱内,开始计时;

⑤定期观察试样的表面变化,并记录试样出现严重龟裂、断裂或穿孔的时间。

G.7 试验结果

以试样在规定时间内出现有无龟裂、断裂或穿孔表示试验结果。试验结果记录在第 9 章的本章附表 9.3。

附录 H　气球紫外老化试验方法

H.1　原理

气球试样暴露在紫外光、高温和冷凝水等老化环境中,按规定的时间检测试样性能的变化,从而评价其耐候性。

H.2　试验装置

H.2.1　试验箱

试验箱工作室安装两排紫外灯每排 4 支,设有加热水槽、试样架、黑板温度计,控制指示工作时间和温度的装置,如图 H.1 所示。

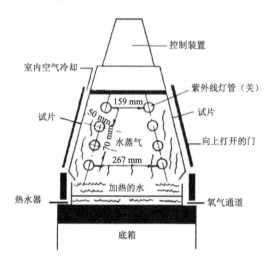

图 H.1　试验箱结构截面

H.2.2　荧光紫外灯

荧光紫外灯(简称荧光灯)分为 UV-A、UV-B、UV-C、UV-D 和 UV-E 五种类型,各种类型的荧光灯出现最大峰值辐射的波长不同。除非另有规定,一般使用 UV-B 灯。荧光灯光能量输出随使用时间而逐步衰减,为了减小因光能量衰减造成对试验的影响,在 8 支荧光灯中每隔 1/4 的荧光灯寿命时间,在每排由一支新灯替换一支旧灯,其余位置变换如图 H.2 所示,使荧光灯按序定期更换,这样,紫外光源始终由新灯和旧灯组成,而得到一个输出恒定的光能量。

H.2.3　试样架

试样架是由框式基架、衬垫板和伸张弹簧组成,框式基架和衬垫板是由铝合金材料制成。

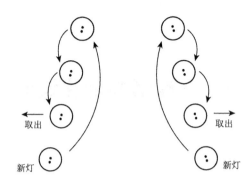

图 H.2　荧光紫外灯的位置转换示意

H.2.4　黑板温度计

黑板温度计由 75 mm×10 mm×2.5 mm 的黑色铝板联接温度传感器组成。它应该在暴露中心范围，尽可能反映出试验温度。

H.2.5　辐射量测定仪

根据条件和需要，选用辐射量测定仪来测定试样接受的光能量，辐射量测定仪有计算照度计和辐射计。

H.3　试样

①按附录 C 中 C.3.1 规定的裁刀裁取试样；

②试样数量根据检测项目次数确定，每项每次检测的有效试样数量一般不少于 3 片。

H.4　试验条件

①试验方法以 4 h 紫外光暴露再 4 h 冷凝为一循环周期共进行 3 次循环试验；

②紫外光暴露温度一般规定为 (50±3) ℃，根据材料的特性和应用环境可选用其他温度；

③供给水槽的用水可以使用蒸馏水、去离子水或可饮用的自来水；

④试样表面与灯平面最近距离为 50 mm 且相平行；

⑤试样表面所接受的 (280～320) nm 波长范围（用 UV-B 灯）的辐照度通常不能大于 50 W/m²，且不应有低于 270 nm 波长的辐射。

H.5　试验步骤

H.5.1　试样安装

试样按自由状态安装在试样架上，试样的暴露表面朝向灯。当试样完全没有装满架时要用空白板填满剩下的空位，以保持箱内的试验条件稳定。在暴露期间定期调换暴露区中央和暴露区边缘的试样位置，以减少不均匀的暴露。

H.5.2　暴露试验

启动试验箱，调好规定的试验条件，并记录开始暴露时间，在整个暴露期间要保持规定的试验条件恒定。

H. 5. 3　紫外光辐射量的测定

定期将紫外光积算照度计或辐射计放在暴露试样架侧旁直接测定接受紫外光的辐射量。

H. 5. 4　检测试样

按规定的暴露时间或辐射量从试验箱中取出试样进行各项性能的测定。力学性能应根据使用要求选取，一般选用试样拉伸性能变化作指标。试样测定前应按 GB 2941 规定的进行环境调节，然后按附录 C.8 的要求进行测定。

H. 6　试验结果

试验结果应以每一样本性能的中值表示。试验结果记录在第 9 章的本章附表 9.3。

附表 A 设备故障维修登记表

登记编号：

被试样品	名称		被试方	
	型号		试验地点	
	编号			

故障发生/发现时间	年　月　日　时　分
故障发现人	

故障类型	□软件错误　□传感器故障　□数据明显异常　□电脑死机　□断电　□雷击　□鼠咬 □人为故障　□其他现象

故障现象描述	

责任划分	被试单位责任　□是 □否
故障通知	通知人＿＿＿＿＿　接收人＿＿＿＿＿　时间＿＿＿＿＿
处理方式	□电话指导　□被试单位来人　□其他
处理时间	开始：＿＿＿年＿＿＿月＿＿＿日＿＿＿时＿＿＿分　记录人＿＿＿＿＿ 结束：＿＿＿年＿＿＿月＿＿＿日＿＿＿时＿＿＿分　记录人＿＿＿＿＿ (由故障发现当班人员负责,后续值班人协助完成该栏的补充填写)

故障出现原因	

解决方法	

故障是否解除	□是　　　　　　　　□否
故障解除时间	年　月　日　时　分
处理人签字	(值班人签字,如被试单位来人排除故障,则被试单位人员共同签字)

附表 B　测试仪表清单

序号	名称	型号	编号	制造商	检定/校准日期	有效日期	备注
1	信号发生器						
2	示波器						
3	频谱分析仪						
4	噪声源						
5	功率计						
6	万用表						
……	……						

测试单位＿＿＿＿＿＿＿＿＿＿＿＿＿＿＿　　　　测试人员＿＿＿＿＿＿＿＿＿＿＿＿＿＿＿

附表 C　动态比对试验值班日志

被试样品名称					年　　月	
日期	时间	型号/编号	型号/编号	型号/编号	比对标准	值班员
	08 时					
	20 时					
	天气现象：					
	08 时					
	20 时					
	天气现象：					
	08 时					
	20 时					
	天气现象：					
	08 时					
	20 时					
	天气现象：					
	08 时					
	20 时					
	天气现象：					
	08 时					
	20 时					
	天气现象：					
	08 时					
	20 时					
	天气现象：					
	08 时					
	20 时					
	天气现象：					
	08 时					
	20 时					
	天气现象：					
	08 时					
	20 时					
	天气现象：					
	08 时					
	20 时					
	天气现象：					

注 1：动态比对试验期间都应填写此表，如果被试样品出现故障，还应填写附表 A；

注 2：天气现象填写当日主要天气现象及出现时间；

注 3：本表格为参考表格，实际测试中请根据实际情况修改表头。